· 工程建设理论与实践丛书 ·

SHUANGTAN MUBIAO XIA DE
SHIZHENG GONGCHENG SHEJI XIN SILU

"双碳"目标下的
市政工程设计新思路

何恒林　张　继　陈建国　袁子荃　主编

U0334095

华中科技大学出版社
http://press.hust.edu.cn
中国·武汉

内 容 简 介

 城市是实现"双碳"目标的主战场,将"双碳"目标及生态文明、低碳市政等理念融入市政规划设计是当前城市发展的选择,也是时代发展所需。本书围绕市政工程规划设计进行研究,融入"双碳"目标及低碳市政、高质量发展等理念,介绍了城市道路工程设计、城市慢行交通规划设计、"双碳"目标下的城市绿色交通规划设计、海绵城市理念下的城市防洪防涝总体规划设计、"双碳"目标下的城市更新规划设计和"双碳"目标下的绿色市政项目设计与实践等内容,并通过案例阐述了市政工程设计新思路,可供"双碳"目标相关研究者及城市规划与市政设计等领域的从业者参考。

图书在版编目(CIP)数据

 "双碳"目标下的市政工程设计新思路 / 何恒林等主编. -- 武汉 : 华中科技大学出版社,2024.10.
ISBN 978-7-5772-1024-7

 Ⅰ. TU99

 中国国家版本馆 CIP 数据核字第 20242GC949 号

"双碳"目标下的市政工程设计新思路　　　　　　　何恒林　张　继　陈建国　袁子荃　主编
"Shuangtan" Mubiao xia de Shizheng Gongcheng Sheji Xin Silu

策划编辑:周永华
责任编辑:周永华
封面设计:张　靖
责任监印:朱　玢
出版发行:华中科技大学出版社(中国·武汉)　　　电话:(027)81321913
　　　　　武汉市东湖新技术开发区华工科技园　　　邮编:430223
录　　排:武汉正风天下文化发展有限公司
印　　刷:湖北金港彩印有限公司
开　　本:787 mm×1092 mm　1/16
印　　张:18
字　　数:352 千字
版　　次:2024 年 10 月第 1 版第 1 次印刷
定　　价:98.00 元

编　委　会

主　　编　何恒林　华设设计集团浙江工程设计有限公司

　　　　　张　继　北京市市政工程设计研究总院有限公司

　　　　　陈建国　广州市市政工程设计研究总院有限公司

　　　　　袁子荃　广西国土资源规划设计集团有限公司

副 主 编　陈剑华　中交路建（昆明）城市投资发展有限公司

　　　　　孙国良　中交路桥华北工程有限公司

编　　委　张作海　河南航空港投资集团有限公司

　　　　　　　　　郑州航空港汇港发展有限公司

　　　　　杨雅莉　深圳市市政设计研究院有限公司

　　　　　刘　为　广州市城市规划勘测设计研究院有限公司

　　　　　刘梦琴　中交第二公路勘察设计研究院有限公司

前 言 | Preface

  2020 年 9 月 22 日,习近平主席在联合国大会上提出我国二氧化碳排放力争于 2030 年前达到峰值,努力争取 2060 年前实现碳中和。中国的"双碳"发展战略目标向全球正式宣布。碳达峰指一定时间内二氧化碳排放总量达到峰值,随后进入平稳下降的过程,即某地区二氧化碳排放量由增转降的历史拐点。碳中和意味着一定地域内"净"温室气体排放需要大致下降到零,即在温室气体的排放和吸收之间达到平衡。

  城市是人类活动的中心,是能源产品的最大消费地,是碳排放最主要的空间策源地,也受到气候变化的巨大威胁。因此,城市是实施降低碳排放和减缓气候变化战略的核心,是实现"双碳"目标的主战场。

  近几年,我国城市化水平快速提升,市政工程规划设计逐渐成为城市建设者密切关注的问题。大量工业生产导致自然生态环境受到严重破坏,市政设施容量不足,设施老旧,城市新建区不断外拓。在这样的情况下,将"双碳"目标及生态文明、低碳市政等理念融入市政规划设计是当前城市发展的选择,也是时代发展所需。它能进一步提升人们的生活水平,缓解城市污染、市政设施滞后于城市发展等问题,推动市政工程设计向绿色、低碳、可持续的方向发展。

  本书围绕市政工程规划设计进行研究,融入"双碳"目标及低碳市政、高质量发展等理念,主要内容包括:绪论、城市道路工程设计、城市慢行交通规划设计、"双碳"目标下的城市绿色交通规划设计、海绵城市理念下的城市防洪防涝总体规划设计、"双碳"目标下的城市更新规划设计和"双碳"目标下的绿色市政项目设计与实践。

  本书参考了相关文献,在此对相关文献的作者表示感谢。由于编者的理论水平和实践经验有限,且对新修订的规范学习理解不够,书中难免存在疏漏和不妥之处,恳请广大读者批评指正。

目 录 | Contents

第 1 章

绪　论

1.1 基础设施与市政工程的概念及分类

在我国,一般的基础设施多指城市工程性基础设施,又称为"市政公用工程设施"或"市政基础设施",它是为社会生产和居民生活提供公共服务、保证国家或地区经济活动正常进行的公共服务系统。在城市规划设计领域,其也可简称为"市政工程"。

基础设施一般可根据服务对象、地域范围等,大致分为国民经济基础设施和城市基础设施。前者的服务对象是整个国家或地区的国民经济所及范围,后者的服务对象是城市区域的生产和生活所及范围。从这个意义上讲,为国家或地区的整体国民经济服务的基础设施是基础设施的总体,属于较高的层次,它包括大型能源动力、交通运输、邮电通信等基础设施。城市基础设施则是区域基础设施在城市市区内的具体化,是地区或区域基础设施的组成部分。它包括为城市服务的供水、排水、供电、集中供热、交通、综合防灾等分布于城市地区并直接为城市生产生活服务的基础设施。

也有一些经济学家认为,可根据服务性质将基础设施分为生产性基础设施和社会性基础设施两大类。生产性基础设施是为物质生产过程服务的有关成分的综合,为物质生产过程直接创造必要的物质技术条件。社会性基础设施是为居民的生活和文化服务的设施,通过保证劳动力生产的物质文化和生活,而间接影响再生产的过程。

我国通常把基础设施分为广义城市基础设施与狭义城市基础设施(或称为"常规城市基础设施")两类。

广义城市基础设施是指同时为物质生产和人民生活提供一般条件的公共设施,是城市赖以生存和发展的物质基础,又可分为城市技术性基础设施和城市社会性基础设施两大类。城市技术性基础设施包含给排水系统、电力系统、通信系统、能源系统、交通系统、防灾系统等。城市社会性基础设施包含行政管理、金融保险、商业服务、文化娱乐、体育运动、医疗卫生、教育、科研、宗教、社会福利等设施。

狭义城市基础设施指城市中为城市人民提供生产和生活所需的最基本的基础设施,其以城市技术性基础设施为主体,具有很强的工程性、技术性特点。这种狭义城市基础设施也称"城市市政工程基础设施"或"市政工程"。

随着经济的发展和社会的进步,人们对城市工作环境质量和住区物质文化水平的要求逐步提高,现代城市既要满足人们生产和生活的基本需要、满足城市的现代生活和社会发展的需要,又要提供卫生、安全和舒适的生活和工作环境,这些都需要相应的设施来支持。城市社会经济发展和建设的现代化,只有依赖于城市市政工程的完善与强化,才能产生城市的辐射能力和聚集效应。因此,城市市政工程的完备程度和运转情况,能够显示城市的经济活力和开发潜力,并成为衡量一个城市社会经济发展水平和文明程度的重要标志。

社会经济的发展与城市(镇)化进程的推进,生产社会化程度的提高和专业化协作的发展,使得市政工程在国民经济发展中越来越重要,对城市发展的影响越来越大。市政工程承担的任务和功能在不断延伸,其内涵和外延不断拓展,市政工程基础设施的含义也由国民经济体系中为社会生产和再生产提供一般条件的部门和行业,发展成为一个区域或城市社会经济发展的支持系统和先行行业,也成为城市实现社会生产、分配、交换和消费的重要物质条件。

随着人类更加重视人与自然的关系,强调人与自然和谐相处,城市环境的营造与建设也越发重要。城市协调、稳定和持续发展的社会发展需求对从事城市规划、市政工程规划及建设管理的工程技术人员提出了更高的要求。相关工程技术人员不仅要更加深入学习、拓宽专业知识,还要掌握相邻学科的知识,不但要有获取知识的能力,还要有应用及创新的能力,从而成为与时俱进、掌握多种技能的复合型工程技术人才。

1.2　市政工程规划的任务

一般认为市政工程属于建筑行业。在我国,市政基础设施是指在城市、镇(乡)规划建设范围内设置、基于政府责任和义务为居民提供有偿或无偿公共产品和服务的各种建筑物、构筑物、设备等。市政工程规划是由各个专项工程规划组成的系统规划和综合规划。市政工程规划的总体任务是根据城市社会经济发展目标,结合具体城市、镇(乡)的实际情况,合理确定规划期内城市、镇(乡)区域内各项市政工程的规模、容量,科学布局各项设施,制定相应的建设策略和措施。

各专项市政工程规划是在城市经济社会发展总体目标下,根据专项规划的任务目标,结合城市实际,依照国家规章、规范,按照专项规划的理论、程序、方法以及要求进行的规划。各专项市政工程规划的主要任务如下。

(1)给水工程规划。

根据城市和区域水资源的状况,最大限度地保护和合理利用水资源,合理选择水源,进行城市水源规划,保证水资源利用平衡;确定城市自来水厂等设施的规模、容量;布置给水设施和各级供水管网系统,以满足人们对水质、水量、水压等的要求;制定水源和水资源的保护措施。

(2)排水工程规划。

根据城市用水状况和自然环境条件,确定规划期内污水处理量,污水处理设施的规模与容量,雨水排放设施的规模与容量;布置污水处理厂(站)等各种污水收集与处理设施、排涝泵站等雨水排放设施以及各级污水管网系统,制定水环境保护、污水利用等对策与措施。

(3)电力工程规划。

根据城市和区域电力资源状况,合理确定规划期内的城市用电量、用电负荷,进行城市电源规划;确定城市输配电设施的规模、容量以及电压等级;布置变电所(站)等变电设施和输配电网络;制定各类供电设施和电力线路的保护措施。

(4)通信工程规划。

根据城市通信实况和发展趋势,确定规划期内城市通信发展目标,预测通信需求;确定邮政、电信、广播、电视等各种通信设施和通信线路;制定通信设施综合利用对策与措施,以及通信设施保护措施。

(5)燃气工程规划。

根据城市和区域燃料资源状况,选择城市燃气气源,合理确定规划期内各种燃气的用量,进行城市燃气气源规划;确定各种供气设施的规模、容量;选择并确定城市燃气管网系统;科学布置气源厂、气化站等产、供气设施和输配气管网;制定燃气设施和管道的保护措施。

(6)供热工程规划。

根据当地气候条件,结合生活与生产需要,确定城市集中供热对象、供热标准、供热方式;确定城市供热量和供热负荷,并进行城市热源规划,确定城市热电厂、热力站等供热设施的数量和容量;布置各种供热设施和供热管网;制定节能保温的对策与措施,以及供热设施的防护措施。

(7)城市环境卫生设施规划。

根据城市发展目标和城市布局,确定城市环境卫生设施配置标准和垃圾集运、处理方式;确定主要环境卫生设施的数量、规模;布置垃圾处理场等各种环境卫生设施,制定环境卫生设施的隔离与防护措施;提出垃圾回收利用的对策与措施。

(8)防灾工程规划。

根据城市自然环境、灾害区划和城市定位,确定城市各项防灾标准,合理确定各项防灾设施的等级、规模;科学布局各项防灾设施;充分考虑防灾设施与城市常用设施的有机结合,制定防灾设施统筹建设、综合利用、防护管理等对策与措施。

(9)城市工程管线综合规划。

根据城市规划布局和各专项城市市政工程规划,检验各专业工程管线分布的合理程度,提出对专业工程管线规划的修正建议;调整并确定各种工程管线在城市道路上的水平排列位置和竖向标高,确认或调整城市道路横断面;提出各种工程管线埋设深度和覆土厚度要求。

1.3 "双碳"目标下市政工程规划设计的理论基础

1.3.1 低碳城市理念与市政工程规划设计

1. 正确认识低碳城市及市政工程规划的内涵

低碳城市是当前我国城市发展规划过程中的重要规划理念,其要求城市的交通体系及城市的布局科学合理,使人们的生存环境和空间得到改善。如今,低碳城市的建设理念得到了人们的普遍认可,并应用在城市规划建设中,呈现出明显优势。低碳城市能够使人们的生活环境得到进一步改善,让生活中的资源浪费和环境污染问题得到进一步的解决。低碳城市理念和其他的城市规划理念不同,其更加关注人与自然和谐关系的构建,强调城市规划的重要作用。为了更顺利地建设低碳城市,需要相应的规划人员针对低碳城市建设过程中可能出现的社会和经济问题进行深入的研究和探讨,让低碳城市的规划效果更加理想。在推进低碳城市理念的过程中,必须融入生态环境平衡等内容,防止出现能源浪费的现象,让城市中的能源得到有效的利用,使能源价值得到充分发挥,让低碳城市建设和发展效果更好。

在进行城市规划时,需要遵循可持续发展的理念及特色规划的思路。要明确一座城市的规划必须要尊重自然、适应环境,综合考虑城市中的空间环境承载和适应能力,组织开展节能的可持续生产活动,使最终设计出的模式和流程更符合当地规划的要求。在城市的规划建设过程中,必须要根据实际情况思考造福社会及促进社会进步的有效途径,提高人们的生活质量,体现城市的人文价值。在城市规划的过程中,必须将城市设计理念与区域情况进行有机结合,才能够保障最终的效果,绝对不能在城市规划设计的过程中盲目借鉴他人的经验或成果,应设计与当地条件、文化更匹配的模式。

2. 市政工程规划设计中普遍存在的问题分析

(1) 市政工程规划设计中可持续发展理念缺乏。

在低碳城市理念下,城市规划及建设过程中可持续发展理念的贯彻十分关键。低碳城市理念要求城市在规划设计的过程中达到节能环保的目标和要求,让生态、经济以及社会之间实现协调发展。但很多城市在开展市政工程规划设计时,没有严格落实可持续发展理念,也没有将可持续发展理念作为重点的内容加以关注。一些城市规划明显地表现出了土地规划不合理及不科学的现象,绿地面积数量较少。市政工程规划设计人员缺乏长远眼光,未认识到生态环境保护及城市发展之间存在的关联,导致城市无法达到低碳建设的要求。

（2）市政工程规划中的资源缺乏。

我国的人均资源占有量不高，这就导致我国社会经济的发展受到相应的限制。而且在很长的一段时间内，人们缺乏绿色、低碳、环保意识，在日常生活中没有认识到环保和节能的重要价值。一些企业在发展的过程中，对环保节能认知不足，使环境污染问题变得越来越严重。近些年，全球变暖问题越来越明显，空气中污染物含量提高，环境质量问题日益严重，人们的日常生活受到了严重影响。水电资源问题进一步突出，一些地区甚至存在限量供应的现象。这就表明，我国的资源总量不足，需要对这些问题加以解决，让市政工程规划设计效果更好。

3. 低碳城市理念下开展市政工程规划设计的途径

（1）将低碳城市理念与城市文化进行融合。

在低碳城市理念下，对城市进行规划设计时需要重视核心理念的融入和渗透，要结合城市的发展背景、历史情况、文化特点、气候条件以及地理条件等因素组织规划设计，从而防止对城市文化造成破坏，防止原有的生态平衡被打破。低碳城市理念下的城市规划设计应通过融入现代化的设计理念和思想，呈现具有地域特色及内涵的城市文化。在低碳城市的市政工程规划设计过程中，应重视城市的绿化工作，适当增加城市中的绿化面积，并适当融入城市文化，体现出城市独特的韵味和风貌。随着当前城市发展建设进程的加快，可用土地数量越来越少，这对城市的绿化工作造成了一定的影响。对此，低碳城市理念下的城市规划设计应结合城市的实际规划及用地情况进行理性的分析，将不同区域的小面积用地用于城市绿地的建设，提升城市绿化的整体面积，让城市的空气质量得到进一步的提高，为人们提供休闲空间和环境，形成更加和谐的环境，让低碳城市理念得到落实。

（2）进一步完善城市配套设施。

市政基础设施的建设会对环境产生重大影响，因此更要建设和完善市政基础配套设施。如锅炉供热系统会造成大量能源的浪费，不符合低碳城市运行的理念，因此在市政基础设施建设时，首先需要关注采暖系统的建设，尽量选择更加环保和优质的保温输送管道，提升能源的输送率，减少在输送能量过程中产生的能源损失。

城市产生的生活污水可以通过污水处理站处理之后，作为城市中绿色植物的灌溉用水及消防设施用水，减少城市污水的排放，使水资源的利用率得到大幅度提升。还可以将雨水引入雨水收集系统，缓解城市中的用水紧张问题，完善城市水循环系统。

（3）建筑设计因地制宜，充分利用自然资源和选用低碳环保的材料。

在城市建筑方面，建筑的布局、朝向的选择，都需要根据周围的环境和气候条件等因素确定,要尽量选择具有低碳环保性能的优质材料,让自然资源得到最大化的应用,包括日照条件、自然风等,提高资源的利用率,防止资源浪费。建筑风格的选择要与周边环境融合,尽量保持原来的自然生态环境,使建筑和自然融为一体。

1.3.2 可持续发展理念与市政工程规划设计

1. 可持续发展城市

世界环境与发展委员会将可持续发展定义为既满足当代人的需要,又不对后代人满足其需要的能力构成危害的发展。目前,可持续发展已涵盖了经济、社会、生态环境等各个方面,可持续发展在很大程度上被人们特别是各国政府视为可接受的发展模式。

可持续发展的城市需要具备在社会经济、物质和文化方面都可以持续、稳定发展的条件。可持续发展理念是充分为人类后代考虑,确保现阶段的发展不会对后代的生活造成破坏,要在保证后代享受同等待遇的背景下,对当前的经济、生态、文化等方面进行质量提升。

2. 可持续发展理念下的市政工程规划设计措施

(1)科学规划。

市政工程基础设施在建设时一定要以科学发展思想为指导,进行符合本城市特点的工程建设。在满足科学性的前提下进行规划、组织和协调,重视生态发展与经济建设的平衡,产业发展需要互相协调,布局要合理,不得盲从,也不要随意。市政工程规划部门需要全程把控市政工程规划设计方案,及时进行调整和补充。

(2)提升文化自信。

我国有悠久的历史,每个城市都有着独特的文化底蕴和内涵,这是城市发展中的精神财富。在可持续发展中,每个城市都要有自信,保护本城市的文化历史,塑造城市名片。只有在城市建设中体现地域文化,从遗迹、故事和内涵等角度去思考,而不是一味地复制、抄袭其他城市,才能实现良性发展。在文化发展过程中,也不要故步自封,应主动吸取其他城市市政工程规划设计中优良的部分,进一步提升城市文化内涵。

(3)人性化设计原则。

市政工程规划设计的根本目的是服务人民,因此在规划设计时也要以人为本:要充分考虑人与生态、生产与经济、生产与生态之间的关系,兼顾平衡与便利;城市的信息化、科技化水平在不断提升,优化城市的交通、空间等设计,使人与人之间的交流越来越密切,障碍越来越少;增加绿色空间的建设,缩短人们与自然的距离,增加人们与自然的接触机会;倡导健康、生态的发展模式,提升居民的环境保护意识,促进人与自然和谐发展。

（4）视觉化设计表达。

要保证施工的效果，首先要保证设计的质量。可持续发展的城市市政工程规划在设计上要有良好的视觉表达效果，提倡多专业背景的相关人员共同参与设计。传统设计方案是通过设计图纸和手工模型来表达，当前的科技水平已经支持动画、立体模型等充满视觉体验的设计表达，可以展现规划预期效果，更加方便改动和调整。

（5）重视生态发展。

城市的发展必然会产生污染和垃圾，可持续发展规划重视从源头上对城市污染问题进行处理：构建城市通风道，将郊区和湖泊的自然气流引向城市内部，调节城市中心的气候环境；在进行城市绿化设计时，充分考虑城市周围的河流、森林等生态资源，将城市设计与自然景观相融合；利用大型生态源地作为城市通风道的中转站，提升空气质量。

1.3.3 循环经济理论与市政工程规划设计

1. 循环经济的概念

循环经济即物质闭环流动型经济，是指在人、自然资源和科学技术的大系统内，在资源投入、企业生产、产品消费及其废弃的全过程中，把传统的依赖资源消耗而增长的经济，转变为依靠生态型资源循环发展的经济。循环经济本质上是一种生态经济，要求运用生态学规律而不是机械论规律来指导人类社会的经济活动，是符合可持续发展理念的经济增长模式。

狭义的循环经济即与传统经济活动的开放物质流动模式（资源消费—产品—废物排放）相对应的闭环型物质流动模式（资源消费—产品—再生资源）。广义的循环经济则是指由社会系统、经济系统、自然系统复合而成的复杂系统（社会-经济-自然），是人为建构起来的人工生态系统。

循环经济是一种高效节能的经济发展模式，可以对经济发展中的各项资源进行更加全面的开发利用，按照自然生态系统中物质循环和流动循环的规律，建立经济发展的主要模式；按照生态经济发展的方式将自然环境与资源环境相结合，更加高效地提升节能环保和经济管理的效益，提升生产设备和生产技术水平，并在生产的过程中对经济进行更加全面的规划，利用生产中的剩余物质，使得资源浪费情况得到缓解，对零件和受损产品进行更加科学的管理；尽量使用具有优势的资源创造出更加适合的产品；在发展中控制环境污染物的排放，对环境资源和环境问题进行全面的控制，从而促进经济的全面可持续发展，减少经济发展带来的环境破坏与污染。

2. 市政工程规划设计与循环经济发展需要关注的要点

（1）在市政工程规划设计中关注生态环境变化。

生态环境是城市环境的基础，也是城市发展中的变量，对城市发展具有重要的影响。同时，生态环境作为城市发展中的资源，对城市规划产生的影响也较大，因此在进行城市规划的过程中需要更加全面地保护资源，积极开发和利用循环经济技术，将城市发展中的能耗进一步降低，从而减少城市发展对环境的影响。同时，发展循环经济可以分解城市生产产生的垃圾，为生产资料的节约和循环经济的发展提供必要的帮助，还可以提升城市居民的居住水平。

（2）提升资源的利用效率。

循环经济的发展需要市政工程规划与城市规划相互结合，对资源进行更加全面的利用：循环使用城市中的各项资源，在城市内部实现资源结构的共享和能源的全面利用，使得经济产业链在宏观层面实现社会化的良性循环；而在微观层面，可以优化企业的生产方式，有利于企业的产业结构进行更加全面的规划与布局，提升企业的生产效率。在规划中，需要加强基础设施和交通设施的建设，使能源和资源进行更加高速的流通，为资源的发展及利用提供全面的技术支持。

（3）尽量减少城市发展中资源及能源的投入量。

发达国家在资源投入方面的优势明显优于发展中国家，发达国家使用的资源及能源数量较少，但是获得的成效较好，资源及能源利用效率较高，这样的发展方式为我国经济的发展提供了借鉴。在进行市政工程规划的过程中，规划人员需要尽量减少资源和能源的投入量，不断提高资源的利用效率。例如，在进行土地规划的过程中，尽量减少城市建设中对林地、园地的占用量，优化土地利用结构，提高土地的利用效率。同时，在对土地进行充分利用的前提下，积极地对地下资源进行开发，更加全面地提升资源的利用效率。

第 2 章

城市道路工程设计

2.1 城市道路的形式和分类

2.1.1 城市道路的形式

城市道路是指通往城市的各地区,供城市内交通运输及行人使用,便于居民开展生活、工作及文化娱乐活动,并与城市外道路连接,担负着对外交通任务的道路。

城市道路网络是一个城市的骨架,是影响城市发展、城市交通的重要因素。我国现有路网都是在一定的社会历史条件下,结合当地的自然地理环境,适应政治、经济、文化发展与交通运输需求而逐步演变形成的。现在已形成的城市路网有多种形式,一般将其归纳为4种典型:方格网式[见图2.1(a)]、环形放射式[见图2.1(b)]、自由式[见图2.1(c)]和混合式。

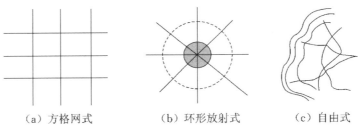

（a）方格网式　　　　　　（b）环形放射式　　　　　　（c）自由式

图 2.1　路网形式

随着现代城市经济的发展,城市规模不断扩大,越来越多的城市路网已经朝着混合式方向发展。很多大城市采用了"方格网+环形放射"的混合式路网布局,即在保留原有路网的方格网的基础上,为减少城市中心的交通压力而设置了环路及放射路。

城市路网布局各有特点,不同的路网形式也存在不同的交通问题。通过分析总结,4种城市路网形式的特点和性能见表2.1。

表 2.1　城市路网形式的特点和性能

形式分类	特征	优点	缺点
方格网式	道路以直线型为主,呈方格网状,适用于平原地区	街坊排列整齐,有利于建筑物的布置和方向识别,车流分布均匀,不会对城市中心区造成太大的交通压力	交通分散,不能明显地划分主干路,限制了主、次干路的明确分工,对角方向的交通联系不便,行驶距离较长,非直线系数为1.2～1.41

形式分类	特征	优点	缺点
环形放射式	由放射干道和环形干道组合形成。其中，放射干道负责对外交通联系，环形干道负责各区间的交通联系，适用于平原地区	对外、对内交通联系便捷。线形易于结合自然地形和现状，非直线系数不大，一般在 1.10 左右，利于形成主次分明的城市空间	易造成城市中心区交通拥堵、交通机动性差，在城市中心区易形成不规则的小区和街坊
自由式	一般依地形而布置，路线弯曲自然，适用于山区	充分结合自然地形布置城市干道，节约建设投资，街道景观丰富多变	路线弯曲，方向多变，曲线系数较大，易形成许多不规则的街坊，影响工程管线的布置
混合式	由前几种形式组合而成，适用于各类地形	可以充分地考虑自然条件和历史条件，吸取各种形式路网的优点，因地制宜地组织城市交通	一方面，易造成城市中心区交通拥堵；另一方面，一般都面临旧城改造问题，一些古城的路网都反映城市的文化色彩，城市路网的发展要考虑古城保护与现代化建设的关系

2.1.2　城市道路的分类

城市道路分类的重要依据是城市交通的特性和道路与两侧用地的关系。道路等级次序的内涵既包括结构特性，又包括功能特性。城市道路的等级结构是为适应城市交通的不同交通性质、交通方式、交通组成的要求而设置的。不同等级的道路需满足不同出行距离、不同交通方式的要求，同时对城市道路沿线出入控制提出了一定的要求。

1. 按街道等级分类

根据《城市道路工程设计规范（2016 年版）》（CJJ 37—2012）（以下简称"《城市道路工程设计规范（2016 年版）》"），按照城市道路在路网中的地位、交通功能以及对沿线建筑物的服务功能等，城市道路可分为快速路、主干路、次干路、支路四类。

（1）快速路。快速路是为城市中、长距离快速交通服务的道路，中间设有中央分隔带，布置有 4 条以上的车道，全部采用立体交叉控制车辆出入，并对两侧建筑物的进出口加以控制。快速路应进行中央分隔、全部控制出入、控制出入口间距及形式，应实现交通连续通行,单向设置不应少于 2 条车道,并设有配套的交通安全与管理设施。快速路两侧不应设置吸引大量车流、人流的公共建筑物的出入口。

（2）主干路。主干路又称"全市性干道",负担城市各区、各组团以及对外交通枢纽之间的主要交通联系,在城市路网中起支柱作用。主干路应连接城市各主要分区,以交通功能为主。主干路两侧不宜设置能吸引大量车流、人流的公共建筑物的出入口。主干路上的机动车道与非机动车道应分开设置。交叉口之间的分隔带、机动车道与非机动车道的分隔设施应连续。

（3）次干路。次干路是城市各区、各组团内的主要道路,承担集散交通的作用,与主干路组成城市干路网。次干路应与主干路结合组成干路网,应以集散交通的功能为主,兼有服务功能。次干路两侧可以设置公共建筑物出入口,并可设置机动车和非机动车停车场、公共交通站和出租汽车服务设施。

（4）支路。支路是次干路与街坊路的连接线,在交通上主要负担局部地区交通联系,以服务功能为主。支路应与次干路及居住区、工业区、市中心区、市政公用设施用地、交通设施用地等的内部道路相连接。支路可与平行快速的道路连接,但不得与快速路直接相接。在快速路两侧的支路需要连接时,应采取分离式立体交叉跨过快速路。支路应满足公共交通通行的要求。

2. 按街道的功能属性分类

道路使用者在不同种类道路上的行为模式、活动方式不同,由此产生的行进速度和对道路景观的感受不同,据此将道路分为高（中）速浏览型、低速观赏型和体验型,城市空间中分别有交通性干道、生活性街道以及与道路相连的城市广场与之对应。

交通性干道是指城市中的快速路和主干路系统,是构成城市路网的骨架;生活性街道则是指次干路和支路,是供居民生活的场所,也兼顾交通功能,城市中的步行街、林荫路、游览路,以及居民可以在其中徜徉、下棋、观赏、聊天的居住区街巷等均属此类;城市广场则是指那些素有"城市起居室"之称的、与道路相连的公共广场。

2.2 城市道路平面设计

1. 平面设计主要内容

城市道路平面设计主要内容是依据路网规划和设计横断面宽度及其布置情况,在满足行车要求的条件下,结合自然条件及建筑物布局,确定路线位置,选择合理的曲线半径,处理好直线与曲线的衔接部位,计算行车视距及清除弯道内侧障碍物,布置沿线桥梁、道口、交叉口和广场等,还包括道路绿化、照明、停车场和汽车加油站等公用设施的布置,最后综合上述内容绘制一定比例的平面设计图。

2. 平面设计关键指标

(1)圆曲线。

道路中心线转折处需设置圆曲线,而转向位置确定后,曲线的位置仅取决于曲线半径。道路圆曲线最小半径参考《城市道路工程设计规范(2016 年版)》表 6.2.2 的规定。一般情况下,应采用大于或等于不设超高最小半径值;当地形条件受限制时,可采用设超高最小半径的一般值;当地形条件特别困难时,可采用设超高最小半径的极限值。在一条道路上力求半径一致,这对测设与行车都有好处。

但应注意,当曲线的位置由于地物限制或半径连接有特殊要求时,应依据实际情况求出合适的圆曲线半径。例如,当曲线切线长受限时,在转弯附近有河流、平面铁路交叉口等,应根据实际条件求出半径值;当曲线外矢距受限时,若曲线外侧有地物,且地形条件对道路外矢距有要求,应根据实际条件求出半径值。

(2)平曲线。

平曲线由圆曲线及两端缓和曲线组成。设计中,必须确定不同设计速度条件下的平曲线及圆曲线最小长度。目的是避免驾驶员在平曲线上行驶时,操纵方向盘变动频繁,高速行驶危险,加上离心加速度变化率过大,使乘客感到不舒适。平曲线与圆曲线最小长度应参考《城市道路工程设计规范(2016 年版)》表 6.2.3 的规定。

直线与圆曲线或大半径圆曲线与小半径圆曲线之间应设缓和曲线。缓和曲线应采用回旋线,缓和曲线最小长度应符合《城市道路工程设计规范(2016 年版)》表 6.2.4-1 的规定。当设计速度小于 40 km/h 时,缓和曲线可采用直线代替。当圆曲线半径大于《城市道路工程设计规范(2016 年版)》表 6.2.4-2 规定的不设缓和曲线的最小圆曲线半径时,直线与圆曲线可直接连接。

(3)超高。

城市道路由于受交叉口、非机动车以及街坊两侧建筑的影响,不宜采用过大的超高横坡度。综合各方面的情况,当圆曲线半径小于不设超高最小半径时,在圆曲线范围内应设超高。最大超高横坡度参考《城市道路工程设计规范(2016 年版)》表 6.2.5 的规定。当由直线段的正常路拱断面过渡到圆曲线上的超高断面时,必须设置超高缓和段。当圆曲线半径小于或等于 250 m 时,应在圆曲线内侧加宽,并应设置加宽缓和段。

(4)视距。

进行道路平面设计时,视距应符合《城市道路工程设计规范(2016 年版)》表 6.2.7 的规定,具体如下。

① 停车视距应大于或等于规范的规定值,积雪或冰冻地区的停车视距宜适当增长。

② 当车行道上对向行驶的车辆有会车可能时,应采用会车视距,其值应为规范规定值中停车视距的 2 倍。

③ 对货车比例较高的道路,应验算货车的停车视距。

④ 对设置平、纵曲线可能影响行车视距的路段,应进行视距验算。

2.3 城市道路横断面设计

2.3.1 城市道路横断面设计和综合布置原则

道路是具有一定宽度的带状构筑物,在垂直于道路中心线方向上所做的竖向剖面称为"道路横断面"。通常近期道路横断面宽度称为"路幅宽度";远期规划道路用地总宽度称为"道路红线宽度"。红线是指城市中的道路用地和其他用地的分界线。

1. 城市道路横断面设计原则

城市道路横断面规划与设计的主要任务是在满足交通、环境、公用设施管线敷设和排水要求的前提下,经济、合理地确保道路各组成部分的宽度及相互之间的位置与落差。城市道路横断面设计应在城市规划的红线宽度范围内进行。

城市道路横断面的设计,关系到交通、绿化、环境、市容、景观和沿线公用设施的协调安排。因此,在设计道路横断面时,除了应根据道路等级、交通流量等因素确定其断面形式,还要贯彻下列原则。

(1)路幅宽度与沿街建筑高度要协调,即路幅宽度应使道路两侧的建筑物有足够的日照和良好的通风。

(2)断面布置与道路主要功能要协调。如交通干道应保证有足够的机动车车道和必要的分隔设施,实现双向分流、人车分流、机动车与非机动车分流,以确保交通安全;商业性大街应保证有足够宽的人行道;同时,车行道还要考虑公交车辆临时停靠的方便性。

(3)断面布置要与当地的地形地物相协调,不要产生过大的填挖工程量。

(4)在进行断面布置时,要特别关注城市的发展总体规划,应当将近期规划和远期规划相结合,切忌只顾眼前利益。

2. 城市道路横断面综合布置原则

在确定城市道路横断面形式时,应根据道路规划的性质和作用,综合考虑各方面的要求,科学、合理地安排各组成部分。在城市道路横断面综合布置中应遵循以下原则。

（1）城市道路横断面综合布置，应在城市道路规划的红线范围内进行。从规划部门取得城市道路网规划、红线宽度、道路等级、道路功能、断面形式、两侧建筑物性质与高度资料，向有关部门调查并收集交通量（包括近期和远期的车流量、人流量及流向等）、车辆组成、行车速度、地下管线等资料，并进行综合分析和研究，以便确定横断面形式和各组成部分的尺寸。

（2）横断面设计应当保证交通的安全和畅通，既要满足机动车交通量日益增长的要求，又必须顾及我国自行车和电动车多的实际情况。因此，在城市道路横断面设计中，既要考虑非机动车车道的设置，又要考虑将来有过渡为机动车道和非机动车专用道的可能。此外，还要考虑人行道的宽度是否满足要求。

（3）重视和充分发挥道路的绿化作用。城市道路的绿化既能起到保护环境、维护交通安全、美化道路、美化城市的作用，又能比较灵活地调节道路的组成。绿化带可以结合分隔带，也可以结合人行道布置；可以作为横断面各组成部分的衔接部分，也可以作为横断面其他组成部分的备用地。

（4）保证路面雨水的排除。在进行城市道路横断面布置时，要考虑到路拱的形式和坡度、雨水口的位置，以便于快速顺利排水；还要注意道路两侧街坊、单位内部的排水口，以便密切配合、互不干扰。

（5）避免沿路的地上、地下管线和各种构筑物以及人防工程等相互干扰。在进行道路横断面布置时，要综合考虑各种管线及构筑物间的配合和合理安排，还要为它们提供今后发展的余地，并兼顾维修的方便性。

（6）与沿路各类建筑和公用设施的布置要求相协调。如商业区的道路两侧大部分是商店之类的建筑，道路一般不宜采用有各种分隔带的横断面形式。

（7）对现有道路的改建，应采取工程措施与交通组织管理措施相结合的办法，以提高道路的通行能力和保证交通安全。对于道路的改建，除采用增辟车道、展宽道路等措施外，还可以通过邻近各条道路互相调节，采用机动车与非机动车分行、单向行驶等措施。

（8）注意节省建设资金，节约城市用地。道路横断面各组成部分的配置既要紧凑，又要考虑留有余地。如新建城市或城区在发展的初期，交通量还不大时，可先开辟最低必需宽度的车行道，预留车道的用地先进行绿化，待将来交通量增大，需要开辟道路以满足交通需求时，再开辟为车行道。

2.3.2　城市道路横断面的布置

1. 城市道路横断面的布置形式

城市道路交通主要由步行交通和车辆交通两部分组成，在设计中必须合理解决行人与车辆、机动车与非机动车之间的交通矛盾。通常是利用立式缘石和绿化带把人行道和车行道布置在不同的位置和高度上,以分隔行人和车辆,保证交通安全。但机动车和非机动车的交通组织是分隔还是混行,应根据道路和交通的具体情况而定。在不同的交通组织方式下,机动车道和非机动车道在横断面上的布置形式不同。

根据国内外道路横断面设计经验,按照机动车道和非机动车道的不同布置形式,城市道路横断面的布置有以下四种基本形式。

(1)"一块板"断面(单幅路):把所有的车辆都组织在同一个车行道上混合行驶,车行道布置在道路中央。在设置快(机动车)、慢(非机动车)两种车道线的街道,机动车在快车道上行驶,非机动车在慢车道上行驶,在不影响交通安全的情况下,它们的车道允许相互临时调剂使用,即允许车辆临时超越分道线;在快、慢车道不分的街道上,机动车在中间行驶,非机动车靠右侧行驶;在特殊情况下,也可把一块板的车行道专供某种车辆行驶。

(2)"两块板"断面(两幅路):利用分隔带(或分隔墩)把一块板形式的车行道一分为二,在交通组织上起分流渠化作用,车辆分向行驶。在两条对向行驶的车行道上,可设置快、慢车分道线,使快、慢车分流行驶;也可不设置分道线,使快、慢车混合行驶。

(3)"三块板"断面(三幅路):分隔带(或分隔墩)把车行道分隔为三块,中间的为双向行驶的机动车车道,两侧的均为单向行驶(彼此方向相反)的非机动车道。

(4)"四块板"断面(四幅路):在三块板断面形式的基础上,用分隔带把中间的机动车车行道分隔为二,供车辆分向行驶。

2. 四种基本布置形式的比较

(1)交通安全方面。三块板和四块板比一块板、两块板安全。这是由于三块板和四块板解决了非机动车和机动车相互干扰(易产生交通事故)的问题,同时分隔带起到了行人过街的安全岛作用。但采用三块板和四块板时,公共交通乘客上、下车需要穿越非机动车道,比较不便。

(2)行车速度方面。一块板和两块板形式,由于机动车和非机动车混合行驶,互相干扰,车速较低;三块板和四块板形式,由于机动车和非机动车分流行驶,互不干扰,车速一般较高。

(3)道路照明方面。三块板比一块板容易布置道路照明,能较好地处理绿化与照明的矛盾,照度均匀,可提高夜间行车速度,并减少因照明不良而引起的交通事故。

(4)绿化遮阴方面。三块板上可布置多排绿化带,遮阴效果好,在夏季使得行人和车辆驾驶人员均感到凉爽舒适,同时有利于路面防晒、防泛油。

(5)减少噪声方面。三块板的机动车道在中间,由于绿化带的隔离作用,噪声对行人和沿街居民的干扰较小。

（6）工程造价方面。一块板占地最小，投资省，故在各种等级的道路上均可采用。三块板和四块板占地最大，但有利于地下管线的敷设，非机动车道也可采用较薄的路面，但总造价往往较高，主要适用于主干路。

3. 四种基本布置形式的适用条件

通过以上分析比较，可见四种横断面形式各有优、缺点和适用条件，必须结合具体情况进行技术经济分析，因地制宜地采用。

（1）一块板适用于建筑红线较窄（一般在 40 m 以下）、非机动车不多的情况。在用地困难、拆迁量较大的地段以及出入口较多的商业性街道上可优先考虑采用一块板形式。目前这种形式具有很高的使用价值，应用范围非常广泛，在近期先开辟一块板形式，后期视需要再过渡到三块板，也是一个比较现实的选择。

（2）两块板适用于郊区快速干道（机动车多、非机动车少），可减少对向车辆相互之间的干扰（特别是夜间行车时的干扰）。两块板形式对绿化、照明布置及管线敷设均较有利，但车辆行驶时灵活性差，转向需绕道，在交通量大的市区不宜采用两块板形式。

（3）三块板和四块板适用于道路红线较宽（一般在 40 m 以上）、机动车交通量大（机动车道在 4 条及以上）、车速高、非机动车多的主要干道。在条件具备的城市道路上宜优先考虑采用三块板和四块板形式。

（4）从组织渠化交通、保证行车安全和提高车速的角度来讲，四块板是最为理想的，但由于这种形式占地很宽，故在城市中，尤其是在建筑密集、道路狭窄的市区是无法使用的。它主要用于城市快速路。

2.3.3 城市道路横断面的设计

城市道路的横断面通常由机动车道、非机动车道、路侧带（人行道、绿化带、设施带）及分车带组成。特殊断面还可包括应急车道、路肩等。横断面设计的主要任务是根据道路的等级、性质和红线宽度以及有关交通资料，确定以上各组成部分的宽度，并给予合理的布置。

1. 机动车车道数量和宽度

在车行道上供单一纵列车辆安全行驶的地带，称为一条车道。机动车车行道一般由数条机动车道组成，其宽度应是车道数量和一条车道宽度的乘积与两侧路缘带宽度之和，可用式（2.1）进行计算。

$$W_c = 2(nb + W_{mc}) \tag{2.1}$$

式中：W_c 为机动车车行道的总宽度（m）；n 为单向车道的数量，可按式（2.2）计算；b 为单条机动车车行道的宽度（m）；W_{mc} 为机动车车行道路缘带宽度（m），一般取 0.25～0.50 m。

$$n = N_h / N_m \tag{2.2}$$

式中：N_h 为设计小时交通量；N_m 为一条车道的设计通行能力。

根据《城市道路工程设计规范（2016 年版）》中的规定，机动车道横断面设计应符合下列要求。

（1）一条机动车道的最小宽度应符合表 2.2 中的规定。

表 2.2　一条机动车道的最小宽度

车型及车道类型	设计速度/(km/h)	
	＞60	≤60
大型车或混行车道/m	3.75	3.50
小客车专用车道/m	3.50	3.25

（2）机动车道路面宽度应包括车行道宽度及两侧路缘带宽度，单幅路及三幅路采用中间分隔物或双黄线分隔对向交通时，机动车道路面宽度还应包括分隔物或双黄线的宽度。

如果经过计算，车道数量为单向两车道以上，在设计道路的通行能力时，除进行交叉口影响折减与道路分类系数折减外，还应进行车道系数折减。用折减后的通行能力除以设计小时交通量，以验算车道数量是否能满足要求，再考虑路缘带以及分车带宽度，最后得出车行道总宽度。

不同车种和不同行驶车速，要求以不同的车道宽度与其相适应。根据我国对大、中、小城市道路上的行驶车辆的观测得出，主干路和高等级公路上的小型车道宽度宜采用 3.5 m，大型车车道或混行车道宽度宜采用 3.75 m，支路上的车道宽度宜不小于 3.0 m。

2. 非机动车车道数量和宽度

在我国的城市道路横断面设计中，一般要考虑机动车、非机动车及行人的通行要求，在交通流量不大或道路等级不高的情况下，通常机动车道与非机动车道设在同一车行道上，即所谓的机动车与非机动车混行道路断面。在机动车流量较大或道路等级较高的情况下，一般应设单独的非机动车道，或在机动车道与非机动车道之间设置分隔带，即成为三幅路或四幅路。

非机动车道是专供自行车、三轮车、平板车及畜力车等行驶的车道。各种车辆具有不同的横向宽度和相应的平均速度。在我国，大中城市的非机动车道主要供自行车行驶,应根据自行车设计交通量与每条自行车道的设计通行能力计算自行车车道的数量。

非机动车车道的总宽度,包括几条自行车车道宽度及两侧各 25 cm 的路缘带宽度。如果非机动车车道以自行车通行为主(三轮车流量占比不超过 5%),那么其双车道宽度为 2.5 m,三车道宽度为 3.5 m,四车道宽度为 4.5 m,以此类推。

在三幅路或四幅路的非机动车道上,如果有三轮车、畜力车、平板车行驶时,两侧非机动车道路面宽度除按设计通行能力计算外,还应当适当加宽。为减少分隔带的断口,保证机动车的交通顺畅,允许少量机动车在非机动车道上顺向行驶一段距离时,应适当加宽非机动车道的路面宽度。

根据《城市道路工程设计规范(2016 年版)》中的规定,非机动车道横断面设计应符合下列要求。

(1) 一条非机动车道的宽度应符合以下规定:对于自行车,一条非机动车道的宽度为 1.0 m;对于三轮车,一条非机动车道的宽度为 2.0 m。

(2) 与机动车道合并设置的非机动车道,车道数量单向应不少于 2 条,宽度应不小于 2.5 m。

(3) 非机动车专用道路面宽度应包括车道宽度及两侧路缘带宽度,单向宜不小于 3.5 m,双向宜不小于 4.5 m。

3. 路侧带的宽度

路侧带可由人行道、绿化带、设施带等组成,如图 2.2 所示。

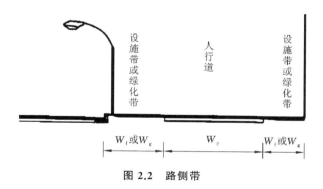

图 2.2　路侧带

W_f—设施带宽度;W_g—绿化带宽度;W_p—人行道宽度

根据《城市道路工程设计规范(2016 年版)》中的规定,路侧带的设计应符合下列规定。

(1) 人行道宽度。人行交通是城市道路设计中不容忽视的问题,人行道是行人的通道,与人群关系密切。因此,人行道设计应体现出对人的尊重,既要考虑交通需求,也要考虑景观功能,应保障行人通行的安全和顺畅,并应设置无障碍设施。

人行道宽度按式(2.3)计算。

$$W_p = N_w / N_{wl} \tag{2.3}$$

式中:W_p 为人行道宽度(m);N_w 为人行道高峰小时行人流量(P/h);N_{wl} 为 1.0 m 宽人行道的设计通行能力[P/(h·m)]。

人行道最小宽度应符合表 2.3 的规定。

表 2.3 人行道最小宽度

项目	人行道最小宽度/m	
	一般值	最小值
各级道路	3.0	2.0
商业或公共场所集中路段	5.0	4.0
火车站、码头附近路段	5.0	4.0
长途汽车站	4.0	3.0

人行道宽度除了应满足通行需求,还应结合道路景观功能,力求与横断面中各部分的宽度协调。各类道路的单侧人行道宽度宜与道路总宽度之间有适当的比例,其合适的比值可参考表 2.4 选用。对行人流量大的道路应采用较大值。

表 2.4 单侧人行道宽度与道路总宽度的比值参考表

道路类别	横断面形式		
	单幅式	两幅式	三幅式
快速路	—	1/8~1/6	—
主干路	1/7~1/5	—	1/8~1/5
次干路	1/6~1/4	—	1/7~1/4
支路	1/5~1/3	—	—

(2)绿化带宽度。绿化带是指在道路路侧为行车及行人遮阳并美化环境,保证植物正常生长的场地。当种植单排行道树时,绿化带最小宽度为 1.5 m。当绿化带内设置雨水调蓄设施时,绿化带的宽度还应满足所设置设施的宽度要求。

(3)设施带宽度。设施带是指道路两侧设置护栏、灯柱、标志牌等公共服务设施的场地。设施带宽度应满足上述公共服务设施的设置要求,各种设施的布局应综合考虑。设施带可与绿化带结合设置,但应避免各种设施间以及与树木的相互干扰。当绿化带设置雨水调蓄设施时,应保证绿化带内设施及相邻路面结构的安全,必要时,采取相应的防护及防渗措施。

不同设施独立设置时占用宽度见表 2.5。

表 2.5　不同设施独立设置时占用宽度

项目	宽度/m	项目	宽度/m
行人护栏	0.25~0.5	灯柱	1.0~1.5
邮箱、垃圾箱	0.6~1.0	长凳、座椅	1.0~2.0
行道树	1.2~1.5	—	—

根据调查,我国各城市设置杆柱的设施带宽度多数为 1.0 m,有些城市为 0.5~1.5 m,考虑有些杆柱需设基础,宽度较大,设计时应根据实际情况确定,并可与绿化带结合设置。

根据上面所述,绿化带及设施带是人行道的重要组成部分,而现有城市道路中,人行道的规划设计宽度仅为 3~5 m,未考虑设施和绿化要求,如考虑后有效的人行宽度所剩不多。要求在设计中保证通行、绿化、设施三方面的功能,并给予一定的宽度,这样才能充分体现"以人为本"的原则。

4. 分车带宽度

分车带按其在横断面中的位置与功能,可分为中间分车带(简称"中间带")和两侧分车带(简称"两侧带")。分车带由分隔带及两侧路缘带组成。

分隔带为沿道路纵向设置的分隔车行道用的带状设施,作用是分隔交通及安设交通标志、公用设施与绿化等,此外,还可在路段为设置港湾停车站、在交叉口为增设车道提供场地以及保留远期路面展宽的可能。路缘带是位于车行道两侧与车道相衔接的用标线或不同的路面颜色划分的带状部分,作用是保障行车安全。

分车带最小宽度应符合表 2.6 的规定。

表 2.6　分车带最小宽度

类别	设计速度 /(km/h)	路缘带宽度/m 机动车道	路缘带宽度/m 非机动车道	安全带宽度 W_{sc}/m 机动车道	安全带宽度 W_{sc}/m 非机动车道	侧向净宽 W_1/m 机动车道	侧向净宽 W_1/m 非机动车道	分隔带最小宽度 /m	分车带最小宽度 /m
中间带	≥60	0.50	—	0.25	—	0.75	—	1.50	2.50
中间带	<60	0.25	—	0.25	—	0.50	—	1.50	2.00

类别	设计速度 /(km/h)	路缘带宽度/m		安全带宽度 W_{sc}/m		侧向净宽 W_1/m		分隔带 最小宽度 /m	分车带 最小宽度 /m
		机动 车道	非机 动车道	机动 车道	非机 动车道	机动 车道	非机 动车道		
两侧带	≥60	0.50	0.25	0.25	0.25	0.75	0.50	1.50	2.50 (2.25)
	<60	0.25	0.25	0.25	0.25	0.50	0.50	1.50	2.00

注:(1)侧向净宽为路缘带宽度与安全带宽度之和;

（2）两侧带分车带最小宽度中,括号外数值为两侧均为机动车道时的取值;括号内数值为一侧为机动车道,另一侧为非机动车道时的取值;

（3）分隔带最小宽度值是按设施带宽度为 1 m 考虑的,具体应用时,应根据设施带实际宽度确定;

（4）当分隔带内设置雨水调蓄设施时,宽度还应满足所设置设施的宽度要求。

分隔带应采用立缘石围砌,需要考虑防撞要求时,应采用相应等级的防撞护栏。当需要在道路分隔带中设置雨水调蓄设施时,立缘石的设置形式应满足排水的要求。

为满足道路行车安全的需要,一般在车行道侧边设置立缘石。当在道路分隔带中设置下沉式绿地时,车行道雨水需汇集进入下沉式绿地,立缘石应采用开口、开孔形式或间断设置,以满足路面雨水通过立缘石流入绿化带的要求。

5. 应急车道和路肩

当快速路单向机动车道数量小于 3 条时,应设不小于 3.0 m 的应急车道。当连续设置有困难时,应设置应急停车港湾,间距应不大于 500 m,宽度应不小于 3.0 m。

路肩具有保护及支撑路面结构的功能,一般城市道路与两侧建筑或广场相接,不需要路肩。如果城市道路两侧为自然地面或排水边沟时,应设保护性路肩,以保护路基的稳定和便于设置护栏、栏杆、交通标志等设施。

根据《城市道路工程设计规范(2016 年版)》中的规定,路基的设置应符合下列规定。

（1）采用边沟排水的道路应在路面外侧设置保护性路肩,中间设置排水沟的道路应设置左侧保护性路肩。

（2）保护性路肩宽度自路缘带外侧算起,快速路应不小于 0.75 m;其他等级道路应不小于 0.50 m;当有少量行人时,应不小于 1.50 m。当需设置护栏、杆柱、交通标志时,应满足其设置要求。

2.3.4 路拱与横坡、缘石

1. 路拱与横坡

路拱即路面的横向断面做成中央高于两侧,具有一定坡度的拱起形状。路面表面做成直线或抛物线形,其作用是利用路面横向排水。横坡指的是路幅和路侧带各组成部分的横向坡度,一般是指路面、分隔带、人行道、绿化带等的横向倾斜度,以百分率表示。

根据《城市道路工程设计规范(2016 年版)》中的规定,设置路拱与横坡应符合下列要求。

(1)道路横坡应根据路面宽度、路面类型、纵坡及气候条件确定,宜采用 1.0%～2.0%。快速路及降雨量大的地区宜采用 1.5%～2.0%;严寒积雪地区、透水路面宜采用 1.0%～1.5%。保护性路肩横坡可比路面横坡加大 1.0%。

(2)单幅路应根据道路宽度采用单向或双向路拱横坡;多幅路应采用由路中线向两侧的双向路拱横坡;人行道宜采用单向横坡;坡向应朝向雨水设施设置位置的一侧。

2. 缘石

缘石是指砌筑在车行道与人行道之间的长条形石块或混凝土块,用以保护人行道并使车行道的路边水流通畅。根据《城市道路工程设计规范(2016 年版)》中的规定,缘石的设置应符合下列要求。

(1)缘石应设置在中间分隔带、两侧分隔带及路侧带两侧,缘石可分为立缘石和平缘石。

(2)立缘石是指顶面高出路面的路缘石,有标定车行道范围和纵向引导排除路面水的作用。立缘石宜设置在中间分隔带、两侧分隔带及路侧带两侧。当设置在中间分隔带及两侧分隔带时,外露高度宜为 15～20 cm;当设置在路侧带两侧时,外露高度宜为 10～15 cm。排水式立缘石尺寸、开孔形状等,应根据设计汇水量计算确定。

(3)平缘石是指顶面与路面平齐的路缘石,有标定路面范围、整齐路容、保护路面边缘的作用。平缘石适用于出入口、人行道两端及人行横道两端,便于推车、轮椅及残疾人通行。有路肩时,路面边缘也采用平缘石。平缘石宜设置在人行道与绿化带之间,以及有无障碍要求的路口或人行横道范围内。

2.3.5　桥梁、隧道的横断面布置

跨越障碍物的城市道路桥梁的横断面布置一般应与路段相同,城市道路隧道的机动车道数量一般也应与路段相同,不能在这些地区形成交通瓶颈。

1. 桥梁的横断面布置

(1)一般要求。

桥梁的横断面分为车行道与人行道两部分,一般情况下不设绿化分隔带。大中型桥梁跨度大、投资多,车行道宽度、路缘带宽度应与路段一致。

桥梁人行道或安全道外侧,宜设置高度为 1.1 m 以上的人行道栏杆。快速路、主干路与次干路上的桥梁,不论有无非机动车道,若两侧无人行道,都应设宽度为 0.50～0.75 m 的安全道,供执勤、养护、维修专用。

（2）桥面布置。

桥面布置有双向车道布置、分车道布置和双层桥面布置三种方式。

双向车道布置是指车行道的上、下行交通布置在同一桥面上,画线分隔。车辆在桥上的行驶速度易受影响,一般只能中、低速行驶,在交通量较大的情况下容易造成交通拥堵。

分车道布置是指车行道的上、下行交通在桥面上分隔布置,可提高行车速度,便于交通管理,但需增加一些附属设施,桥面宽度也要相应加宽。分车道布置可在桥面上设置分隔带,也可采用主梁分离式布置形式。

双层桥面布置是指桥梁结构在空间上提供两个不在同一平面上的桥面构造,如上层通行机动车;下层通行非机动车、行人及布置市政管线、轨道交通。此方式可以实现交通的快慢分离,提高交通运行效率;同时可以充分利用桥梁净空,具有良好的经济效益。

（3）高架桥横断面布置。

高架桥是我国大城市快速路通常使用的一种断面形式。对于高架路,一般高架车道为快速车道,地面车道为慢速车道。当快速车道为双向 4 车道时,中央分隔带宽 6.0 m;当快速车道为双向 6 车道时,中央分隔带宽 8.0 m。

图 2.3 是某城市高架路横断面布置实例。

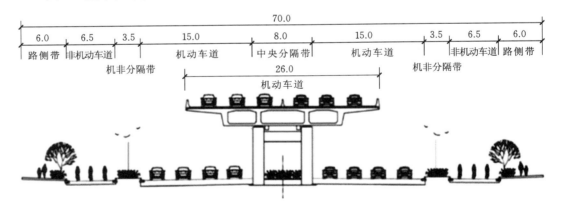

图 2.3 某城市高架路横断面布置实例（单位：m）

2. 隧道的横断面布置

城市交通隧道包括多种类型,按埋置深度可分为深埋隧道和浅埋隧道;按功能可分为地铁隧道、机动车隧道及人行道隧道;按围岩介质可分为硬土隧道、软土隧道、岩石隧道及水底隧道。

一般情况下,隧道内部建筑限界的形式与尺寸必须满足隧道通行交通工具的净空要求。对单向车道少于 3 条且长度大于 1000 m 的隧道,应设置不小于 3.0 m 的应急车道。当连续设置有困难时,应设置应急停车港湾,间距应不大于 500 m,宽度应不小于 3.0 m。单向单车道隧道必须设应急车道。隧道内设置的设备系统和管线等设施不得侵入道路建筑限界。

图 2.4 是某城市隧道横断面布置实例。

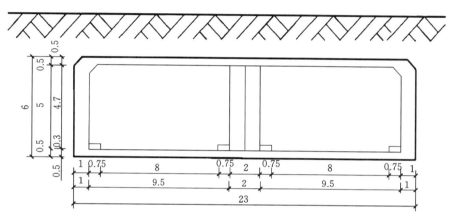

图 2.4 某城市隧道横断面布置实例(单位:m)

2.4 城市道路纵断面设计

2.4.1 纵断面设计的原则、要求和方法

1. 纵断面设计的原则

为使道路纵坡设计经济、合理,保障行车安全,必须在全面掌握勘测和调查资料的基础上,结合道路选线或者定线的意图,经过技术经济等综合分析,反复比较,确定科学合理的纵坡设计。

纵坡设计的原则如下。

(1)纵坡设计必须符合国家现行行业标准《城市道路工程设计规范(2016 年版)》等的有关规定。

（2）纵坡设计应当参照城市规划控制标高，并符合临街建筑立面布置及沿路范围内地表水迅速排除的要求。

（3）为保证车辆能以一定的速度安全、舒适地行驶，纵坡应当具有一定的平顺性，起伏不宜过大或者过于频繁。在一般情况下，要尽量避免采用极限纵坡值，合理安排缓和坡段，不宜连续采用极限长度的陡坡间夹最短长度的缓坡，应避免设置反坡段。丘陵地区线路垭口附近的纵坡应当尽量平缓一些。

（4）在一般情况下，道路纵坡设计应考虑施工中土石方的填方、挖方平衡，尽量使挖方作为就近路段的填方，以减少借方和废方量，从而降低工程造价和节省道路用地。

（5）山城道路应控制平均纵坡。越岭路段的相对高差为 200～500 m 时，平均纵坡宜采用 4.5%；相对高差大于 500 m 时，平均纵坡宜采用 4.0%；任意连续 3000 m 长度范围内的纵坡，一般宜不大于 4.5%。

（6）进行纵坡设计时，应综合考虑沿线地形、地下管线、地质、水文、气象、绿化、排水和环保等，根据具体情况加以处理，以保证道路的稳定与畅通，并要注意以下方面。

① 当路线经过水文地质条件不良地段时，应当提高路基标高，以保证路基稳定。当受规划控制标高限制不能提高路基标高时，应采取稳定路基的有效措施。

② 当旧路改建需要在原路面上加铺结构层时，不得因路面高程的抬高而影响沿路范围的排水。

③ 沿河道路应根据路线位置确定路基的标高。位于河堤顶的路基边缘应高于河道防洪水位 0.5 m。当岸边设置挡水设施时，可不受此限制。位于河岸外侧的道路的标高应按一般道路考虑，应符合规划控制标高的要求，并根据情况解决地表水及河堤渗水对路基稳定的影响。

④ 城市道路纵断面设计要妥善处理地下管线覆土的要求。

⑤ 城市道路最小纵坡应不小于 0.3%；当遇到特殊困难，纵坡小于 0.3% 时，应设置锯齿形边沟或采取其他排水措施。

2. 纵断面设计的要求

（1）保证行车平顺、安全。纵坡应当平顺，起伏不宜过于频繁。设计车速应按道路等级采用。在转坡角处，应设较大的凸形或凹形竖曲线来衔接，并满足行车视距的要求。

（2）道路和与其相交的道路、街坊、广场和其他沿街建筑物的出入口均有平顺的衔接。

（3）在地形起伏、变化较大的地区，在保证路基稳固的条件下，力求设计线与地面线相接近，这样既可减少土方工程量，又可保持土基原有的天然稳定状态。设计的最大纵坡不得超过规范中的规定值，考虑到自行车的爬行能力，最大纵坡应不大于 3%；最小纵坡应满足排水要求，一般不小于 0.3％。

（4）道路纵断面设计中最大纵坡及长度的取值，应考虑非机动车上下坡便利，充分体现"以人为本"的设计原则。在非机动车较多的干道上设置跨河或跨线桥，应充分考虑非机动车的爬坡能力，桥上纵坡和桥头引道纵坡宜不大于 3％。如采用较大的纵坡，其坡长也宜短一些。

（5）在桥头的两端宜设置直线段，最好布置一定长度的缓坡段。不允许将陡坡的终点设在靠近小半径平曲线处，否则极易造成行车事故。

（6）道路纵断面的设计标高，应保证管线上部最小的覆土深度。管顶最小覆土深度一般不小于 0.70 m。

（7）在确定道路中心线的设计标高时，必须考虑沿线两侧街坊的地坪标高。为保证道路及两侧街坊地表水的顺利排除，一般应使侧石顶面标高低于两侧街坊或建筑物的地坪标高。

3. 纵断面设计的方法

进行纵断面设计前，在路线位置拟定后，应先根据中桩的桩号和地面标高绘出纵断面图的地面线及平面线一栏，然后按选线意图决定控制点及其高程，考虑填、挖方等工程的经济性及与周围景观的协调性，综合考虑平、纵、横三个方面确定坡度线，再对照横断面检查核对，从而确定纵坡值，定出竖曲线半径，计算设计标高。城市道路的纵断面设计，一般可按以下方法和步骤进行。

（1）绘制出原有的地面线。

先根据道路中线水准测量资料，按适宜的比例尺（通常按照水平方向 1∶1000 或 1∶2000，垂直方向 1∶50、1∶100 或 1∶200），以 20 m 一个桩号，将由测量人员测设的设计线原地面高程，在坐标计算纸上点出，再把各点高程连接起来即得到原地面线，为道路纵断面设计打好基础。

为使纵断面设计线更加合理，在图的下方应绘制出沿线土壤地质剖面图和简明的路线平面设计图，并标出交叉口范围、平曲线位置及其要素。

（2）标出沿线控制点标高。

在进行道路纵坡设计时，应先将全线各控制点的标高在图上标出，控制点主要包括路线的起点、相交道路路口标高、大桥桥面标高、路线下穿立交桥等，还要考虑高架下地面道路的净空要求。

为满足两边街坊的排水要求，并与建筑物出入口标高协调，在设计纵坡、确定设计标高时，必须考虑建筑物前的地坪标高，使设计标高基本满足以下两点要求：第一，建筑物前的地坪标高应比道路中心线的设计标高高出 0.3～0.5 m；第二，控制建筑物前的地坪坡度(包括人行道在内)为 0.5%～1%。

（3）对道路的纵断面拉坡。

城市道路设计包括平面线形设计、横断面设计和纵断面设计。所谓纵断面设计，也称为"拉坡"或"定坡"，即在道路平面线形确定之后，根据地面测量模型确定符合道路设计标准的道路坡度和变坡点，这是道路设计的关键技术之一。

对于设计道路的纵断面拉坡，一般可采用以下两种方法。第一种方法是通过调整道路中线纵坡，满足道路排水要求，避免设置锯齿形街沟。该方法具有施工简便、雨水管设置方便等优点。但是试拉坡结果显示，在满足最小坡长的前提下，道路设计标高与周围建筑物地坪标高及控制点标高偏离较大。第二种方法是参照沿街建筑物出入口的地坪标高，尽量不改动各控制点标高，此时可能会出现缓坡，需要设置锯齿形街沟。该方法有利于车辆行驶，减少土方工程量，能较好地满足设计控制点要求，并与周围建筑物地坪标高相协调。但锯齿形街沟施工比较麻烦，路面改建、扩建困难，并且在街沟范围内对行车有一定的影响。

在城市道路纵断面设计中，拉坡受沿街建筑物地坪标高影响比较大，应综合考虑各方面因素采用相应的拉坡方法。

在标定全线的控制点标高后，根据道路定线的意图，综合考虑行车要求和有关技术标准的规定，初步试绘设计线路。从起点开始，途中所经交叉口一并列在纵断面图上，写出交叉口中心控制点的标高。竖曲线半径的设置，除满足规范要求的相应等级的最小半径外，还需满足最小竖曲线长、最小坡长等规定。若原地面路况良好，则尽量利用原地面进行竖曲线设计。如果地面道路纵坡都较小，即不满足最小纵坡 0.3% 的要求时，需要进行排水街沟设计。

进行竖曲线半径的选择时，考虑到行车要求和地形状况，在不过分增加土石方工程量的情况下，宜采用较大半径的竖曲线，尤其是凹形竖曲线。为了使车辆不因离心力过大而引起弹簧超载，尽量不采用小半径竖曲线。

（4）确定纵坡设计线。

经过多次试拉坡、反复调整纵坡，基本满足设计要求后，还要进行全面检查。检查的内容主要有最大纵坡、坡长、桥头线形、控制点高程、某些断面纵横向平衡，以及纵断面与平面线形的协调和配合等。若发现有不合理之处，还应再进行调整，最后确定出一条在技术上、经济上都比较合理的纵坡设计线。

（5）设计竖曲线。

确定纵坡设计线后，即可根据道路的等级和纵坡转折角选定竖曲线的半径，并进行各项要素的计算。在选定竖曲线半径时，应综合考虑行车要求和地形状况，在不过分增加土石方工程量的情况下,尽量选用较大的竖曲线半径。尤其是对于凹形竖曲线,由于其会因离心力过大而引起超载,应避免选用极限最小半径。

应当特别注意,当汽车夜间在小半径竖曲线上行驶时,往往不能保证视距。汽车在小半径的凸形竖曲线上行驶时,前灯的照射距离很短,会严重影响司机的视距。因此,对于道路照明不良,夜间仍有一定交通量的城市干道,宜采用较大的竖曲线半径。

(6)进行纵断面设计图的绘制。

一般城市道路纵断面设计图包括以下内容:道路中线的地面线、纵坡设计线、施工高度、沿线桥涵位置、结构类型和孔径、沿线交叉口位置和标高、沿线水准点的位置、桩号和标高等,以及图下方的简明说明表格。

在市区主干路的纵断面设计图上,还应当注出相交道路的路名与交叉口的交点标高,以及街坊与重要建筑物出入口的标高等。

城市道路纵断面设计图的比例尺在不同设计阶段是不同的。在初步设计文件中比例尺可以大一些,一般采用 1∶1000～1∶2000。在技术设计文件中,一般水平方向比例尺为 1∶500～1∶1000,垂直方向比例尺为 1∶100～1∶200。

2.4.2　坡度和坡长的设计

1. 最大纵坡、最小纵坡和缓和坡段

(1)最大纵坡。

道路的最大纵坡是指各级道路中允许采用的最大纵坡值,是道路纵断面设计中非常重要的控制指标。在地形起伏较大的山区和丘陵区,最大纵坡直接影响道路的工程造价、施工难度、使用成本、运输成本和交通安全。

各级道路的最大纵坡是根据汽车的动力特性、道路等级、设计行车速度、自然条件、工程经济和运营等因素,通过综合分析、全面考虑而合理确定的。

根据《城市道路工程设计规范(2016 年版)》,机动车道的最大纵坡一般值与极限值应符合表 2.7 的规定。

表 2.7　机动车道最大纵坡

设计速度/(km/h)	最大纵坡/(%)	
	一般值	极限值
100	3	4
80	4	5

设计速度/(km/h)	最大纵坡/(%)	
	一般值	极限值
60	5	6
50	5.5	
40	6	7
30	7	8
20	8	

机动车道的最大纵坡除应符合表 2.7 的规定外,还应符合下列规定。

① 新建道路应采用小于或等于最大纵坡一般值;改建道路、受地形条件或其他特殊条件限制时,可采用最大纵坡极限值。

② 除快速路外的其他等级道路,受地形条件或其他特殊条件限制时,经技术经济论证后,最大纵坡极限值可增加 1.0%。

③ 积雪或冰冻地区的快速路最大纵坡应不大于 3.5%,其他等级道路最大纵坡应不大于 6.0%。

（2）最小纵坡。

城市道路的最小纵坡也是道路纵断面设计中的重要控制指标。城市道路通常低于两侧的街坊,两侧街坊的雨水排向车道的街沟,然后顺街沟的纵坡流入沿街沟布置的雨水口,最后由地下的连管通过雨水管道排入水体。因此,道路的最小纵坡应当能够保证排水和管道不淤塞所必需的最小纵坡,一般不小于 0.3%。

（3）缓和坡段。

在道路纵断面设计中,当陡坡的长度达到极限时,应当安排一段缓坡,用以恢复车辆在陡坡上降低的速度。同时,从车辆下坡安全角度考虑,缓坡也是非常必要的。在缓坡上汽车将以加速形式行驶,理论上缓坡的长度应当适应这个加速过程的需要,但在实际设计中很难满足这种要求。

缓和坡段的具体位置应结合纵向地形的起伏情况考虑,尽量减少填筑和挖掘工程量,还应考虑路线的平面线形要素。在一般情况下,缓和坡段宜设置在平面直线或半径较大的平曲线上,以便充分发挥缓和坡段的作用,提高整条道路的行驶质量。

在必须设置缓和坡段而地形条件不佳,缓和坡段必须设置在半径较小的平曲线上时,应适当增加缓和坡段的长度,以使缓和坡段端部的竖曲线位于该小半径平曲线之外,这种要求对提高行驶质量、保证行车安全是非常重要的。

2. 最小坡长和最大坡长

最小坡长的限制是从汽车行驶平顺度、乘客的舒适性和相邻两竖曲线的布设等方面考虑的。纵坡的最小坡长应符合表 2.8 的规定。

表 2.8　最小坡长

设计速度/(km/h)	最小坡长/m	设计速度/(km/h)	最小坡长/m
100	250	40	110
80	200	30	85
60	150	20	60
50	130	—	—

当道路纵坡大于表 2.7 中的一般值时，纵坡最大坡长应符合表 2.9 的规定。道路连续上坡或下坡，应在不大于表 2.9 规定的纵坡长度之间设置缓和坡段。缓和坡段的纵坡应不大于 3.0%，其长度应符合表 2.8 中对最小坡长的规定。

表 2.9　最大坡长

设计速度/(km/h)	纵坡/(%)	最大坡长/m
100	4	700
80	5	600
60	6	400
	6.5	350
	7	300
50	6	350
	6.5	300
	7	250
40	6.5	300
	7	250
	8	200

非机动车道纵坡宜小于 2.5%，当大于或等于 2.5% 时，纵坡最大坡长应符合表 2.10 中的规定。

表 2.10 非机动车道最大坡长

纵坡/（%）	最大坡长/m	
	自行车	三轮车
3.5	150	—
3.0	200	100
2.5	300	150

2.4.3 桥涵路面纵断面设计

大中型桥桥面的纵断面线形,应当根据两岸地势、桥梁造型、桥梁等级、通航要求、主流位置及道路纵断面线形要求,设计为沿桥面中心对称的凸形线形,或者以主流为转折点的凸形线形,或者为纵坡或平坡。平坡的桥面排水主要依靠横坡及落水孔,通航的河道和立体交叉桥不适宜采用平坡桥面,应设计为凸形纵坡或一面纵坡,利用纵坡使桥面水流向桥外泄出。桥面纵坡可根据地势、通航要求及结构形式确定,可以为连续的凸形转折,但不允许有凹形转折。

桥头引桥及桥头引道的纵坡可以略大于桥面的纵坡,桥头引道平面线形为曲线时,应避免采用较大坡度;平曲线半径较小时,应避免平曲线与竖曲线重合。丘陵及山区道路应避免以大坡度下坡进入桥面,引道或引桥应有一定长度的缓和坡段,以减少对桥梁的冲击力,并保持行车的安全。此坡段的长度可参照路线缓和坡段长度的规定,一般不小于 100 m。

最大坡度的限制,按《公路桥涵设计通用规范》(JTG D60—2015)3.5.1 的规定,桥上纵坡宜不大于 4%,桥头引道纵坡宜不大于 5%;位于城镇混合交通繁忙处的桥梁,桥上纵坡及引道纵坡均不得大于 3%;对易结冰、积雪的桥梁,桥上纵坡不宜大于 3%。

城市街道及近郊道路上的桥面纵坡与桥头路段纵坡,应当与路线的纵坡相协调,避免形成局部陡坡。目前,自行车交通大量存在,还应考虑自行车的行驶安全,防止下桥时由于坡度过大速度增加造成危险,桥面最大纵坡宜不超过 3%。

桥面纵断面设置竖曲线可与路线一致,并采用同样的标准。引道及桥头路与桥梁衔接设置竖曲线时,切点与桥头间纵坡应与桥面相同,长度不小于 10 m 的路段避免将切点放在桥头处。桥头设置凹形竖曲线应采用大半径曲线。

小桥涵的桥面纵坡应与路线纵坡一致,避免整个纵坡线形在很短的距离内连续改变,否则易使行车跳动并影响路容。在设计路线纵坡时,也应适当考虑小桥涵结构及工程造价的合理性。当小桥涵桥面纵坡与路线纵坡无法保持一致时,应调整小桥涵两侧路段局部纵断面线形,使之满足设置竖曲线的需要。

2.4.4　城市道路街沟设计

当城市道路纵坡大于 0.3% 时,可以靠街沟自然排水,一般街沟的纵坡与道路中线的纵坡相同。在道路纵断面设计图上,道路中心纵坡设计线、侧石顶面线和街沟设计线,是三条互相平行的直线。当城市道路纵坡小于 0.3% 时,需要设置锯齿形街沟排水,雨水口的间距为 40~50 m,一般可采用 40 m。

工程实践证明,设计纵坡小于 0.3% 的城市道路路段,即使设置路拱横坡等,由于纵坡很小,纵向排水很不畅通,路面还是会产生局部积水,不仅严重影响交通安全和畅通,而且影响路基的稳定性和使用年限。因此,对于设计纵坡小于 0.3% 的路段,要设法保证路面排水畅通,必须设置锯齿形街沟。

所谓锯齿形街沟,是在保持侧石顶面线与道路中心纵坡设计线平行的条件下,交替地改变侧石顶面线与平石(或路面)之间的高度,即交替地改变侧石高度,在最低处设置雨水进水口,并使进水口处的路面横坡放大,两进水口之间的分水点处标高增高,该处的横坡便相应减小,车行道两旁平石的纵坡随着进水口和分水点标高的变动而变动。这样,街沟纵坡(或平石纵坡)由升坡到降坡再到升坡,如此连续交替变化,街沟的纵坡线就呈锯齿状。

2.5　城市道路交叉口设计

2.5.1　平面交叉口设计

1. 平面交叉口的形式

城市道路交叉口是城市道路网络的节点,在路网中将城市交通由线(路段)扩展至面(路网)。道路与道路在同一个平面内相交的交叉口称为"平面交叉口"。平面交叉口是道路交叉口的主要形式。在平面交叉口,竖向道路的车辆和行人要与横向道路的车辆和行人分时共用交叉口空间,相互交叉干扰较多,因此,平面交叉口的通行能力和安全性都比路段低。平面交叉口根据不同的分类标准分为不同的类型,具体如下。

(1) 按几何形式分类。

按几何形式分类,平面交叉口可以分为以下几类。

① 十字形交叉口。十字形交叉口是相交道路夹角为 75°~105° 的四路交叉口。这种

交叉口形式简单,交通组织方便,街角建筑易于处理,适用范围广,是基本的交叉口形式,见图 2.5(a)。

② T 形交叉口。T 形交叉口是相交道路夹角为 75°~105° 的三路交叉口。这种交叉口视线良好、行车安全,也是常见的交叉口形式,见图 2.5(b)。

③ X 形交叉口。X 形交叉口是相交道路夹角小于 75° 或大于 105° 的四路交叉口,见图 2.5(c)。当相交道路夹角为角度较小的锐角时,将形成狭长的交叉口,对部分转向交通不利,锐角街口的建筑也不易处理。因此,当采用 X 形交叉口时,应尽量增加相交锐角的角度。

④ Y 形交叉口。Y 形交叉口是相交道路夹角小于 75° 或大于 105° 的三路交叉口,见图 2.5(d)。处于钝角处的车行道缘石半径应大于处于锐角处的缘石半径,以协调线形,使交通顺畅。Y 形与 X 形交叉口均为斜交路口。当交叉口夹角小于 45° 时,视线往往会受到限制,影响行车安全。因此,Y 形交叉口的斜交角度通常不小于 60°。

⑤ 错位交叉口。错位交叉口是指两条道路从相反方向终止于一条贯通道路而形成的两个距离很近的 T 形交叉口所组成的交叉口,见图 2.5(e)。错位交叉口的交织长度不足,进出交叉口的车辆不能顺利行驶,从而阻碍贯通道路上的直行交通。在进行城市规划时,应尽量避免出现错位交叉口。

⑥ 多路交叉口。多路交叉口是由五条及五条以上的道路相交形成的交叉口,又称"复合型交叉口",见图 2.5(f)。在规划设计时,原则上不采用多路交叉口。已经形成的多路交叉口,可以设置中心岛,将其改为环形交叉口,或将某些道路的双向交通改为单向交通。

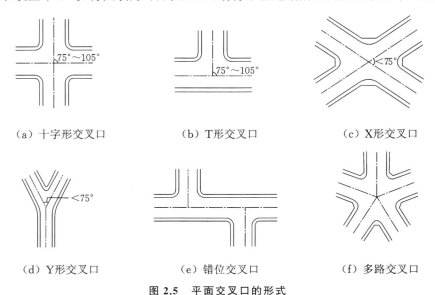

(a) 十字形交叉口　　　　(b) T形交叉口　　　　(c) X形交叉口

(d) Y形交叉口　　　　(e) 错位交叉口　　　　(f) 多路交叉口

图 2.5　平面交叉口的形式

（2）按交通组织方式分类。

按交通组织方式分类，平面交叉口可分为信号控制平面交叉口、无信号控制平面交叉口、环形交叉口三类。

① 信号控制平面交叉口（平 A 类）。信号控制平面交叉口为通过交通信号灯控制交通的道路交叉口，适用于交通量较大的干路交叉口。当交叉口机动车高峰小时交通量达到一定程度时，应考虑设置信号灯。其进一步分类如下。

平 A_1 类：交通信号控制，进口道展宽交叉口。

平 A_2 类：交通信号控制，进口道不展宽交叉口。

② 无信号控制平面交叉口（平 B 类）。无信号控制平面交叉口为不用交通信号灯控制交通的道路交叉口，适用于交通量较小的支路等低等级城市道路。其进一步分类如下。

平 B_1 类：干路中心隔离封闭、支路只准右转通行的交叉口（简称"右转交叉口"）。

平 B_2 类：减速让行或停车让行标志管制交叉口（简称"让行交叉口"）。

平 B_3 类：全无管制交叉口。

③ 环形交叉口（平 C 类）。环形交叉口是在道路交叉口中央布置一个圆形（也包括椭圆形或不规则圆形）中心岛，用环道组织交通的一种形式。

平面交叉口选型时可参考表 2.11。

表 2.11　平面交叉口选型

平面交叉口类型	选型	
	推荐形式	可选形式
主干路-主干路	平 A_1 类	—
主干路-次干路	平 A_1 类	—
主干路-支路	平 B_1 类	平 A_1 类
次干路-次干路	平 A_1 类	—
次干路-支路	平 B_2 类	平 A_1 类或平 B_1 类
支路-支路	平 B_2 类或平 B_3 类	平 C 类或平 A_2 类

2. 交叉口平面设计

（1）规划设计原则。

为使城市道路交叉口保持为人服务的基本功能，并且保障交叉口各种交通流的高效运转,交叉口规划设计应贯彻如下原则。

① 人本位原则。交叉口的交通组织、规划设计和景观建设应当坚持"人本位",科学分配交叉口的时空资源,优先保障广大人民群众,尤其是交通弱势群体安全通过交叉口。在交叉口的主干路和次干路上设置行人过街安全岛。

② 综合性原则。城市道路交叉口应根据相交道路的等级、分向流量、公交站点设置、交叉口周围用地性质、管线布置、防灾要求等确定形式和用地范围。

③ 协调性原则。干路交叉口必须进行渠化设计,必须通过增加交叉口进口道车道数量来弥补时间资源的损失,使路口通行能力与路段通行能力相匹配。

④ 系统性原则。交叉口渠化改造和规划建设必须具有系统性,不能孤立改造某个路口,将交通矛盾转到其他路口。

⑤ 节约性原则。尽可能通过平交路口渠化来挖掘既有设施潜力,尽量不建立交。路口机动车道宽度可比路段窄,在主干路上提供专用左转车道。

⑥ 近远期结合原则。平面交叉口近期改造实施方案必须考虑远期交通需求,必须研究规划设计方案的近远期过渡措施,近期无法进行渠化的,远期应控制交叉口用地。

(2) 平面交叉口设计速度。

当设有信号灯控制时,城市道路交叉口直行交通的通过速度低于路段的行驶速度。右转车辆会受到过街行人的影响,车速降低。左转车辆在进入和通过交叉口时要减速缓行或停车等待,驶离交叉口时须加速。一般情况下,平面交叉口内的设计速度应按各级道路设计速度的 50%～70%计算,直行车取大值,转弯车取小值。城市道路平面交叉口的设计速度可以按照表 2.12 取值。

表 2.12   城市道路平面交叉口的设计速度   (单位:km/h)

在绿灯的时段	车流方向			
	左转车	直行车	右转车	
			人、机、非混行	纯机动车
绿灯初段	15～20	15～20	15	25
绿灯中段	20	30～40	15	25～30
绿灯末段	25	30～40	15	25～30

(3) 平面交叉口转角的缘石半径。

为了保证右转车辆能以一定的速度顺利转弯,交叉口转角处的缘石应做成圆曲线或多圆心复曲线,以符合相应车辆行驶的轨迹。通常采用圆曲线,以方便计算与施工。多圆心复曲线用于设计车辆为大型汽车或转角处建筑已经建成、用地紧张的交叉口。

平面交叉口转角的缘石半径设计应综合考虑下列因素。

① 缘石半径取值应大于等于交叉口车辆转弯的最小半径。

② 三幅路、四幅路交叉口转角的缘石最小半径应满足非机动车转弯要求。

③ X 形、Y 形等斜交类型交叉口转角的缘石半径应视交叉口的夹角角度选用。在保证视距的前提下,锐角处的缘石半径宜小,钝角处的缘石半径宜大。

④ 公路或城市道路旧街进口道为一车道的,应适当加大缘石半径,以便扩大停止线断面附近车行道宽度,减少阻塞。

我国城市道路平面交叉口的缘石半径是远大于发达国家的。平面交叉口转角的缘石半径大小要适宜。如果缘石半径过小,则要求右转车的车速降低很多,行车不平顺,导致车辆向外偏移侵占相邻车道,或向内偏移驶上人行道。如果缘石半径过大,则会增加车辆通过交叉口的时间,并造成行人横过道路的距离过长。此外,缘石半径过大还会增大交叉口面积,导致左转车的行车轨迹不固定,有较大的游荡区,不利于行车安全(见图 2.6)。一般道路交叉口采用 10 m 的转弯半径,有大量大型货运车辆转弯时采用 15 m 的转弯半径。

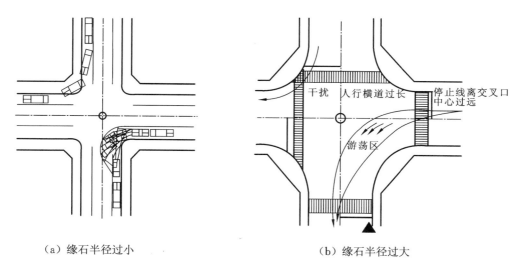

（a）缘石半径过小　　　　　　　　（b）缘石半径过大

图 2.6　过大或过小的缘石半径

（4）平面交叉口的视距三角形。

车辆到达交叉口前,应确保司机能看清路口情况,以便通过或停车,这一段距离必须大于停车视距。由交叉口内最不利的冲突点,即纵向道路上最靠右侧的直行机动车与横向道路上右侧最靠近中心线驶入的机动车在交叉口相遇的冲突点起,向后各退一个安全停车视距,将这两个视点和冲突点相连构成的三角形称为"视距三角形"(见图 2.7)。在视距三角形的范围内,有碍视线的障碍物应予以清除,以保证通视与行车安全。

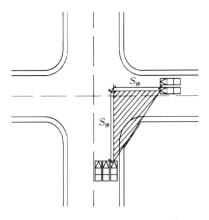

图 2.7　平面交叉口的视距三角形

$S_{停}$—安全停车视距

视距三角形应按最不利的情况来绘制,其方法和步骤如下。

① 根据平面交叉口的设计速度来计算相交道路的安全停车视距,可以按照表 2.13 取值。

表 2.13　交叉口视距三角形要求的安全停车视距

交叉口直行车设计速度/(km/h)	安全停车视距 $S_{停}$/m
60	75
50	60
45	50
40	40
35	35
30	30
25	25
20	20
15	15
10	10

② 根据通行能力与车道数量来划分进出口车道。

③ 绘制直行车与左转车的行车轨迹线，找出各组冲突点。

④ 从最危险的冲突点向后沿行车轨迹线（车道中分线）分别量取安全停车视距 $S_停$。

⑤ 连接相应点，在构成的视距三角形范围内，不准有阻碍视线的障碍物存在，交叉口转角处道路红线应在三角形之外。

通常 X 形、Y 形交叉口的锐角端必须在校验视距三角形后才能确定道路红线位置。

城市新建干路与铁路相交时，原则上应采用立交。当支路与铁路相交时，可采用平面交叉口，但道路线形应为直线。直线段从最外侧钢轨外缘起算应大于等于 30 m。道路平面交叉口的缘石转弯曲线切点距最外侧钢轨外缘应不小于 30 m。无栏木设施的铁路道口，停止线位置距最外侧钢轨外缘应不小于 5 m。道口外道路为上坡时，水平路段长度不得小于 13 m；道口外道路为下坡时，水平路段长度不得小于 18 m；紧接水平路段的道路纵坡不大于 3%。道口的宽度应不小于路段宽度，当交通量较大时要根据具体情况适当展宽。严禁铁路道口的视距三角形范围内有任何妨碍机动车驾驶员视线的障碍物。

（5）交叉口车道数量确定。

交叉口各进口道的车道数量是影响交叉口通行能力的主要因素。因此，在确定交叉口的车道数量和车道宽度时，必须考虑到目前我国城市中电动车交通量日益增加的实际情况，尽可能组织机动车和非机动车分流行驶，以保证交通安全和畅通。

交叉口各车道的通行能力总和必须大于高峰小时交通量，否则会在交叉口处产生交通拥堵。交叉口各进口道的车道数量可按以下方法确定。

在选定交叉口形式的基础上，根据所预测的设计年限的高峰小时交通量和不同行驶方向的交通组成，进行交通组织设计，由此初步确定车道数量。按照所确定的交通组织设计方案，对初步确定的车道数量进行通行能力验算，如果各车道的通行能力总和小于高峰小时交通量，则必须增加车道，重新进行验算，直到各车道的通行能力总和不小于高峰小时交通量为止。

由于受交通信号控制的影响，即使交叉口和路段的车道数量相同，交叉口的通行能力也比路段低，因此交叉口的车道数量不应少于路段的车道数量。为了充分发挥整条道路的通行能力，交叉口的设计通行能力应与路段通行能力相适应，在一般情况下，交叉口的车道数量宜比路段多一条。

（6）交叉口通行能力确定。

道路的通行能力是指在一定的道路、交通状态和环境下，单位时间内通过的最大车辆数量或行人数量。平面交叉口的通行能力是指通过该交叉口进口道的最大车流（或人流）量。通过交叉口的车辆、交通组成比较复杂，各种尺寸的车辆占用的空间不同，其起动、制动、转向和加减速的性能也不同，并且相互干扰。

在分析计算交叉口的通行能力前，需要将各种车辆混合行驶的交通流，换算为一种标准车型的交通流，用当量交通量代替混合交通量，便于分析与计算交通流。

我国交通运输部和住房城乡建设部制定的有关规范规定：对于公路和城市道路一律采用小客车作为标准车型。对不同管制类型的交叉口，车辆换算系数取值不同，见表 2.14 和表 2.15。

表 2.14　信号管制交叉口车辆换算系数

道路类型	车型		
	小汽车	中型货车	拖挂车
汽车专用公路、城市道路	1.00	1.60	2.50
一般公路、中小城镇道路	0.65	1.00	1.60

注：(1) 小汽车包括小客车、吉普车、载重 2 t 以下的轻型货车、轻型客货两用车、少于 18 座的面包车、摩托车。

(2) 中型货车包括载重 2 t 以上、10 t 以下的货车、18 座以上的面包车和大客车。

(3) 拖挂车包括半挂车、全挂车、载重 10 t 以上的货车及通道式大客车。

表 2.15　环形交叉口车辆换算系数

计算方式	车型		
	小客车	普通汽车	铰接车
按小客车计算	1.00	1.60	2.50
按普通汽车计算	0.65	1.00	1.60

（7）环形交叉的设计。

环形交叉是在交叉口中央设置一个中心岛，用环道组织渠化交通的一种重要交叉形式。其交通特点是进入环形交叉口的不同交通流，只能沿逆时针方向绕着中心岛单向行驶至出口。其优点是：采用环形交叉可避免在交叉口处产生周期性阻塞，减少车辆在交叉口的延误时间，消灭交通的冲突点，提高行车的安全性，不需要交通信号控制，交通组织比较简单，对多路交叉和畸形交叉很有效，中心岛可以进行绿化、美化和装饰。其缺点是：中心岛占地面积大，增加车辆绕行距离，造价高于其他平面交叉形式。普通环形交叉口的组成如图 2.8 所示。

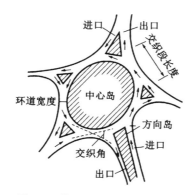

图 2.8　普通环形交叉口的组成

① 中心岛的形状。

中心岛的形状应根据交通流特性、相交道路的等级和地形、地物等条件确定。原则上应保证车辆能以一定的速度顺利交织和通行，有利于主要方向上的车辆行驶，同时满足交叉口所在地的地形、地物和用地条件的要求。

为便于车辆的行驶，中心岛的形状多用圆形，有的也采用椭圆形、圆角方形和菱形。主次干路相交时宜采用椭圆形中心岛，交角不等的畸形交叉可采用复合曲线形中心岛。此外，结合地形、地物和交角等，还可采用其他规则或不规则几何形状的中心岛。

在交通繁忙的环形交叉口的中心岛，不宜建设小公园。中心岛的绿化不得遮挡交通视线。环形交叉进口、出口道路中间应设置交通导向岛，并延伸到道路的中央分隔带。

② 中心岛的半径。

中心岛的半径首先应当满足计算行车速度的要求，然后按相交道路的条数和宽度，验算相邻道口之间的距离是否符合车辆交织行驶的要求。环形交叉口中心岛的最小半径应符合表 2.16 的要求。

表 2.16　环形交叉口中心岛的最小半径

环道计算行车速度 V/(km/h)	横向力系数 μ	中心岛最小半径 R/m
35	0.18	50
30	0.18	35
25	0.16	25
20	0.14	20

注：(1) 中心岛最小半径按路面横坡度 $i=0.015$ 计算。

(2) 横向力系数 μ 与表中所列值不一致时，应按式 $R=V^2/127(\mu\pm i)-b/2$ 计算，b 为环道宽度。

③ 交织段长度计算。

交织段长度指进口方向岛和下一个出口方向岛各自的延伸线与交织车道中心线交点之间的距离。理论分析和实践均表明：交织段处的车速和通行能力，随着交织段长度的增加而提高。交织段的长度过短，则车速会明显降低甚至出现停车现象。

环形交叉口环道的交织段长度，按照不小于 4 s 的车辆运行距离进行控制。环道不同计算行车速度下的最小交织段长度见 2.17。

表 2.17　环道最小交织段长度

环道计算行车速度/(km/h)	最小交织段长度/m
35	40～45
30	35～40
25	30
20	25

④ 环道宽度的计算。

环道即环绕中心岛的单向行车带，其宽度取决于相交道路的交通量和交通组织。环道上一般设计 3～4 条车道，靠近中心岛的一条车道用于车辆绕行，最靠外侧的一条车道供右转弯车辆使用，中间的 1～2 条车道用于车辆交织。实践证明，车道设置得过多，不仅难以充分利用，而且易使行车混乱和不安全。

据实际观测，当环道车道数量从 2 条增加到 3 条时，通行能力提高得最为显著；当车道数量增加到 4 条以上时，通行能力反而增加很少。车辆在绕岛行驶时需要交织，在交织段中小于 2 倍的最小交织段长度范围内，车辆只能顺序行驶。因此，不论有多少条车道，在交织断面上只能起到一条车道的作用。

实践表明，环道的车道数量一般采用 3 条为宜；当交织段长度较长时，环道车道数量可布置 4 条；若相交道路的车行道较窄，也可以设置 2 条车道。如果设置 3 条车道，每条车道宽为 3.50～3.75 m，并按弯道设计要求加宽，当中心岛半径为 20～40 m 时，则环道机动车道的宽度一般为 15～16 m。

为保证交通安全，减少相互干扰，一般对非机动车交通与机动车交通进行分离布置，可用分隔带（或隔离墩）或标线等分隔，分隔带宽度应大于或等于 1.0 m。非机动车道宽度应根据具体情况而定，一般不小于相交道路中非机动车道的最大宽度，并不宜超过 8 m。

当非机动车交通流量过大时,绕岛行驶的非机动车流易堵塞机动车道的出口而造成行车混乱,此时宜慎重采用平面环形交叉。

⑤ 环道外缘线形。

从满足交通需要和降低工程造价角度考虑,环道外缘线形不宜设计成反向曲线形状,如图 2.9 所示。据实际观测,采用这种形状时,环道的外侧约有 20%的道路(图 2.9 中阴影部分)无车辆行驶,既不合理,也不经济。实践证明,环道外缘线形宜采用直线圆角形或三心复曲线形。

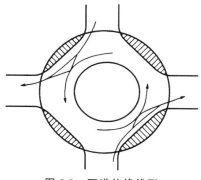

图 2.9　环道外缘线形

⑥ 环道的横断面形状。

环道的横断面形状与行车平稳和路面排水有很大关系,而环道的横断面形状又取决于路脊线的选择。一般将横断面的路脊线设在车道交织段的中间,在进出环道处横坡变化应缓和,并在中心岛的四周设置雨水口,以保证环道上积水的顺利排除。为满足交通渠化的需要,通常可在环形立交进出口间无车辆行驶处设置长条状方向岛。环道的路脊线如图 2.10 所示。

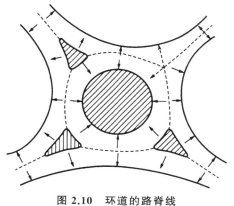

图 2.10　环道的路脊线

------ —路脊线

3. 交叉口竖向设计

（1）交叉口竖向设计的任务与原则。

平面交叉口竖向设计就是确定交叉口道路相交面的形状和标高,统一处理行车、道路排水和建筑艺术在立面上的关系。竖向设计主要取决于相交道路的等级、排水条件和地形、地物（原有地面、构筑物、建筑物等）。

平面交叉口竖向设计的原则如下。

① 主要道路通过交叉口时,设计纵坡保持不变。

② 同等级道路相交,两道路纵坡不变,改变它们的横坡,使横坡与相交道路的纵坡一致。

③ 次要道路的纵坡在交叉口范围内服从于主要道路的设计纵坡和横坡。

④ 为保证交叉口的排水性能,至少一条道路的纵坡应离开交叉口。若交叉口处于盆地,所有纵坡均向着交叉口,需考虑设置地下排水管和进水井。

⑤ 交叉口设计纵坡一般不大于2%,困难情况下不大于3%,交叉口四角路缘石边沟纵坡不小于0.3%。

（2）竖向设计的方法。

平面交叉口竖向设计方法包括高程箭头法和设计等高线法两种。

高程箭头法即根据竖向规划的原则和要求,确定交叉口各主要部位的设计标高,并标注于交叉口设计图上,用箭头表示排水方向。这种方法简便、易于修改,但比较粗略,仅适宜在交叉口初步设计时使用。

设计等高线法即用等高线来表示交叉口各部位的设计高程及排水方向。这种方法在平面交叉口规划设计中应用较多。先根据各条交叉道路的纵、横断面设计并绘出道路的车行道和人行道等高线,然后将相同标高的等高线平顺地连接起来,再根据排水的要求选择集水点,设置雨水进水口,同时考虑与交叉口的建筑景观等协调,适当调整等高线,使其均匀变化。为了便于施工,常用10 m方格网标注路面的设计标高。

（3）十字平面交叉口竖向规划的基本形式。

相交道路的纵坡方向是影响交叉口竖向规划的主要因素。相交道路的横断面形状和纵坡方向不同,则交叉口的竖向规划形式也不同。十字平面交叉口竖向规划有六种基本形式,具体如下。

① 斜坡地形上的十字交叉口。斜坡地形上的十字交叉口是指相邻两条道路的纵坡向交叉口倾斜,而另外两条相邻道路的纵坡由交叉口向外倾斜,见图2.11(a)。进行竖向设计时,相交道路的纵坡均保持不变,在交叉口形成一个单向倾斜的斜面。在进入交叉口的人行横道线的上侧应设置进水口。

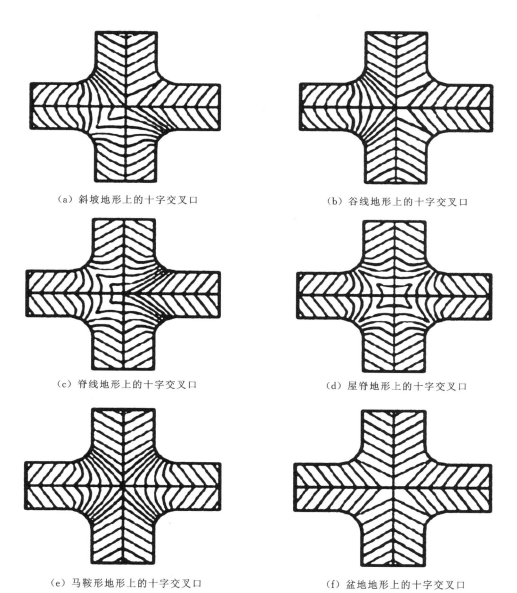

（a）斜坡地形上的十字交叉口　　　　　（b）谷线地形上的十字交叉口

（c）脊线地形上的十字交叉口　　　　　（d）屋脊地形上的十字交叉口

（e）马鞍形地形上的十字交叉口　　　　（f）盆地地形上的十字交叉口

图 2.11　交叉口竖向规划的六种基本形式

② 谷线地形上的十字交叉口。谷线地形上的十字交叉口是指三条道路的纵坡向交叉口中心倾斜,而另一条道路的纵坡由交叉口向外倾斜,见图 2.11(b)。在进入交叉口的人行横道线的上侧应设置进水口。

③ 脊线地形上的十字交叉口。脊线地形上的十字交叉口是指三条道路的纵坡由交叉口向外倾,而另一条道路的纵坡则向交叉口倾斜,见图 2.11(c)。

④ 屋脊地形上的十字交叉口。屋脊地形上的十字交叉口是指相交道路的纵坡全由交叉口中心向外倾斜,见图 2.11(d)。在这种情况下,地面水可直接排入交叉口四个路角的街沟,在交叉口范围内不设进水口,人行横道上只有少部分面积过水,对行人影响不大。

⑤ 马鞍形地形上的十字交叉口。马鞍形地形上的十字交叉口是指相对两条道路的纵坡向交叉口倾斜,而另外两条相对道路的纵坡由交叉口向外倾斜,见图 2.11(e)。

⑥ 盆地地形上的十字交叉口。盆地地形上的十字交叉口是指相交道路的纵坡全向交叉口中心倾斜,见图 2.11(f)。在这种情况下,地面水都向交叉口集中,在交叉口处必须设置雨水口排泄地面水。为了避免雨水聚集于交叉口中心,还需要改变相交道路的纵坡,抬高交叉口中心的标高,并在交叉口四个角的低洼处设进水口。

对于十字交叉口,上述六种基本形式中,斜坡、谷线地形的交叉口最常见,脊线地形的交叉口也多见,屋脊、马鞍形、盆地地形的交叉口不常见。还有一种特殊形式,即相交道路的纵坡都为零,在平原地区的城市中较为普遍。这种情况下,可将交叉口中心的设计标高稍微提高一些。必要时也可不改变纵坡,将相交道路的街沟都设计成锯齿形,用以排除地面水。

2.5.2 立体交叉口设计

1. 概述

立体交叉口(简称"立交")是用跨线桥或地道使相交道路在不同的平面上相互交叉的交通设施。立交将车道空间分离,从而避免在交叉口形成冲突点,减少了停车延误,保证了交通安全,大大提高了道路通行能力和运输效率。然而,由于立交占地面积大、工程投资大、施工复杂,所以需要全面论证建设立交的必要性。一般在城市总体规划和城市交通规划阶段应提出立交系统规划方案和立交用地范围。

2. 立交的基本形式

道路立交的形式很多,目前世界各国已经采用的有 180 余种,其中应用最多的有 10 余种。根据交通功能和匝道布置方式,立交分为两类:一类是分离式立交,相交道路上的车辆在交叉处不能转弯到另一条道路上去;另一类是互通式立交,在相交道路之间设置连接道路(匝道),相交道路上的车辆可以通过匝道转向行驶到另一条道路上去。

(1)分离式立交。

分离式立交形式简单、占地少、造价低,适用于直行交通量大且附近有可供转弯车辆使用的道路的路口。此外,分离式立交也常用于道路等级、性质或交通量相差悬殊的交

叉口。例如,道路与铁路交叉处,高速公路与三、四级
公路相交处,快速路与次要道路或支路相交等情况。
采用分离式立交可以避免互相干扰,保证主要道路的
车流畅通。图 2.12 为分离式立交示意图。

（2）互通式立交。

我国车辆靠右行驶,主线右转弯匝道一般采用直
接向右转弯的定向型连接形式,互通式立交中匝道的
变化主要是左转弯匝道形式的变化。

互通式立交按交通功能和行驶方式分为不完全
互通立交和全互通立交。不完全互通立交是指部分
方向的转向匝道缺失的立交形式。全互通立交是指
各个方向均有转向匝道的立交形式,车流在立交上行
驶不存在冲突点。

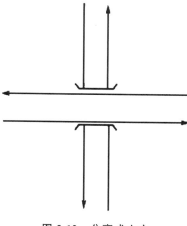

图 2.12　分离式立交

① 喇叭形立交。

喇叭形立交是以喇叭形匝道连接的三岔道全互通立交,见图 2.13。这种立交适用于
T 形或 Y 形路口,结构形式简单,行车安全顺畅,但占地较大。一般喇叭口应设在左转弯
车辆较多的道路一侧,以利于主流方向行车。

当路口用地充足时,通常在两个象限上各设一个匝道,供左转车辆使用,形成叶形立
交,见图 2.14。这种形式不仅有利于车辆掉头,而且在以后道路拓展为十字路口时,可改
用于初始阶段的苜蓿叶形立交。但这种立交的缺点是进左转匝道和出左转匝道的车流
存在交织,车流量大时,将发生交通拥堵。

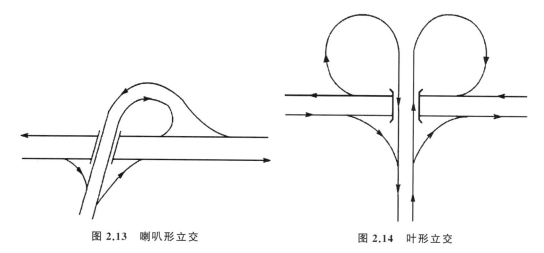

图 2.13　喇叭形立交　　　　　图 2.14　叶形立交

双喇叭形立交常用于高速公路出入口。当高速公路与入城道路相交时,为了简化收费管理,将进出立交的车辆集中在一处收费,可以采用双喇叭形立交,见图2.15。该立交的缺点是车辆绕行距离长,当收费站通行能力不足时,车辆将因排队堵塞高速公路主线。

② 菱形立交。

菱形立交是相交道路由四条匝道呈菱形连接的不完全互通立交,见图2.16。立交主线车流直行通过,其他方向车流平面交叉通过。菱形立交的优点是造型简洁,占地少,投资省,主线上的左右转弯只有单一的进出口,易于司机识别,主线的直行交通不受干扰。其缺点是存在两处平面交叉,每处平面交叉有3个冲突点。当平面交叉口处的通行能力不足时,车辆将沿着匝道排队,延续到立交主线,进而影响主线交通。菱形立交一般用于横路交通量及主线左转弯交通量不大的地方。

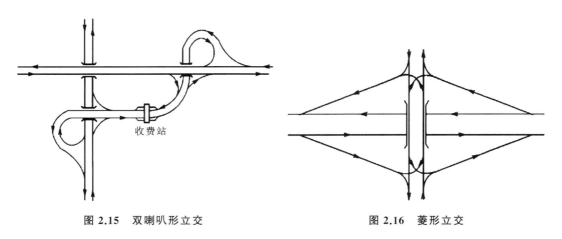

图 2.15　双喇叭形立交　　　　　　　　图 2.16　菱形立交

在旧城道路改造中,为了节约立交用地,常将菱形立交的主要道路放在路堑内穿过,次要道路在桥面上通过,主要道路上的车辆可以利用外侧坡道和桥面作180°掉头行驶,见图2.17。当主要道路的地下管线较多,又难以搬动时,常将主要道路的直行车流放在跨线桥上通过,其余方向的车流仍在地面的平面交叉口处行驶。需要时,可用交通信号灯管理。

快速路的进出匝道与相交道路的关系也类似于菱形立交。在进行菱形立交规划设计时,必须通过各种措施提高平面交叉处的通行能力,尤其应拓宽进口、出口匝道宽度。

③ 全苜蓿叶形立交。

全苜蓿叶形立交是指四岔道交叉的右转弯均用外侧匝道直接连通,而左转弯均用环形匝道连通形成的全互通立交,见图2.18。其优点如下:所有右转弯交通均由定向型的外连接匝道来承担;所有左转弯交通与横路交通没有任何冲突点,转弯交通和横路上的

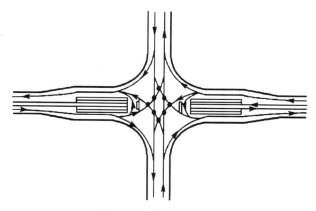

图 2.17 菱形立交平面

交通也可不中断地连续运行;可减少交通事故。其缺点如下:左转出立交车流与左转进立交车流存在交织,当这两股车流之和大于交织段的通行能力时,车流将发生堵塞,进而导致立交交通瘫痪;所有左转弯均以 270°的右转弯代替,内环半径小且是反定向,故行驶不便,且对匝道进一步提高通行能力有所限制;主线上每一行驶方向有两个进口及两个出口,转弯交通对过境交通的干扰较大;用地面积较大;等等。为了解决车流交织问题,通常在道路外侧加设集散车道,见图 2.19。全苜蓿叶形立交适用于立交用地受控制的情况,在快速路系统中不宜选用。

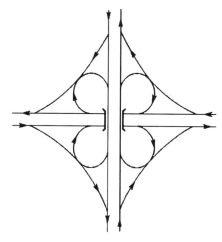

图 2.18 全苜蓿叶形立交

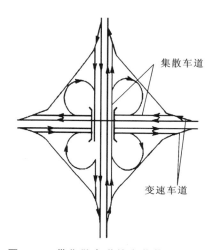

图 2.19 带集散车道的全苜蓿叶形立交

④ 部分苜蓿叶形立交。

部分苜蓿叶形立交与全苜蓿叶形立交相似,但部分苜蓿叶形立交只在 1～3 个象

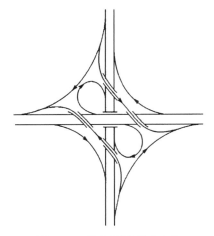

图 2.20 部分苜蓿叶形立交

限内设置内环,其他内环变为定向匝道,见图 2.20。其优点如下:减少了左转进出立交车流之间的交织,同时横路上的转弯车辆不易误驶出匝道,危险性小。其缺点如下:定向匝道需连续跨越两条主线,建设成本较高。部分苜蓿叶形立交适用于转弯交通量相差较大的情况。

⑤ 环形立交。

环形立交由环形平面交叉口发展而来,是通过一个环道来实现各个方向转弯的立交方式,可分为双层式、三层式和四层式环形立交。

双层式环形立交是常见的环形立交,立交主线车流上跨或下穿环道直接通过路口,其他方向车流按逆时针方向绕环道进出路口,见图 2.21(a)。

三层式环形立交是两相交道路直行交通分别上跨与下穿,中间环道供左右转弯机动车和非机动车通行,见图 2.21(b)。

四层式环形立交,是指双层环道加上跨与下穿直行道的立交,双层环道分别为机动车环道和非机动车环道,见图 2.21(c)。

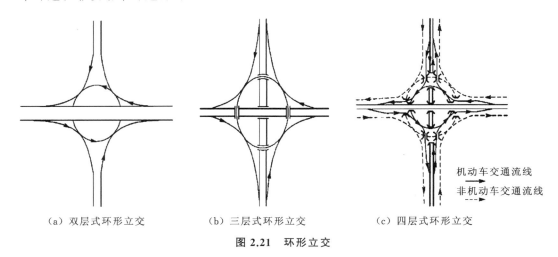

机动车交通流线
非机动车交通流线

(a)双层式环形立交　　　(b)三层式环形立交　　　(c)四层式环形立交

图 2.21 环形立交

从理论上讲,环形立交是全互通立交,但是存在着进环车流与出环车流的交织问题,常常由于交织段通行能力不足导致立交交通瘫痪。我国已建的环形立交纷纷在立交环道上设置信号灯解决车流交织问题,并且对有些环形立交进行了改造。例如,南京中央门立交在环道入口处设置了信号灯;上海市对内环高架与南北高架的环形立交进行了彻底改建。目前,我国城市新建的环形立交已不多。

⑥ 定向式与半定向式立交。

定向式立交的各个方向均设置直接连接匝道,保证了交通的便捷、通畅和安全,提高了通行能力,是互通式立交的高级形式,见图 2.22。定向式匝道是指偏离指定的运行方向不多的单向行车道。上海的延安东路与重庆中路交叉处的延安东路立交即为一座五层式的定向式立交。

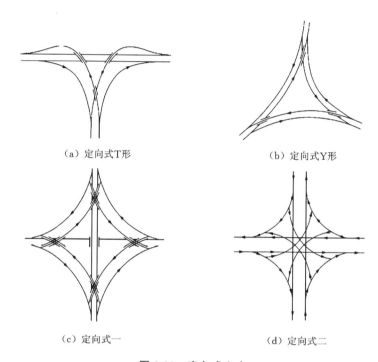

（a）定向式T形　　　　　　　　（b）定向式Y形

（c）定向式一　　　　　　　　（d）定向式二

图 2.22　定向式立交

半定向式立交是指在主要车流方向设置定向匝道的立交,也称"部分向式立交"。半定向式匝道是指比定向匝道的线形偏离指定的运行方向多,但比环道又更直接地连接线形的匝道。

定向式和半定向式立交的优点是:可以减少车辆行驶距离、车速高、通行能力大、没有车流交织点、对大交通量连续安全运行很有利。其缺点是:用地多,造价高;立交层数多,合流点多,往往由于合流点处通行能力不足导致立交交通堵塞;立交坡度大,往往由于卡车爬坡速度慢导致立交交通堵塞。例如,上海市的莘庄立交为 5 条快速路和高速公路相交的半定向式立交,常由于合流点、卡车爬坡等原因堵塞,成为制约整个上海市快速路系统的瓶颈。

⑦ 组合式立交。

对左转车流采用不同的转向原则的立交称为组合式立交。组合式立交允许左转交通选用不同形式的匝道。

3. 立交系统布置

(1) 立交的间距。

确定互通式立交间距时,主要应考虑以下影响因素。

① 能均匀地分散交通量。相邻立交之间应保持合适的间距,以与其担负的交通量均衡。立交间距过大,会使交通联系不便;间距过小,则又影响快速路和高速公路的功能发挥,且使建设投资增加。

② 能满足交织路段长度的要求。相邻立交之间要有足够的交织路段,以便在相邻立交出入口之间设置足够的加减速车道。交织路段是指前一个立交匝道的合流点到后一个立交匝道的分流点之间的路段。

③ 满足标志和信号布置的需要。相邻立交之间应保证足够的距离,在此路段内设置一系列交通标志和信号,以便连续不断地提醒驾驶员下一个立交出口的位置。

④ 满足驾驶员操作顺适的要求。相邻立交之间的距离如果过近,特别是在城市道路上,因互通式立交的平面连续变化,纵断面起伏频繁,对车辆运行、驾驶操作以及景观布置均不利。

对于互通式立交的间距要求,公路与城市道路是不同的。在高速公路上,大城市、重要工业区周围的互通式立交的间距为 5~10 km,一般地区为 15~25 km,最大间距以不超过 30 km 为宜,最小间距不应小于 4 km。城市道路上互通式立交的间距一般比公路小,最小间距按正线设计速度为 100 km/h、80 km/h、60 km/h 和 50 km/h 考虑,分别采用 1.1 km、1.0 km、0.9 km 和 0.8 km。

(2) 立交系统规划设计原则。

① 层次分明,布局合理。城市道路立交应与相邻交叉口的通行能力和设计速度相平衡。在主干路上单独设置一座立交,只会转移交通矛盾。城市应当仅在快速路系统上建立交,其他区域原则上不设立交。高速公路与快速路相交时建收费站式全互通立交,与主干路、次干路相交,原则上不设出入口。快速路与不同等级道路相交应有不同的互通水平,可采用全互通、部分互通和不互通三种形式。城市道路上的立交间距应合理,满足立交之间的车流交织要求。

② 形式统一,车流有序。相同互通水平的立交应尽可能采用相同形式,以方便汽车行驶。应消除立交上的车流交织,实现立交的无交织设计。在交通主流向,应尽可能采用较大的匝道圆曲线半径,参见图 2.23。

③ 控制第一,因地制宜。立交规划建设是百年大计。在一些关键节点,应尽可能按照全互通立交形式控制立交用地,但立交近期建设可根据交通需要设置匝道。郊区立交和市内立交可采用不同技术标准。郊区车流速度快、建设约束条件相对较少,匝道可采用较高技术标准。应依据交通需要、近远期交通主流向、拆迁量等合理确定立交形式和规模。

④ 以人为本,节点畅通。立交规划不仅应考虑快速车流的交通组织,而且应考虑慢速车流、行人、公交车流等的交通组织。立交范围内的交通组织应考虑公交换乘和快速公交设站。立交选型应合理,以方便车辆行驶,提高快速路运输效率。

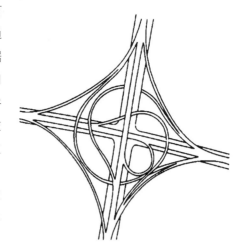

图 2.23 推荐立交形式示意图

⑤ 认真研究,慎重决策。大立交不是交通现代化的标志,更不是城市中的点缀品。大立交是耗资多、体量大,建成后不大容易被改造或拆除的工程结构物。立交规划建设必须认真研究、慎重决策。

⑥ 道路立交应在起伏韵律、尺度、比例、色彩和光影等方面与周围的城市景观相协调。在城市设计中,可将立交和周围环境进行统一设计。在进行立交结构设计时,必须考虑美学问题。应多采用简洁轻巧的结构,避免"肥梁胖柱"带来的沉重感,同时,应精心设计立交的桥头、墩柱、栏杆和步梯等。立交桥下的空间可供停车,也可布置绿化。在注意营建静态景观的同时,也要注意交通对动态景观的要求。

道路立交,尤其是互通式大立交,往往处于快速路系统或主干路系统的关键节点,一旦因自然灾害等引发交通问题,将切断城市的对外交通联系,造成城市整体道路网系统瘫痪。因此,原则上不要在城市道路网系统的关键节点规划建设大型互通式立交,即使必须建立交,立交的结构、抗震、防风设计等也要采用高标准,立交形式尽可能简洁,不全互通,并尽量采用地下式。

4. 规划设计要求

(1)立体交叉口的选型。

立体交叉口应根据相交道路等级、直行及转向(主要是左转)车流行驶特征、非机动车对机动车的干扰等进行选型。立体交叉口类型及交通流行驶特征见表 2.18。

表 2.18　立体交叉口类型及交通流行驶特征

立体交叉口类型	主路直行车流行驶特征	转向车流行驶特征	非机动车及行人干扰情况
立 A 类	连续快速行驶	较少交织、无平面交叉	机非分行、无干扰
立 B 类	主要道路连续快速行驶;次要道路存在交织或平面交叉	部分转向交通存在交织或平面交叉	主要道路机非分行,无干扰;次要道路机非混行,有干扰
立 C 类	连续行驶	不提供转向功能	—

立交的具体分类如下。

① 立 A 类:枢纽立交。主要分为以下两种。

立 A_1 类:主要形式为全定向、喇叭形、组合式全互通立交,宜在城市外围区域采用。

立 A_2 类:主要形式为喇叭形、苜蓿叶形、半定向、定向-半定向组合式全互通立交,宜在城市外围与中心区之间采用。

② 立 B 类:一般立交,主要形式为喇叭形、苜蓿叶形、环形、菱形、迂回式、组合式全互通或半互通立交,宜在城市中心区域采用。

③ 立 C 类:分离式立交。

立体交叉口选型应根据交叉口在道路网中的地位、作用、相交道路的等级,结合交通需求和控制条件确定,并应符合表 2.19 的规定。

表 2.19　立体交叉口选型

立体交叉口类型	选型	
	推荐形式	可选形式
快速路-快速路	立 A_1 类	—
快速路-主干路	立 B 类	立 A_2 类、立 C 类
快速路-次干路	立 C 类	立 B 类
快速路-支路	—	立 C 类
主干路-主干路	—	立 B 类

注:当城市道路与公路相交时,高速公路按快速路、一级公路按主干路、二级和三级公路按次干路、四级公路按支路,确定与公路相交的城市道路交叉口类型。

（2）主要设计指标。

① 设计速度。立交主线的设计速度同路段一致,不能折减。匝道的设计速度宜为主线的 40%～70%,具体可参考表 2.20。

表 2.20　匝道的设计速度　　　　　　　　　　（单位:km/h）

道路的设计速度	相交道路的设计速度				
	120	80	60	50	40
100	60～80	50～70	—	—	—
80	40～60	40～50	—	—	—
60	40～50	35～45	30～40	—	—
50	—	30～40	25～35	20～30	—
40	—	—	20～30	20～30	20～25

注:(1) 120 km/h 为高速公路的设计速度,用于快速路或主干路与高速公路交叉;

（2）表中较大值为推荐值,地形条件特殊困难时可采用小值。

② 匝道平面线形。立交匝道的平面线形指标应符合表 2.21 的规定。

表 2.21　匝道圆曲线最小半径及圆曲线、平曲线最小长度

匝道设计速度 /(km/h)	积雪冰冻地区圆曲线最小半径/m	一般地区圆曲线最小半径/m				平曲线最小长度 /m	圆曲线最小长度 /m
		不设超高	超高 $i_s=2\%$	超高 $i_s=4\%$	超高 $i_s=6\%$		
80	—	420	315	280	255	150	70
70	—	300	230	205	185	140	60
60	240	200	160	145	130	120	50
50	150	130	105	95	90	100	45
40	90	80	65	60	55	90	35
35	70	60	50	45	40	80	30
30	50	45	35	35	30	70	25
25	35	30	25	25	25	50	20
20	25	20	20	15	15	40	20

③ 主线平纵线形。互通式立交范围内,主线平面线形应同路段一致,在进出立交的主线路段,其行车视距宜大于或等于 1.25 倍的停车视距,纵断面线形指标应符合表 2.22 的规定。

表 2.22　互通式立交范围内主线的最大纵坡

设计速度/(km/h)	最大纵坡/(%)	
	推荐值	极限值
100	3	5
80	4	6
60	5	7
50	5.5	7
40	6	8

注:(1) 山区城市设计速度为 40 km/h 的道路,经技术经济论证,最大纵坡可增加 1%;

　　(2) 海拔 3000 m 以上高原城市道路的最大纵坡推荐值可按表列值减小 1%,最大纵坡折减后若小于 4%,则仍采用 4%;

　　(3) 冰冻积雪地区快速路最大纵坡不得超过 4%,其他道路不得超过 6%。

④ 匝道纵断面线形。立交引道和匝道的最大纵坡不应大于表 2.23 的规定值。当机动车与非机动车在同一坡度的车道上行驶时,非机动车道最大纵坡宜不大于 2.5%。

表 2.23　立交引道和匝道的最大纵坡

引道和匝道设计速度/(km/h)	最大纵坡/(%)	
	一般地区	积雪冰冻地区
80	5	
70	5.5	
60	6	4
50	7	
≤40	8	

各种设计速度的匝道对应的竖曲线最小半径及长度应符合表 2.24 的规定。

表 2.24　匝道竖曲线最小半径及长度

匝道设计速度/(km/h)	竖曲线最小半径/m				竖曲线最小长度/m	
	凸形		凹形			
	一般值	极限值	一般值	极限值	一般值	极限值
80	4500	3000	2700	1800	105	70
70	3000	2000	2025	1350	90	60
60	1800	1200	1500	1000	75	50
50	1200	800	1050	700	60	40
40	600	400	675	450	55	35
35	450	300	525	350	45	30
30	400	250	375	250	40	25
25	250	150	255	170	30	20
20	150	100	165	110	30	20

⑤ 变速车道。变速车道的长度等于加(减)速车道长度加过渡段长度。变速车道长度及出入口渐变率不应小于表 2.25 所列数值,变速车道长度应根据表 2.26 所列系数修正。

表 2.25　变速车道长度与出入口渐变率

主线设计速度/(km/h)	减速车道长度/m		加速车道长度/m		过渡段长度/m	渐变率			
						出口		入口	
	单车道	双车道	单车道	双车道	单车道	单车道	双车道	单车道	双车道
120	100	150	200	300	70	1/25		1/40	
100	90	130	180	260	60				
80	80	110	160	220	50	1/20		1/30	
60	70	90	120	160	45	1/15		1/20	
50	50	—	90	—	40				
40	30	—	50	—	40				

表 2.26　变速车道长度的修正系数

干路平均纵坡/（%）	下坡减速车道长度修正系数	上坡加速车道长度修正系数
0～2	1.0	1.0
2～3	1.1	1.2
3～4	1.2	1.3
4～6	1.3	1.4

2.6　"双碳"目标下的城市道路设计思路与实践

2.6.1　"双碳"目标下的城市道路设计思路

低碳实际上是指较低的温室气体排放量,主要涉及二氧化碳。将外部环境视为整体,二氧化碳作为其中一种物质,存在源和汇。源即外部环境中二氧化碳的来源。二氧化碳主要伴随能量转化过程产生,其控制思路为降低能量损耗,提高物料及能源利用效率。汇即外部环境中二氧化碳的出口,逸散于外部环境中的二氧化碳被绿色植物等吸收、转化、储存,也称为"碳汇"。

低碳设计,其本质为"降源增汇"。结合城市道路设计及建设相关内容,可从以下几个方面对设计项目进行低碳设计优化。

（1）提高设计前期资料收集深度,降低生产要素综合运距,减少非必要能源消耗。我国作为国土面积世界排名第三的大国,幅员辽阔,境内自然环境各异,地层分布、物产资源不尽相同。而现行规范对相关材料的要求以物理指标为主,为低碳设计留下了优化空间。在设计前期资料收集阶段,设计方应增大人员投入,深化调查进程,提高前期资料收集完善度。同时各地建设部门及工程服务机构可以建立当地物产资料清单,减少重复调查所造成的非必要损耗。结合工程中所采用的运距这一概念,可尝试对其进行拓展。对城市道路建设过程中各生产要素的运距依费用占比进行赋权,以各要素加权平均值作为综合运距。前期可将此作为评价指标,对方案进行比选、优化。

（2）分析工程主体部分能源利用效能,提升能源贡献效率。工程主体部分的工程量在总体工程量中占比大,因此也是项目建设中能源消耗的主要部分。常规设计以经济性为重要考量指标,在保证项目满足客观需求的前提下,以经济效益最大化为设计目标之一。而从低碳设计角度进行优化时,需要将与碳排放量存在直接关系的能量消耗量作为控制因素,将各生产要素进行量化,对比不同生产要素组合所产生的实际收益,建立碳排放量与项目实际收益间的间接关系。我们可通过调节生产要素组合达成项目降能增效的目的,实现项目主体的低碳优化。

(3)探索建立低碳设计三阶段评价体系,优化各阶段设计内容。结合方案设计、初步设计以及施工图设计三个阶段中不同的工作侧重点,对设计内容进行逐步低碳优化。其中,方案设计阶段的低碳优化应侧重路线的整体布局;初步设计阶段的低碳优化应对各关键节点进行论证,分析不同节点处置方案的能源利用效能;施工图设计阶段的低碳优化可对能源消耗量较大的分部分项工程进行单独论证,结合实际施工情况,细化处置措施,便于低碳设计意图落地。

(4)增加可再生能源及路域系统内自然资源利用渠道。城市道路除建设期物料、人工、机械等方面的能量消耗外,在运营期其相关附属设施的正常运行同样需要能量。在路域范围内,光能、风能以及地热等可再生能源都可视项目所在区域的自然条件进行合理选用。同时,在城市道路运营过程中,市政养护对水资源等有一定需求,前期所推行的"海绵城市"设计理念可以很好地贴合现阶段的"双碳"目标要求,通过对给水及排水系统的协调规划,可以有效减少资源二次调配产生的能量消耗。

(5)在满足运营期要求的前提下,提高路域范围内的植被分布面积。绿色植被的固碳作用已经在学界得到广泛证实,提高路域范围内的植被分布面积,可以增大区域碳汇,为温室气体总量"做减法"。而这恰恰契合未来城市道路的绿色发展趋势,也能更好地体现以人为本的设计理念。

2.6.2　"双碳"目标下的城市道路设计实践

1. 基本情况

广阳大道生态修复及品质提升项目位于广阳湾,此地近可观江,远可望岛,是重庆市广阳湾智创生态城重点项目之一。广阳大道是广阳湾连接通江大道、长江生态文明干部学院和东港片区的重要通行干道。该项目的主要任务是在原有广阳大道基础上,对道路实施新建、改扩建及生态修复,对道路全线进行综合提升,形成一条岸绿景美、宜行宜游的生态风景道。

(1)工程规模。

项目全长约 13.084 km,按新建和改建规划,将道路整体划分为 4 段:起点改建段

（2.09 km）、苦竹溪大桥新建段（1.36 km）、港口大道改建段（6.6 km）、东港新建段（3.034 km）。道路等级为城市次干路，设计速度为 40 km/h，双向 4 车道（远期预留双向 6 车道空间），红线宽度为 32 m，两侧景观生态修复面积约 65 hm²。

（2）规划要求。

① 广阳湾智创生态城定位。广阳湾智创生态城规划布局约 168 km²，以"长江风景眼、重庆生态岛、智创生态城"为战略定位，规划构建"一岛一湾、三城一镇、两屏村居、九廊交织"的城乡空间格局。2019 年 4 月，推动长江经济带发展领导小组办公室正式印发意见，支持在广阳岛片区开展长江经济带绿色发展示范项目，在习近平生态文明思想指导下，中国第一个生态之城、未来之城应运而生。

② 广阳大道定位。广阳大道贯通广阳湾片区南北，是区域内重要的交通干道。作为缝合岛城的重要纽带，广阳大道串联苦竹溪公园、牛头山公园、渔溪河公园以及广阳湾生态修复工程等，立意为以人民为中心，定位为高质量发展的"生态风景道"，打造生态文明创新示范道路的重庆"样本"。

2. 设计策略

绿色生态型城市道路设计需要以生态学为基础，以道路系统的发展与环境系统、社会系统的发展相互促进和协调为目标，综合考虑道路全寿命周期全要素，最大限度地减少道路建设对周边生态环境的破坏，实现人、车、路、环境的和谐统一，为人们提供高品质的道路使用空间。

（1）构建智慧体系，实现全域精细化智慧管控。

① 智慧交通。

在人流集中区域设置 2 处智慧斑马线，按照端-边-云的架构进行设计，让斑马线真正成为人们生命安全的守护线；全线 16 对公交站台配套建设智慧电子站牌，以"互联网＋城市公交"为主题，与 5G、AI（artificial intelligence，人工智能）技术无缝衔接，实现车、路、人协同；采用自发光标志系统、交通信息诱导发布系统、非现场执法系统、事件监测系统等实现对交通状态的实时诱导和管控；通过实时的前端路侧感知数据、边缘计算数据以及自动驾驶公交车辆分析的单车智能数据的融合，打造国内首个全路段、高级别（L4）自动驾驶公交系统。图 2.24 为车路协同、自动驾驶公交系统。

② 智慧市政。

以物联网技术为基础，以控制中心为核心，以终端控制器为重点，构建市政基础设施感知、运行状态感知的智慧市政设施系统，监控桥梁、边坡、管道等的健康状态，对异常事

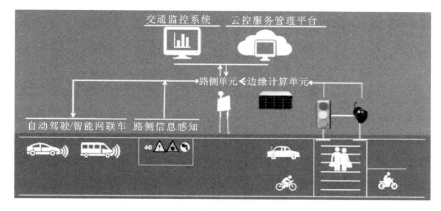

图 2.24　车路协同、自动驾驶公交系统

件进行预警,实现绿色化、低碳化、智能化。

③ 智慧生态。

广阳大道景观配置丰富,引入智慧园林设施进行智慧生态管理,道路全线两侧绿化带分段、分区自动轮灌,灌溉覆盖绿化面积约 12 万 m²。利用传感器动态感知土壤湿度、管道流量、环境气象等变化并反馈至 A2C(agents to consumer,由产品制造商直接将产品销售给用户)控制系统,基于云端智能控制＋日常灌溉程序实现灌溉系统启闭。

(2)践行创新举措,多频助推精品工程提质增效。

① 绿色化道路改造。

在道路线形设计时,充分利用既有通道资源,减少旧路改造对资源的消耗量。遵循可持续发展设计理念,对改建道路重要结构物进行调查及检测评定,在满足安全和功能要求的前提下,充分利用旧桥、旧挡墙、旧管线等既有建筑和设施;对改建段旧沥青路面进行厂拌热再生利用(至全线沥青路面下面层),对旧水泥稳定碎石层进行回收再利用(作为垫层材料),实现旧路资源节约和再生利用。

② 生态道路建设。

以人为本,构建安全便捷的立体过街系统。全线设置 3 处生态廊道、11 处人行下穿通道及 19 处交叉口人行斑马线,组合成综合立体过街系统,实现广阳湾和生态城的多重衔接,可有效保障车辆和行人的出行安全,同时提高车行和步行的舒适度,打造由城入湾的"无界滨江"。

因山造势,灵活布置绿色生态型横断面。区别于常规道路断面,设计采用了生态风景道断面,车行道和人行道分隔布置,提供充足的隔离空间。路侧隔离带采用渐变断面不规则布置,并结合地形设置海绵设施,消纳地表径流。人行道高程沿地形设置,可有效降低道路施工的填挖工程量,节约施工能耗和土地资源。

品质提升,全层位提高路面功能性。在路面设计中,创新性引入长寿命路面设计理论,建立复合式半刚性基层路面结构,实现长寿命设计目标;人行道设计引入凉道新理念,采用降温彩色透水混凝土[透水混凝土+CRP(cooling roof paving,凉顶铺装)],结合雾喷系统,高温季节可使路面降温10 ℃以上,提高行人舒适度。此外,部分人行道路段还采用砂基现制透水路面,利用沙漠风积沙改性功能材料,基于砂基微孔透水滤水创新技术,能够使雨水迅速渗入地表,是一种新型生态、环保路面。

绿色出行,构建全方位立体交通体系。优化公交站点布位,强化其与轨道交通的无缝衔接。停车场与过街设施、公交车站邻近设置,减少步行距离。倡导绿色公交出行,在路权分配中公交优先,预留智轨断面,接驳城市轨道、地面公交、水上码头,共同构建滨江上、中、下层次丰富的立体交通体系。

装配高效,打造桥梁全预制拼装新形式。苦竹溪大桥采用预制装配式施工工艺施工,该工艺具有绿色低碳、节能环保、施工效率高、节省工期等特点。桥梁跨径256 m(跨径组合为51 m+50 m+55 m+2×50 m),断面宽24 m。桥梁上部结构采用装配式钢箱梁,设计为鱼腹式梁造型,梁高较矮,轻盈灵动。桥墩采用优美的圆形花瓶墩,墩上攀爬植物,使桥与周围景观融为一体。

③ 数字建设、BIM技术应用。

按照BIM(building information modeling,建筑信息模型)设计理念,实现工程不同阶段的数据交换,在设计阶段广泛基于BIM进行场地分析、设计方案比选、设计校核、辅助出图、设计工程量统计等,有效避免设计遗漏,减少由设计引起的返工,提升项目协同能力,提高设计质量和效率。

(3) 做好生态修复,营造有机道路空间体系。

① 缝合山水。

在山体处理上,采用零挖填方的方法,尽可能避免工程施工对山体的破坏,同时利用生态工法修复山体破损创面,恢复生境,构建生态廊道,以连接被割裂的山体和绿网系统,形成道路与周边环境融合的自然风貌。在水系处理上,打通周边地表径流,避免堆填河道,同时串联苦竹溪、牛头溪、渔溪河和回龙河,使水流汇入江岛湾生态蓝绿系统,形成生命通道。

② 风景营造。

在重要连接节点和视线开阔的区域,打造鲜花大道,尊重自然季相变化,模拟自然生态结构,形成色相丰富的植物群落;根据视线关系,结合地形,在广阳大道沿线弹性地营造森林大道,将道路融入自然环境,弱化人工干预,丰富空间体验。

（4）搭建减碳评估模型,探索工程节能减排路径。

依托广阳大道工程,结合设计方案、筑路材料、施工设备/机具、运输车辆、施工活动等,基于碳排放测算模型,对项目采用的长寿命沥青路面、厂拌热再生、CRP 凉顶铺装、路域绿化碳汇等减排技术的减碳量进行效益评估测算,分析其减排增汇潜力,有助于节能减排技术的决策,打造低碳品质工程。表 2.27 为减排技术减碳评估测算结果。

表 2.27　减排技术减碳评估测算结果

减排技术	关键结论
长寿命沥青路面	与普通沥青路面比较,长寿命沥青路面建设初期虽然碳排放量大,但按建养全寿命周期折算至每年,减排贡献率达 35.78%
厂拌热再生	与铣刨重铺比较,厂拌热再生技术通过旧料回收利用减少碳排放,减排率约 9.81%
CRP 凉顶铺装	与普通铺装比较,CRP 凉顶铺装可降低路面温度,二氧化碳的年减排量约 23 kg/m^2
路域绿化碳汇	通过绿化植被吸收二氧化碳,广阳大道预计通车后第一年碳汇量达 2339.9 t CO_2e

3. 总体方案

（1）路线走向。

广阳大道北邻广阳湾,串联苦竹溪、牛头山、渔溪河等自然景观,沿线范围内生态基底优越,生态要素多样,拥有山、水、林、田、草等多种生态要素。为了保护自然原生风貌,使道路有机融入生态空间,需要注意道路与周边环境的和谐统一,进行岛湾城一体化设计。

在具体设计中,遵循低影响开发理念,充分利用既有道路,最大限度保证既有道路畅通,从而减少对生态环境的破坏和影响。设计线形基本与原弹广路保持一致,道路建设不阻断交通。在港口大道段,基本完全利用既有道路路基及边坡,按原 24 m 路幅控制道路设置,最大限度保护生态。

（2）断面布置。

道路设计采用了生态风景道断面:车行道采用双向 4 车道,宽 16 m,尽量利用老路既有路基;人行道局部外移至红线外,结合绿地综合设置,保证 3 m 以上有效通行宽度;其余空间结合既有设施不规则布置绿化带,并结合地形设置雨水花园、小微湿地、生态草沟等海绵设施。相比于常规的道路断面,这种断面人行道与车行道分隔设置,行道树组团式布置,绿化效果自然乡土,可最大限度地保护生态。此外,道路一侧两车道采用传统沥青路面,另一侧两车道敷设彩色路面,可为举行节日庆典、马拉松、自行车赛、年会等活动提供场所,提升了道路的功能性和人文性。

(3) 路面结构。

项目使用长寿命沥青路面结构、沥青路面废旧料再生利用等关键技术,率先实现全层位绿色低碳路面应用:上面层采用排水降噪表面功能层,在集约化利用雨水资源的同时显著提升路面服务水平;中面层采用 HMAC-20 高模量沥青混凝土,高温稳定性好,可以有效减少路面结构内的车辙病害;下面层采用 ATB-25 富油量沥青混凝土及水泥稳定碎石,采用厂拌热再生技术,可有效促进沥青路面废旧料高效循环利用。

第 3 章

城市慢行交通规划设计

3.1 慢行交通概述

3.1.1 "双碳"目标下慢行交通的内涵

我们应该辩证地看待交通的"快"和"慢"。从时间成本看,交通当然是越快越好,但是空间和资源有限,没有节制的"快",反而会造成效率低下和资源浪费等问题。

20世纪四五十年代,小汽车在欧美国家迅速普及,催生了以汽车交通为核心的现代城市和交通发展模式。然而,伴随而来的是步行和自行车出行环境的迅速恶化和公共交通空间的"被压缩"。荷兰、丹麦等国家的民众开始意识到汽车交通带来的能源危机和交通安全等问题,渴望回归步行、自行车和公共交通。20世纪60年代开始,荷兰、丹麦等国家开始走上自行车交通复兴的道路。在这些国家的影响下,步行和自行车交通重新进入人们的视野,逐渐成为可持续发展交通的象征。

所谓的"慢行交通",并不是效率低下的"慢"速出行方式,而是相对于机动化快速交通而言的轻量化、零排放、人性化、低速度的出行方式。我国"慢行交通"的概念与国外的 active mobility(主动式出行)、active transportation(主动交通)、active travel(主动行进)等基本一致,其核心要义在于"人类活动"的参与,是全部或者部分必须由人力驱动的出行方式,与"机动化"交通方式相对应,也可以称其为"人性化"出行方式。借鉴国外理念,并参考国内相关文件,慢行交通可以定义为:全部或部分由人力驱动的出行方式,包括步行交通和非机动车交通。其中,非机动车包括自行车和合法规范使用的电动自行车。

我国《电动自行车安全技术规范》(GB 17761—2018)规定"电动自行车(electric bicycle)"指以车载蓄电池作为辅助能源,具有脚踏骑行能力,能实现电助动或/和电驱动功能的两轮自行车。《中华人民共和国道路交通安全法》规定,符合有关国家标准的电动自行车属于非机动车,在非机动车道上行驶时最高时速不能超过15 km。

电动自行车与小汽车相比,在便利、经济、低碳、集约、清洁、安静等方面有较大优势。同时,符合国家标准的电动自行车在我国年销售量和实际保有量都很大,已成为人们日常生活中的重要交通工具之一。因此,电动自行车的规范、合理使用,将对我国交通绿色低碳发展产生较大的积极作用。

2018年,欧洲自行车协会(European Cyclists' Federation,ECF)发布研究报告,从促进社会公平、提高出行品质、增进文化多元、保护环境气候、节约能源消耗、促进健康卫生、刺激经济活力、发展技术能力和集约时间空间 9 个方面定量、定性地分析了自行车发展给欧盟各国带来的好处。数据显示,自行车交通发展每年促进二氧化碳减排超过 1600 万 t;在减少空气污染和噪声方面产生的价值为 7.35 亿欧元;在节省燃料方面产生的价值约 40 亿欧元;防止 18110 人过早死亡,经济价值相当于 520 亿欧元。此外,自行车旅游业每年创造 440 亿欧元收入,创造 52.5 万个工作岗位。

2021 年德国发布的《国家自行车交通计划 3.0》(*National Cycling Plan* 3.0)提出,发展自行车交通是交通可持续发展的核心,是支撑德国实现 2030 年运输部门温室气体排放量比 1990 年下降 42% 目标的重要措施,并认为联合国提出的 17 个可持续发展目标(sustainable development goals,SDGs)中,大部分可通过发展自行车交通获得有力支撑。

在"双碳交通"目标的实现进程中,慢行系统的地位也越来越重要,尤其是以骑行系统为主的低碳甚至无碳出行模式,正越来越受到重视。实现"双碳交通"目标,要在提高能效、降低碳排放上下功夫,骑行系统具有基本零碳排放的优势,与"双碳交通"的要求天然契合,毋庸置疑在"双碳交通"目标实现过程中占有重要地位。骑行系统的建设和管理部门,也需要通过做好规划、提高效率、加大使用等方式,更好地支持城市交通系统的革新,加快实现"双碳交通"目标。

3.1.2　慢行交通的组成

慢行交通指的是步行或自行车交通等以人力为空间移动动力的交通。慢行交通系统由各级城市道路的人行道、非机动车道、过街设施,步行与非机动车专用路(含绿道)及其他各类专用设施(楼梯、台阶、坡道、电扶梯、自动人行道等)构成。慢行交通零能耗、零污染,符合绿色交通理念。因此,合理规划慢行交通对于构建"以人为本"的和谐交通体系,提升城市居民的生活品质,具有非常重要的作用。

慢行交通系统应安全、连续、方便、舒适。慢行交通通过主干路及以下等级道路交叉口与路段时,应优先选择平面过街形式。城市宜根据用地布局,设置步行与非机动车专用道路,并提高步行与非机动车交通系统的通达性。被河流和山体分隔的城市各区域之间,应保障步行与非机动车交通的基本连接。城市内的绿道系统应与城市道路上布设的步行和非机动车通行空间顺畅衔接。当机动车交通与步行交通或非机动车交通混行时,应通过交通稳静化措施,将机动车的行驶速度限制在保障行人或非机动车安全通行的范围内。

1. 步行交通

步行交通是指以步行作为动力实现空间移动的交通方式。

步行交通系统是指以步行交通作为主要交通方式,步行者享有交通优先权,提供从一个地点到另一个地点出行机会,与机动车完全分离的一套交通设施和服务体系。

步行交通设施是步行交通系统的重要组成部分,也是步行交通的物质承载者。步行交通设施分为交通性和非交通性两类。交通性的步行交通设施是指用于行人通过性交通的设施,包括人行道、人行横道、人行地道、人行天桥等。非交通性的步行交通设施又分为两类:商业性质和休闲旅游健身性质的步行交通设施。商业性质的步行交通设施以地下商业街、商业步行街和商场过街楼为主,与城市商业开发关系密切。休闲旅游健身性质的步行交通设施包括独立的线状步行空间(林间步道、山间道)、滨水道路、城市街心花园、街边绿地等,供不同需求的出行者步行通过和停驻休憩。

2. 自行车交通系统

非机动车交通是城市中短距离出行的重要方式,是接驳公共交通的主要方式,并承担物流末端配送的重要功能。非机动车包括自行车、电动自行车、三轮车等多种类型,本章重点介绍自行车交通规划。

自行车交通系统是以自行车交通作为主要交通出行方式,骑行者享有交通优先权,提供从一个地点到另一个地点出行机会,与机动车、行人不同程度分离的一套交通设施和服务体系。自行车交通设施是自行车交通系统的重要组成部分,包括自行车道、自行车专用路、自行车停车设施、自行车过街设施、自行车信号设施等。

3.2　步行交通规划设计

3.2.1　步行交通系统建设的必要性和规划层面

1. 步行交通系统建设的必要性

随着城市建设水平的提高,步行交通系统在城市经济和社会活动中的作用越来越明显。步行交通系统是城市和谐的标志,反映城市文明程度,也是城市社会建设和以人为本规划设计原则的具体体现。规划建设好步行交通系统的必要性主要体现在如下四个方面。

(1)良好的步行交通系统能活跃邻街商业氛围,从而促进城市经济的发展。

(2)良好的步行交通系统能给市民一个舒适宜人的出行环境,有利于提升整个城市的品位。

（3）良好的步行交通系统能促进慢行交通发展,合理衔接公共交通,促使城市交通形成合理的出行结构。

（4）对于历史文化名城,良好的步行交通系统有助于保持城市传统风貌,保护历史文化古迹。

2. 步行交通系统规划层面

步行交通系统应从宏观、中观、微观三个层面进行规划。

（1）宏观层面。

这一层面的规划需要从路网入手,规划步行网络,解决步行交通系统的连续性问题,重点在于步行交通与其他交通方式的接驳,即需要考虑城市的公共交通规划与路网规划。

（2）中观层面。

这一层面的规划需要研究换乘后的步行出行需求,如出地铁站后在商业区的购物和休闲活动需求,需要对交通枢纽,商业（市）中心,居住区,商务中心,体育、会展、博览中心以及步行带系统等步行子系统进行规划。

① 交通枢纽步行交通系统。一方面,组织好交通枢纽内部的步行交通;另一方面,要使行人方便到达各种地面公共交通停靠站,以及各种轨道交通车站,同时要展现城市的风貌特色。

② 商业（市）中心步行交通系统。商业（市）中心步行交通系统应考虑商业（市）中心的交通情况、停车难度、路面宽度、投资渠道和居民意向等因素,确定步行交通系统的构建途径,运用现代设计理念,努力创造以人为本、为人服务的休闲和购物空间。商业（市）中心步行交通系统构建还应考虑交通转换的重要性,尤其应重视步行交通与机动车、非机动车交通的衔接。

③ 居住区步行交通系统。居住区步行交通系统与居住区其他因素共处于一个综合体中,包括动态交通、静态交通、绿化景观等。居住区步行交通系统建设必须处理好与这些因素的关系,权衡利弊,求得多因素的平衡。新建小区可采取人车分流的交通组织,做到人流和车流彻底分离,这是改善居住区环境、创造良好步行空间以及建立友好、亲切、有归属感的社区文化必不可少的方式。老小区可采取人车共享、建设立体停车库、汽车出入口设置于人流较少且与城市道路联系便捷之处等方式,并做好景观绿化及环境设计,为人们提供庇护和交流空间。

④ 商务中心步行交通系统。从全局层面规划商务中心用地及路网,大力发展公共交通;作为换乘的辅助交通方式,强调步行交通系统与区域及城市内外大型交通设施的便捷联系。从竖向层面则应将步行交通系统与建筑相结合,将空中、地下空间有效利用起

来,重视步行环境的营造,提升城市品质。

⑤ 体育、会展、博览中心步行交通系统。体育、会展、博览中心出入口与外围城市道路和公共交通车站之间,应合理布局,建立良好的标识系统,保证观众安全疏散,避免大量人流阻塞城市交通。

⑥ 步行带系统。城市步行带主要包括滨水步行带、林荫步行带等。其规划建设在考虑交通出行需求的同时,也应考虑防洪(潮)、景观及休闲等方面的需要。

(3)微观层面。

微观层面的规划需要考虑具体的步行道以及各类步行节点的设计,主要是步行街、人行道、人行横道、人行过街通道、道路路肩、路侧设施等小范围的规划设计。

① 步行街。注重营造文化氛围和宽松的购物环境,同时其周边要有便利的交通条件。

② 人行道。一方面,人行道要与城市步行空间有机联系;另一方面,注重人行道与公共交通的衔接,确定人行道的宽度,结合公交车站做好节点设计,以满足人们对空间多样性的要求。

③ 人行横道。要合理设置其位置、间距与信号配时,实现人车分离。

④ 人行过街通道(人行天桥、人行地道等)。人行天桥与地道的设置要有系统性,应与公共交通车站结合,并有相应的交通管理措施。其布局既要利于提高行人过街安全性,又要利于提高机动车道的通行能力;可与商场、文体场(馆)、地铁车站等大型人流集散点直接连通,以发挥疏导人流的功能。

⑤ 道路路肩。除考虑机动车通行需求外,还应多考虑行人舒适、方便的空间需求。

⑥ 路侧设施。人行道周围还应设置人性化的设施以吸引行人,创造舒适宜人的步行空间。比如多种植树木、花卉,提供各种休息座椅、方便干净的垃圾箱、路标、公共电话、紧急呼救站,以及位置合适的报亭、小卖部、公共厕所等。

3.2.2　步行网络规划

步行网络由各类步行道路和过街设施构成。步行道路可分为步行道、步行专用路两类。步行道指沿城市道路两侧布置的步行通道。步行专用路主要包括如下类型的道路或通道空间。

① 空间上独立于城市道路的步行专用通道,如公园、广场、景区内的步行通道,滨海、滨河、环山的步行专用通道和专供步行通行的绿道。

② 建筑物与其他城市设施之间相连接的立体步行系统。

③ 通过管理手段、铺装差异等措施禁止(或分时段禁止)除步行外的交通方式通行的

各类通道,如商业步行街、历史文化步行街等。

④ 在横断面或坡降设置上不具备机动车通行条件,但步行可以通行的各类通道,如横断面较窄的胡同、街坊路、小区路等。

⑤ 其他形式的步行专用通道。

1. 步行分区

步行分区的主要目的是体现城市不同区域之间的步行交通差异特征,确定相应的发展策略和政策,提出差异化的规划设计要求。

步行分区方法应结合步行系统规划发展目标,重点考虑步行交通聚集程度、地区功能定位、公共服务设施分布、交通设施条件等因素确定。步行分区一般可划分为步行Ⅰ类区、步行Ⅱ类区、步行Ⅲ类区。

(1) 步行Ⅰ类区:步行活动密集程度高,须赋予步行交通方式最高优先权的区域。步行Ⅰ类区应覆盖但不限于:人流密集的城市中心区;大型公共设施周边(如大型医院、剧场、展馆);主要交通枢纽(如火车站、轨道交通车站、公共交通枢纽);城市核心功能区(如核心商业区、中心商务区和政务区);市民活动聚集区(如滨海空间、滨河空间、公园、广场)等。

(2) 步行Ⅱ类区:步行活动密集程度较高,步行优先,并兼顾其他交通方式的区域。步行Ⅱ类区应覆盖但不限于:人流较为密集的城市副中心;中等规模公共设施周边(如中小型医院、社区服务设施);城市一般功能区(如一般性商业区、政务区、大型居住区)等。

(3) 步行Ⅲ类区:步行活动聚集程度较弱,需要满足步行交通需求,给予步行交通基本保障的区域。步行Ⅲ类区主要覆盖以上两类区域以外的地区。

步行Ⅰ类区应建设高品质步行设施和环境,并通过有效的交通管制措施,合理地组织机动车交通和停车设施,鼓励设置行人专用区,创造步行优先的街区。步行Ⅰ类区内大型商业、办公、公共服务设施集中的区域可根据实际需要,建立高效连通和多功能化的立体步行系统,将地面步行道、行人过街设施与公共交通、公共开放空间、建筑公共活动空间等设施有机连接,形成系统化的步行网络。

步行Ⅱ、Ⅲ类区应重点协调步行交通与其他交通方式的关系,保障步行交通的基本路权,满足安全、连续、方便的基本要求,在人行道宽度、步行道路网密度、过街设施间距与形式等方面体现不同分区的差异性。

城市土地使用强度较高地区,步行道路网密度不宜低于 14 km/km²,其他地区步行道路网密度不应低于 8 km/km²。不同分区步行道路网密度和步行道平均间距应满足表 3.1 的规定。

表 3.1　不同分区步行道布局推荐指标

步行分区	步行道路网密度/(km/km²)	步行道平均间距/m
Ⅰ类区	14～20	100～150
Ⅱ类区	10～14	150～200
Ⅲ类区	8～10	200～250

2. 步行道分级

步行道的级别主要由其在城市步行系统中的作用和定位决定,综合考虑现状及未来步行交通特征、所在步行分区、城市道路等级、周边建筑和环境、城市公共生活品质等要素确定。

沿城市道路两侧布置的步行道,可分为一级步行道、二级步行道和三级步行道。

(1)一级步行道:人流量很大,街道界面活跃度较高,是步行网络的重要构成部分。一级步行道主要分布在城市中心区、重要公共设施周边、主要交通枢纽、城市核心功能区、市民活动聚集区等地区的生活性主干路,人流量较大的次干路,断面条件较好、人流活动密集的支路,以及沿线土地使用强度较高的快速路辅路。

(2)二级步行道:人流量较大,街道界面较为友好,是步行网络的主要组成部分。二级步行道主要分布在城市副中心、中等规模公共设施周边、城市一般功能区(如一般性商业区、政务区、大型居住区)等地区的次干路和支路。

(3)三级步行道:以步行直接通过为主,街道界面活跃度较低,人流量较小,步行活动多为简单穿越,与两侧建筑联系不大,是步行网络的延伸和补充。三级步行道主要分布在以交通功能为主,沿线土地使用强度较低的快速路辅路、主干路,以及城市外围地区、工业区等人流较少的各类道路。

路侧带分为人行道和绿化带、设施带,路侧带宽度应符合表 3.2 要求。

表 3.2　各级步行道的路侧带宽度要求

步行道等级	路侧带宽度/m	步行道等级	路侧带宽度/m
一级	4.5～8.0	三级	2.5～4.0
二级	3.0～6.0	—	—

一般情况下,步行Ⅰ类区各级步行道的路侧带宽度取上限值,步行Ⅱ类区取中间值,步行Ⅲ类区取下限值。

3. 过街设施布局

过街设施包括交叉口平面过街、路段平面过街和立体过街。一般情况下应优先采用平面过街方式。

居住区、商业区等步行活动密集地区的过街设施间距应不大于 250 m,步行活动较少地区的过街设施间距宜不大于 400 m。不同步行分区、不同步行道等级的过街设施间距推荐指标见表 3.3。

表 3.3　过街设施间距推荐指标　　　　　　　　　　（单位:m）

类型	步行 Ⅰ 类区	步行 Ⅱ 类区	步行 Ⅲ 类区
一级步行道	130～200	200～250	250～300
二级步行道	150～200	200～300	300～400
三级步行道	200～250	250～400	400～600

重点公共设施出入口与周边过街设施的间距宜满足下列要求:①过街设施距公交车站及轨道交通车站出入口宜不大于 30 m,最大应不大于 50 m;②学校、幼儿园、医院、养老院等门前应设置人行过街设施,过街设施与单位门口的距离宜不大于 30 m,最大应不大于 80 m;③过街设施距居住区、大型商业设施、公共活动中心的出入口宜不大于 50 m,最大应不大于 100 m。

跨越快速路主路时应设置立体过街设施,以下情况可优先采用立体过街方式,并应综合考虑周边建筑出入口:①高密度人流集散点附近且机动车流量较大区域,如大型多层商业建筑、轨道交通车站、快速公交车站、交通枢纽、大型文体场馆、学校等周边地区;②曾经发生重大、特大道路交通事故的地点,且在分析事故成因基础上认为确有必要设置立体过街设施的。

4. 立体步行系统

立体步行系统指将平面步行系统与空中步行系统、地下步行系统进行网络化整合,把各类步行交通组织到地上、地面和地下三个不同平面中,实现建筑之间、建筑与轨道交通车站之间以及道路空间内部便捷联系的步行系统。

设置立体步行系统时,应同时保证地面步行空间和自行车通行空间的连续性,并结合人行天桥、人行地道等设施,有效衔接立体与地面步行空间。空中步行系统应与轨道交通车站,以及建筑的商业娱乐、观光休憩、入口广场和共享平台等功能空间结合设置。地下步行系统应与地下轨道交通车站、地下停车库、地下人防设施等紧密衔接,共享通道和出入口。

城市应结合各类绿地、广场和公共交通设施设置连续的步行空间。当不同标高的人行系统衔接困难时,应设置步行专用的人行梯道、扶梯、电梯等连接设施。

3.2.3　人行道规划

人行道是城市道路横断面中路侧带的组成部分,也是城市公共空间的重要组成部分,其主要功能是连接城市步行交通系统中的各子系统,形成连续、完整的步行系统。此外,人行道还是人们离开步行系统选乘其他交通方式的起点。

1. 规划原则

(1)设施连续性。应规划连续的人行道联系所有城市步行空间,在城市当中建立一个完整的步行系统。城市的主干路、次干路和支路均应设置人行道。

(2)路权完整性。应从以下两个方面保障人行道的使用权。①交通规划方面:禁止为了拓宽机动车道而压缩人行道。沿路侧带设置行道树、公共交通停靠站和候车亭、公用电话亭等设施时,不得妨碍行人的正常通行。严禁在空间不充足的人行道上设置公共设施。②交通管理方面:严禁机动车在人行道上行驶和停放。严禁小摊小贩占用人行道经营。

(3)通行安全性。道路设计应考虑使人行道与车行道有一定隔离,设置护栏、绿化带等,以形成安全、舒适的步行空间,创造良好的步行交通、集散、游憩环境。对于自行车交通量大的城市,不宜将人行道与非机动车道设置在同一平面上。

(4)无障碍设计。人行道的无障碍设计主要包括以下几个方面。①缘石坡道设计:人行道与车行道的高差会给行动不便者带来较大麻烦,出入口、交叉口等处的人行道需要设计成缓坡。②盲道设计:盲道是盲人正常出行的保障,在设计时应保证盲道的连续性、方便性。严禁在盲道上设置障碍物,以保证盲人行走时的安全。在城市各级各类道路的人行道上,均应设置盲道,在城市公园、广场、商业区、重点公共建筑的人行出入口,以及公交车站等候区应设提示盲道,并且在道路交叉口应设过街音响信号装置。③信号控制:出于对弱势群体安全的考虑,除了分配专用空间,还应分配专用时间,即利用信号控制策略,避免人车冲突。

(5)接驳公共交通。公共交通与步行交通是合作关系,应大力发展"步行+公交"的换乘模式,将步行交通与公共交通紧密衔接,促使二者协调发展。对于常规公交停靠站,步行交通可以采用平面过街方式到达,两块板道路在条件允许时可以考虑采用"尾对尾"设计,以提高过街安全性,见图3.1。

2. 人行道宽度

除快速路主路外,快速路辅路及其他各级城市道路红线内均应优先布置步行交通空

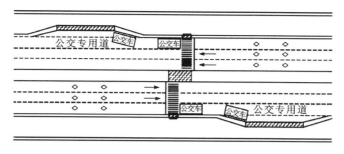

图 3.1　常规公交停靠站的"尾对尾"设计

间和设置人行道。人行道最小宽度不应小于 2.0 m,且应与车行道之间设置物理隔离设施。大型公共建筑和大中运量城市公共交通站点 800 m 范围内,人行道最小通行宽度不应低于 4.0 m。人行道单侧宽度一般应符合表 3.4 中的数值。

表 3.4　人行道单侧宽度推荐值　　　　　　　　　　　　　（单位:m）

道路等级	步行道等级		
	一级	二级	三级
快速路（辅路）	4.0～5.0	2.5～4.5	2.5～3.0
主干路	4.5～7.0	3.5～5.5	3.0～3.5
次干路	4.5～6.5	3.5～5.0	3.0～3.5
支路	4.0～5.0	2.5～4.5	2.0～2.5

3.2.4　步行过街设施规划

步行过街设施包括平面过街设施（人行横道、安全岛）、立体过街设施（人行天桥、人行地道）等。步行过街设施是步行交通系统便捷、连续、人性化的重要保证。

1. 平面过街设施

步行交通是城市基本的出行方式。除快速路主路以外,一般情况下应优先采用平面过街方式,视过街行人与道路机动车流量大小,可分别采用信号灯管制或行人优先的人行横道。

交叉口平面过街和路段平面过街应保持路面平整连续、无障碍物,遇高差应进行缓坡处理,并限制非机动车和机动车驶入人行道。

应尽量遵循行人过街期望的最短路线布置人行横道等设施。人行横道线较宽时,应设置隔离柱防止机动车进入或借道行驶,以保障行人安全。

对于行人过街需求较高的交叉口平面过街以及城市生活性道路上的路段平面过街,可采用彩色人行横道、不同路面材质的人行横道或抬高人行横道(抬高交叉口)来区分和提示过街区域。

在设置机动车右转安全岛时,应采取标志、标线等提示措施避免过街行人和右转机动车冲突,保障行人过街安全。

当人行横道长度大于 16 m 时(不包括非机动车道),应在分隔带或道路中心线附近的人行横道处设置安全岛,安全岛宽度应不小于 2.0 m,困难情况下应不小于1.5 m,安全岛类型示意图见图 3.2。

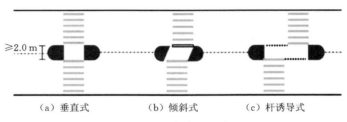

（a）垂直式　　　　（b）倾斜式　　　　（c）杆诱导式

图 3.2　安全岛类型示意图

行人过街绿灯信号相位间隔不宜超过 70 s,不得大于 120 s。鼓励行人过街与机动车右转的信号相位分离设置,并实行行人过街信号优先措施。

环岛的交通组织应优先保障行人过街的安全,环岛各相连道路入口处应设置人行横道,行人过街需求较大的应设置行人过街信号灯,并与机动车信号灯相协调。

2. 立体过街设施

立体过街设施包括人行天桥和人行地道两类。立体过街设施是在城市交通繁忙、混杂的路段或交叉口为保证行车和行人过街安全而设置的行人过街设施。立体过街设施,特别是人行天桥的设置对城市景观有重要的影响:设置得当,将成为现代城市景观的组成部分;设置不当,将会破坏城市景观。

立体过街设施的规划设计应当遵循如下原则。

（1）立体过街设施的设计应符合城市景观的要求,并与附近地上或者地下建筑物密切结合。应当充分利用邻近建筑的内部空间,将上下梯道设在建筑物内,以加强建筑物之间的联系,提高立体过街设施和建筑物的使用效率。

（2）立体过街设施的出入口应与附近环境协调,并应在出入口处规划不小于 50 m² 的人流集散用地,设置导向设施与标志。

（3）同一条街道的人行天桥和人行地道应统一规划,一次或分期修建。立体过街设施的设置应按远期规划道路横断面考虑,并注意近远期结合。

（4）人行天桥和人行地道应分别满足车行、人行交通的净空限界要求。

（5）立体过街设施通道宽度及步行带数应根据规划步行流量确定,见表 3.5。人行天桥桥面净宽宜不小于 3.00 m,人行地道通道净宽宜不小于 3.75 m。人行天桥（地道）每端梯道或坡道的净宽之和应大于通道净宽的 1.2 倍,梯（坡）道的最小净宽为 1.8 m。兼顾推自行车通过时,一条推车带宽按 1 m 计,人行天桥或人行地道净宽按自行车流量计算增加通道净宽,梯（坡）道的最小净宽为 2 m。考虑推自行车通过的梯道,应采用梯道加坡道的布置方式,一条坡道宽度宜不小于 0.4 m,坡道位置视方便推车流向设置。

表 3.5　立体过街设施通道宽度及步行带数

规划步行流量/(人/min)	通道宽度/m	步行带数/条
120～160	3.00	4
160～200	3.75	5
200～240	4.50	6

（6）一般立体过街设施采用梯道方式来解决行人过街问题,桥梯步级的宽度与高度之和以 0.45 m 左右为宜,一般步级宽为 0.3 m,高为 0.15 m。在用地紧张的情况下,也可采用螺旋梯。为了引导行人上桥过街,避免穿越桥底,须沿街在桥梯两边 50～100 m 长度范围内设置高栏杆,形式以高为 1.1～1.2 m 的竖杆为宜。

（7）梯道高差大于或等于 3 m 时应设平台,平台长度大于或等于 1.5 m。梯道、坡道与平台应设扶手,扶手高度应大于或等于 1.1 m。

（8）立体过街设施应充分考虑无障碍设计。立体过街设施应设置适合自行车推行及残障人群使用的坡道,有条件的应安装电梯、自动扶梯。宜与周边建筑、公交车站、轨道交通车站出入口以及地下空间整合设置,形成连续、贯通的步行系统。

（9）地震多发地区的城市,立体过街设施宜采用人行地道形式。

（10）比较人行天桥与人行地道两种方案时,应对地下水位影响、地下管线处理、施工期间对交通及附近建筑物的影响等进行技术、经济比较后确定。

立体过街设施分为非定向式立体过街设施和定向式立体过街设施两大类。非定向式立体过街设施适用于各个方向过街人流量相对均匀的交叉口,有环形、X 形、H 形等形式。定向式立体过街设施适用于路段过街点、异形交叉口和某方向过街人流量相对较大的交叉口,布置比较灵活。

3.2.5 居住区和商业步行街(区)步行交通规划

1. 居住区步行交通规划

我国城市人口聚居区按居住户数或人口规模分为居住区、居住小区和居住组团三级。居住区道路分为居住区(级)道路、小区(级)道路、组团(级)道路和宅间小路四类,见表3.6。

表 3.6 居住区道路组成

类型	功能	宽度
居住区(级)道路	一般用以划分小区,在大城市中通常与支路同级	红线宽度大于等于 20 m
居住小区(级)道路	一般用以划分组团	路面宽 5~8 m
组团(级)道路	上接小区(级)道路;下连宅间小路	路面宽 3~5 m
宅间小路	住宅建筑之间连接各住宅入口	路面宽不宜小于 2.5 m

居住区步行交通规划要点如下。

(1)满足居民步行交通的出行数量和质量的需求,规划科学合理的步行线路,提供丰富多变的步行空间。

(2)妥善处理步行交通与其他交通方式的关系,采用人车分行、交通安宁等措施,减少机动车交通、非机动车交通对步行交通的干扰,提高步行的安全性。

(3)充分体现无障碍设计的要求,设置必要的标志、标线,增强步行系统的引导性。

(4)提高步行系统与居住区内外各类公共服务设施和公共交通设施间的可达性,满足居民休憩、娱乐、购物、文化、社交等活动的需要。

(5)设置多层次、多类型的室外设施,如建筑小品、儿童游戏场地、休闲廊亭等,满足不同年龄层次居民的不同活动的需求。

(6)结合步行系统周边的绿化景观等,建立舒适宜人的步行环境,使人们能够舒适地完成出行。

2. 商业步行街(区)步行交通规划

商业步行街(区)分为全封闭式和半封闭式。

全封闭式的商业步行街(区)内有成套的步行设施,为步行者提供了较好的休息娱乐环境。正常情况下机动车和非机动车禁止出入。这种步行街特别适用于旧城中心的改造,有助于保护环境、减少噪声,为市民提供一个有特色的城市生活场所。欧洲的许多城市中心采取了这种方式。

半封闭式的商业步行街(区)根据具体情况又分为以下两类。①限定通过时间:这类步行街限制车辆在步行交通的高峰小时或高峰日通过。②限制通过交通:通过交通管制的方式限制车辆的种类、车速、停车地点。比如对一般交通关闭,而对公交、出租车开放;在特定的时间对服务车辆开放;不允许停车等。这种步行街的特点是步行道加宽,并以绿化、小品等设施将步行道与车道隔开,服务设施也较为齐全,步行舒适度较高。

商业步行街(区)步行交通规划要点如下。

(1)商业步行街(区)的紧急安全疏散出口间距不得大于 160 m,区内的道路网密度可采用 13～18 km/km²。

(2)商业步行街(区)的道路应满足送货车、清扫车和消防车通行的要求,道路的宽度可采用 10～15 m,沿线可配置小型广场。

(3)商业步行街(区)步行道路和广场的面积,可按每平方米容纳 0.8～1.0 人计算。

(4)商业步行街(区)距次干路的距离宜不大于 200 m,步行区出入口距公共交通停靠站的距离宜不大于 100 m。

(5)商业步行街(区)附近应有相应规模的机动车和非机动车停车场或多层停车库,且距步行区出入口的距离不宜大于 100 m,并不得大于 200 m。

3.3　自行车交通规划设计

3.3.1　自行车交通的优点

(1)节约用地。无论是行驶还是停放,自行车占用的道路面积均较小。

(2)绿色环保。自行车不需要消耗能源,且行驶时无污染、低噪声,是一种节能型的绿色交通工具。

(3)灵活方便。自行车轻便、灵活,对行驶路面的要求低,能够弥补机动车的不足,深入城市的各个角落,实现点对点的出行。

(4)经济实用。自行车本身具有价格低廉、经久耐用、维修方便的特点。它具有较高的经济性和实用性,一般家庭有能力购买,因此能够深入居民的日常生活。从交通设施角度来看,自行车对交通设施的要求不高,因此能节省基础设施建设投资,实现较高的投资效益。

(5)有益健康。自行车是一种有益健康、老少皆宜的交通方式。在骑自行车的过程中,还能锻炼身体。

3.3.2 自行车交通规划设计内容

1. 自行车交通规划设计原则

自行车交通规划应当充分发挥自行车交通的优势,建立一个既与公共交通紧密联系,又与机动车交通有所区别的有特色的城市自行车交通系统。在具体规划时,应充分遵循以下原则。

(1) 近远期结合。应当充分利用现有的自行车交通网络,在此基础上,考虑今后城市规模、性质、结构形态、布局等的变化,以及自行车交通量的增加和自行车交通在城市客运结构中地位的变化,在路网形态、道路等级、类型、技术指标等方面为远期城市交通的发展留有余地。

(2) 多交通方式协调。协调好自行车交通与其他交通方式的关系,充分发挥各种交通方式的优势。多种交通方式协调的重点是结合城市公共交通线路和枢纽设置,建立"B+R"(bike-and-ride,自行车停车换乘)系统,高效集散公交及其他快速交通的客流。

(3) 机非分离。尽可能从时间或空间上实现机非分离,形成独立自行车交通网络。受条件限制而无法完全分离之处,应协调好两者的关系,进行必要的分隔,以减少相互干扰。

(4) 网络化。自行车交通路网应该形成完整的系统,避免断头路、卡口路存在,保证一定的连通性、可达性,并力争使线路设计满足最短行驶距离和最少出行时间需求。

(5) 满足出行需求。应该能满足人们骑自行车上下班的需求。各种等级、类型的自行车道应该合理分工、相互协作,使骑自行车出行者能方便、迅速、安全地到达目的地。

(6) 均衡分布。自行车交通路网的布局应与居民日常出行的主要流向一致,并应与不同区域的交通需求相协调,力求自行车流在整个规划网络内均衡分布,以利于自行车交通路网功能的正常发挥。应强化城市自行车交通在区块内部出行的功能,弱化其在区块之间出行的功能,使自行车交通成为城市短距离出行的主导方式。

(7) 完善配套。自行车交通系统应具备完善的配套设施,如停车、道路安全、照明等。自行车停车场的建设既要便于存取,又要便于管理。

(8) 结合交通管理。交通法规应对自行车交通有较强的约束性,防止自行车任意驶入机动车道。

2. 自行车交通发展战略

在我国的大城市和特大城市,自行车应作为公共交通的补充,与公共交通,尤其是轨道交通有机结合、协调发展。中小城市由于建成区面积小,适合自行车出行,自行车应成为客运交通的主体。中小城市应特别重视慢行交通规划及自行车道路设施建设,为自行车交通提供良好的交通条件,同时合理发展公共交通。

针对我国大部分城市的现状,建议针对老城区和新城区分别制定自行车交通发展战略。

交通设施的有限供应与城市交通可持续发展之间的矛盾决定了我国老城区必须采用以公共交通、自行车交通和步行交通为主,限制小汽车出行,严格控制摩托车交通的客运结构发展模式。这就要求通过科学的规划和严格的组织管理,充分发挥自行车交通中短距离出行优势。

新城区在确保以公共交通为主的客运结构下,将自行车交通作为一种有益的补充;在大型枢纽站或集散站周边设置必要的自行车停车设施,方便居民从住处至各站点换乘公共交通。

3. 一般技术指标

适宜自行车骑行的城市和城市片区,除快速路主路外,快速路辅路及其他各级城市道路均应设置连续的非机动车道,并应根据道路条件、用地布局与非机动车交通特征设置非机动车专用路。

(1) 自行车道的类型。自行车道根据路权及机非分隔形式,分为独立的自行车专用路、实物分隔的自行车道、画线分隔的自行车道、混行的自行车道四种类型。

① 独立的自行车专用路:不允许机动车辆进入,专供自行车通行。这种自行车道可消除自行车与其他车辆的冲突。

② 实物分隔的自行车道:用绿化带或护栏与机动车道分开,不允许机动车辆进入,专供自行车通行。这种自行车道在路段上消除了自行车与其他车辆的冲突,但在交叉口处自行车无法与机动车分开。

③ 画线分隔的自行车道:在单幅路上与机动车道画线分隔,布置于机动车道两侧的自行车道。由于自行车与机动车未完全分开,安全性较差,但良好的路面标识系统可提高安全性。

④ 混行的自行车道:机动车与自行车在同一道路平面内行驶,其间无分隔标志。这种形式有利于调节不同高峰小时的快慢车流,充分发挥道路效益;缺点是安全性较差,自行车交通与机动车交通相互干扰,自行车与机动车的车速都会受到影响。

(2) 行驶速度。一般情况下,自行车行驶速度宜按 $11\sim14$ km/h 计算,电动自行车行驶速度不超过 25 km/h。在交通拥挤地区和路况较差的地区,其行驶速度宜取低值。

（3）纵坡及转弯半径。自行车道的纵坡一般控制在 2%～2.5%，最大不超过 5%；转弯半径一般应大于 8 m，最小不小于 4 m。

4. 自行车交通网络规划

自行车交通网络由各类自行车道构成，可分为自行车道和自行车专用路两类。自行车道指沿城市道路两侧布置的自行车道。自行车专用路主要包括以下类型的道路或通道空间：公园、广场、景区内的自行车通道，滨海、滨水、环山的自行车专用通道和自行车绿道等；通过管理手段、铺装差异等措施禁止（或分时段禁止）除自行车和步行之外的交通方式通行的各类道路，允许自行车通行的步行街（区）等；不具备机动车通行条件但自行车可以通行的各类通道，如较窄的胡同、街坊路、小区路等；其他形式的自行车专用通道。

（1）自行车交通分区。

自行车交通分区的主要目的是体现城市不同区域的自行车交通特征差异，明确不同分区自行车交通的发展政策，根据分区内自行车交通出行特征的不同，提出差异化的规划设计要求。

自行车交通分区应结合城市自行车交通系统的发展定位进行，重点考虑现状和规划中的土地使用情况、城市空间布局、大型公共设施分布、地形地貌、气候等要素。各城市可根据具体情况确定分区类别与原则。

自行车交通分区一般可划分为自行车Ⅰ类区、自行车Ⅱ类区和自行车Ⅲ类区。

① 自行车Ⅰ类区：优先考虑自行车出行的区域，自行车道路网密度高，自行车交通系统设施完善。自行车Ⅰ类区应覆盖但不限于：城市中心区、重要公共设施周边、主要交通枢纽、城市核心商业区和政务区，以及滨海空间、滨水空间、公园、广场等市民聚集区等。

② 自行车Ⅱ类区：兼顾自行车和机动车出行的区域，自行车道路网密度较高，配置一定的自行车专用设施。自行车Ⅱ类区应覆盖但不限于：城市副中心、中等规模公共设施周边、城市一般性商业区和政务区以及大型居住区。

③ 自行车Ⅲ类区：对自行车出行予以基本保障的区域。自行车Ⅲ类区主要包括以上两类自行车交通分区以外的地区。

城市土地利用强度较高和中等的地区的各类非机动车道路网密度应不低于 8 km/km²，不同自行车交通分区的自行车道路网密度和自行车道平均间距应满足表 3.7 的规定。对于城市建成区，自行车道路网密度偏低的分区宜加强自行车专用路建设。

表 3.7　不同分区自行车道路布局推荐指标

自行车交通分区	自行车道路网密度	自行车道路平均间距
Ⅰ 类区	12～18 km/km²，其中自行车专用路的密度不低于 2 km/km²	110～170 m，其中自行车专用路的间距不大于 1 km
Ⅱ 类区	8～12 km/km²	170～250 m
Ⅲ 类区	5～8 km/km²	250～400 m

（2）自行车道路分级。

自行车道路分级的主要目的是明确不同道路的自行车交通功能和作用，体现自行车道路级别与传统城市道路级别之间的差异性和关联性，并据此提出差异化的规划设计要求。

自行车道级别主要由其在城市自行车交通系统中的作用和定位决定，应综合考虑现状及预测的自行车交通特征、所在自行车交通分区、城市道路等级、周边建筑和环境等要素确定。

沿城市道路两侧布置的自行车道，可分为一级自行车道、二级自行车道和三级自行车道。

① 一级自行车道：以满足城市相邻功能组团间或组团内部较长距离的通勤联络功能为主，自行车流量很大，同时承担通勤联络、到发集散、服务周边等多种功能，是自行车交通网络的骨干通道。一级自行车道主要分布在城市相邻功能组团之间和组团内部通行条件较好、市民通勤联络的主要通道上，如生活性主干路、两侧开发强度较高的快速路辅路和自行车交通流量较大的次干路。

② 二级自行车道：以服务两侧用地建筑为主，自行车交通流量较大，自行车交通行为以周边地块到发（集）散地为主，与两侧建筑联系紧密，但中长距离通过性自行车交通比例较小，是自行车交通网络的重要组成部分。二级自行车道主要分布在城市主（副）中心区、各类公共设施周边、交通枢纽、大中型居住区、市民活动聚集区等地区的次干路以及支路。

③ 三级自行车道：功能以直接通过为主，自行车交通流量较小，以通过性的自行车交通为主，与两侧建筑联系不大，是自行车交通网络的延伸和补充。三级自行车道主要分布在两侧开发强度不高的快速路辅路、交通性主干路，以及城市外围地区、工业区等人流较少的地区的各类道路。

自行车道的宽度和隔离方式设计应综合考虑自行车道等级及其所在的自行车交通分区，且符合表 3.8 的规定。一般情况下，Ⅰ 类区的各级自行车道宽度取上限值，Ⅱ 类区的取中间值,Ⅲ类区的取下限值。

表 3.8　各级自行车道宽度和隔离方式要求

自行车道等级	自行车道宽度/m	隔离方式
自行车专用路	单向通行不宜小于 3.5,双向通行不宜小于 4.5	应采取严格的物理隔离措施,并采取有效的管理措施禁止机动车进入和停放
一级	3.5～6.0	应设置物理隔离设施
二级	3.0～5.0	应设置物理隔离设施
三级	2.5～3.5	主干路、次干路应设置物理隔离设施,支路宜设置非连续物理隔离设施

（3）自行车停车设施布局。

自行车停车设施包括建筑物配建自行车停车场、路侧自行车停车场和路外自行车停车场。

建筑物配建自行车停车场是自行车停车设施中的主体。建筑物自行车停车设施配建指标:新建住宅小区和建筑面积 2 万 m² 以上的公共建筑必须配建永久性自行车停车场（库）,并与建筑物同步规划、同步建设、同步投入使用。

路侧自行车停车场应按照小规模、高密度的原则进行设置,服务半径宜不大于 50 m。

轨道交通车站、交通枢纽、名胜古迹、广场和公园等周边应设置路外自行车停车场,服务半径宜不大于 100 m,以方便自行车驻车换乘或抵达后停放车辆。

5. 自行车空间与环境设计

（1）自行车道宽度。

除快速路主路外,城市各等级道路应设置自行车道。自行车道宽度应综合考虑城市道路等级和自行车道功能分级设定。

适宜自行车骑行的城市和城市片区,非机动车道的布局与宽度应符合下列规定。

① 最小宽度应不小于 2.5 m。

② 非机动车专用路、非机动车专用休闲与健身道、主次干路上的非机动车道,以及城市主要公共服务设施周边、客运走廊 500 m 范围内城市道路上设置的非机动车道,单向通行时宽度宜不小于 3.5 m,双向通行时宽度宜不小于 4.5 m,并应与机动车交通之间设置物理隔离设施。

新建道路的自行车道宽度应符合表 3.9 的规定。

表 3.9　自行车道单侧宽度取值一览表　　　　　　（单位：m）

城市道路等级	自行车道等级		
	一级	二级	三级
快速路（辅路）	3.5～4.5	3.0～3.5	2.5～3.0
主干路	4.0～6.0	3.5～5.0	2.5～3.5
次干路	4.0～5.5	3.5～4.5	2.5～3.5
支路	3.5～5.0	3.0～3.5	2.5～3.0
自行车专用路	≥3.5（单向），≥4.5（双向）		

（2）自行车道隔离形式。

主、次干路和快速路辅路的自行车道，应设置机非物理隔离设施，不在城市主要公共服务设施周边及客运走廊 500 m 范围内的支路，其非机动车道宜与机动车道之间设置非连续性物理隔离设施，或对机动车交通采取交通稳静化措施。

机非物理隔离设施包括绿化带、设施带和隔离栏，条件允许时应采用绿化带或设施带。

支路设置非连续性物理隔离设施时，间隔距离不宜过大，既方便行人和自行车灵活过街，又防止机动车驶入自行车道。

非物理隔离设施包括自行车道彩色铺装、彩色喷涂和画线，确需采用时应有明确的自行车引导标志。

自行车道与步行道应分开隔离设置，自行车道应设置于机动车道两侧，保证行人安全。

在宽度大于 3 m 的自行车道入口处，应设置隔离柱，以阻止机动车驶入自行车道。隔离柱宜选用反光材料标识，确保安全醒目。

当受条件限制时，可在交叉口附近路段局部设置机非物理隔离设施，保证交叉口自行车通行安全与秩序。

3.3.3　"B＋R"系统规划

"B＋R"系统是人们改步行为骑自行车到达公交站或其他快速交通站点，然后把自行车存放于站点，换乘其他快速交通工具到达目的地附近的站点。这种模式适用于两种情况：一种是自行车和轨道交通（如地铁、轻轨）换乘；另一种是自行车和公共汽车尤其是大站快车、快速公交换乘。

1. "B＋R"系统规划的要点

（1）确定换乘点的自行车停车量。确定自行车停车量就是确定骑自行车换乘的人员数量。当人们能很轻松地依靠自行车完成出行时，便不需要换乘公交车，因而要对以下三个方面进行分析。

① 确定长距离出行人群比例。为确保居民出行的舒适性，骑自行车出行的合理时空区域应在 15 min 车程或 2.5 km 范围内，这一范围外的人群将成为骑自行车换乘公交及采用其他机动化交通方式出行的主体。

② 人口结构比例。年老体弱者和儿童很少骑自行车出行，中小学生由于就近上学，也较少存在骑自行车换乘的问题，因此，骑自行车换乘的主要人群是青壮年群体。

③ 骑自行车换乘吸引范围。公交站点的服务范围为 $300\sim500$ m，结合自行车交通换乘，则可以大大扩大既有公交站点的服务范围和提高出行舒适度。自行车换乘公交的实际最小吸引距离在 1 km 左右，最远吸引距离在 1.7 km 左右，如果这一范围内还有其他公交站点，则应按运量比例分担。

（2）站点停车场的设计。我国目前很少在换乘枢纽考虑自行车停车场设计，自行车大多占用人行道停放，妨碍交通。因此，在设计停车场时，要注意做到流线明确，便于存取，加强停车管理；要在路外设置停车场，不能占用人行道。

（3）站点的交通组织。公交站点车辆出入频繁，再加上大量自行车停放，交通冲突势必增加。因此，自行车换乘站点的交通组织工作应遵循减少自行车对机动车的干扰、减少自行车对进出站公交车的干扰、保证自行车存车的方便和安全的原则。由于公交站点的位置和周围环境不同，可根据条件采取不同的交通组织方式。

2. 自行车与轨道交通的换乘

为发挥轨道交通的优势，必须扩大站点吸引乘客的范围，这就要求有许多小运量的交通工具作为补充。国外较多采用 feeder bus（接运公交）、K＋R（kiss-and-ride，停车转乘）和 P＋R（park-and-ride，停车换乘）等方式来换乘轨道交通，取得了令人满意的效果。根据我国的国情，除了考虑采用上述方式，还可以采用自行车换乘。

自行车与城市轨道交通换乘的主要思路：侧重在城市边缘区和城市中心区生活性道路附近的城市轨道交通站点设置自行车停车场，为自行车换乘城市轨道交通提供方便，延伸城市轨道交通车站的辐射范围。

自行车与轨道交通换乘设施的布局模式主要有以下几种。

（1）在车站出入口附近路侧设置。此类型的换乘设施主要设置在城市中心区的一般换乘站附近。车站周边土地开发及利用已成熟,用地较紧张,主要利用车站出入口附近的边角用地设置临时自行车停车场和停车带,但停车不得影响步行交通。

（2）在高架桥下设置自行车停车场。此类型的换乘设施适合高架轨道线车站与自行车的衔接,直接利用高架桥下面的空间配置自行车停车场。此类型的换乘设施最节省用地。

（3）在地下站厅层上方设置自行车停车库。在车站地下站厅层的上方单独设置一层地下自行车停车库,同时车站出入口设计带有斜坡的台阶,以方便自行车出入。此类型的换乘设施"立体化"最强,换乘距离最短,换乘最方便,自行车管理也方便,但造价较高,并要求停车库与车站同步设计和建设。

（4）在站前交通广场设置自行车停车场。对于换乘客流较大和换乘方式复杂的城市轨道交通枢纽站,宜设置具备公交车、小客车、出租车和自行车等多种车辆换乘设施的交通广场。自行车停车场应靠近车站的出入口布置,并尽量避免与机动车衔接设施混合布置,以减少自行车流与机动车流的交织。

3.4　城市道路慢行交通与绿道、滨水空间融合发展设计

3.4.1　国内实践

慢行交通是城市综合交通体系的重要组成部分,它不仅是中短距离出行的主要方式,而且承担着各种交通方式之间的衔接功能,是公共交通的有效补充和延伸。

绿道与滨水空间是城市公共开放空间的一部分,以休闲、游憩、健身功能为主,兼具市民绿色出行等多种功能。根据绿道、滨水空间的自身条件,通过局部改造融入部分交通功能,实现"水、路、绿"三网区域微循环,可有效分流城市道路超负荷的步行和自行车交通量,缓解交通压力;同时由于绿道和滨水空间环境好、干扰少,步行和骑行方式更具有吸引力,可极大地提升慢行交通的舒适性,满足市民的多样性出行需求。

将城市道路慢行交通与绿道、滨水空间有机融合,大力发展绿色交通是现代化城市发展的新目标。近几年为提升慢行交通品质,国内已有部分城市在"轨道＋公交＋慢行"三网融合方面做了一些探索工作,如表 3.10 所示。这些城市聚焦打通慢行交通节点、连线成网等方面,取得了良好的效果,但对慢行交通融合发展的连续性、安全性、便捷性、舒适性等方面还需要进一步研究。

表 3.10　国内部分城市三网融合实践特点

城市	三网融合实践特点
成都	依托滨河绿地、干道两侧绿带、环城生态区绿地打造自行车专用道;打通节点,保证慢行道路连续畅通;重要节点处机动车道与非机动车道之间设置物理隔离设施,保障路权;设置多级配套驿站
上海	机动车道与非机动车道之间以绿篱、花箱分隔,骑行道中间以标线分隔;绿道、滨水空间内慢行道出入口与城市慢行道路相接,方便慢行交通进出
杭州	绿道、滨水空间慢行系统内考虑人车分流,在有高差处设置坡道;增设公共自行车服务点与自行车停放点

3.4.2　慢行交通系统三网融合发展策略

1. 融合对象

城市道路慢行交通系统包括步行交通和非机动车交通,其与绿道、滨水空间在功能定位、服务对象、技术标准、法律法规和管理主体等方面都存在较大差异,如表 3.11 所示。因此,要推进三网融合,必须充分考虑相互之间的异同,科学确定融入对象,合理制定融合策略,并做好系统间协同设计。

表 3.11　城市道路慢行交通与绿道、滨水空间对比分析

项目	城市道路慢行交通	绿道、滨水空间
功能定位	交通出行为主	休闲、健身及游憩为主
服务对象	行人、非机动车(包括自行车、电动自行车、三轮车、残疾人机动轮椅车、快递车等)	行人(步行、慢跑)、自行车
技术标准	(1) 要求步行和自行车交通具有独立的路权,强调安全、连续、便捷; (2) 对平面线形、道路纵断面坡度、路面宽度等要求高,非机动车道单向宽度为 2.5～3.5 m,人行道有效宽度大于 2 m,非机动车道与人行道不得共板设置,最大纵坡宜小于 2.5%	(1) 路面宽度小,综合慢行道双向宽度为 3～4 m,一般步行、慢跑、骑行道路共板设置,未进行明确的路权划分和标识指引; (2) 平纵断面技术标准低,在绿廊宽度充足的情况下,慢行道宜蜿蜒曲折,增加游览的趣味性;最大纵坡为 8%

续表

项目	城市道路慢行交通	绿道、滨水空间
法律法规	允许合规的电动自行车、三轮车、残疾人机动轮椅车驶入；驾驶自行车、三轮车必须年满 12 周岁，驾驶电动自行车和残疾人机动轮椅车必须年满 16 周岁	禁止电动车、三轮车驶入
管理主体	交通、交管部门	园林、水务部门

城市道路慢行交通系统服务于行人和各类非机动车，以交通出行功能为主，通行的非机动车组成非常复杂，包括自行车、电动自行车、三轮车、残疾人机动轮椅车、快递车等，目前电动自行车比例较高。而绿道、滨水空间则主要满足休闲、游憩、健身等需求，例如根据《北京市绿道管理办法》，绿道内只允许行人和自行车通行，禁止电动车、三轮车等驶入。在技术标准方面，绿道在路权划分、路面宽度、平纵线形指标等方面均比城市道路要低，要求优先满足行人的需求。综上，应优先考虑城市道路步行系统融入绿道及滨水空间。城市道路自行车系统应根据绿道、滨水空间的实际状况有条件地融入，具体建议如表 3.12所示。为了保证安全，建议禁止电动自行车、三轮车、快递车等进入绿道及滨水空间。

表 3.12　城市道路自行车系统与绿道、滨水空间融合建议

绿道分类	功能	融合建议
独立路权	绿道的自行车道和步道分开设置，路权相互独立	要进
明确路权	绿道的自行车道和步道合并设置，但路权明确，通过地面标线的形式分隔，或采用不同材质或色彩进行区分	可进
人车混行	采用综合慢行道，行人和自行车混行，路权不明确	不进

2. 融合策略

城市道路自行车道按其在路网中的地位、功能及服务交通量可分为自行车廊道、自行车通道、自行车休闲道三类，如表 3.13 所示。自行车交通量较大的自行车廊道和自行车通道，主要承担着通勤、通学等出行功能，建议重点做好与绿道、滨水空间的互连互通、有机衔接，有效分流城市道路超负荷的步行和自行车交通量，缓解交通压力，满足市民的多样性出行需求。自行车交通量较小的自行车休闲道，可结合道路沿线用地情况，考虑与绿道、滨水空间进行功能整合，共用空间、共享路权，依托城市绿地和滨水空间的优美环境，提升慢行交通的舒适性和吸引力，节约城市公共空间。

表 3.13　城市道路自行车道分类

分级	功能	自行车交通量/(veh/h)
自行车廊道	以通行为主要功能	＞1500
自行车通道	集散联系功能	750～1500
自行车休闲道	连接绿道,兼顾市民休闲、健身	＜750

3.4.3　慢行交通系统三网融合存在的问题

（1）相互独立,系统性差。城市道路、绿道及滨水空间分别由各自的行业主管部门负责组织规划、设计和实施,由于缺少统筹和协调,三网之间相互独立、自成系统。绿道、滨水空间与城市道路之间缺乏有效的连通和融合,交通可达性差,阻碍了慢行交通系统连线成网,难以形成慢行交通的便捷路径。

（2）衔接不畅,连续性差。城市道路与绿道、滨水空间的衔接处精细化设计不足,无障碍坡道等不完善,通行不顺畅。绿道、滨水空间经常被水闸、桥梁等构筑物阻断,慢行交通系统连续性差,难以形成区域微循环。

（3）安全性有待提升。以北京市为例,北京市已建成绿道大部分为综合慢行道,宽度为 2～4 m,以步行功能为主,对步行和自行车交通并未进行明确的路权划分和标识引导,人车混行,容易出现事故。另外,部分滨水绿道邻河岸一侧或与城市道路、桥梁衔接处缺少护栏等安全设施,存在安全隐患。

（4）附属设施不完善。在城市道路与绿道、滨水空间衔接处缺乏必要的引导标识,未能对绿道的行进路径进行指引,降低了绿道系统的使用效率。绿道、滨水空间在设计时主要考虑休闲、游憩及健身等功能,配套的附属设施不完善,如缺少自行车停放区、桥下空间缺少道路照明等。

3.4.4　慢行交通融合发展设计要点

针对城市慢行交通系统三网融合存在的问题,从互联互通、有机衔接和共用空间、共享路权两方面提出合理化建议。重点聚焦三网融合在系统协同设计、安全改善设计和小微服务设计等方面的不足,旨在提升慢行交通系统的连续性、安全性、便捷性和舒适性。

1. 互联互通、有机衔接设计

（1）系统协同设计。

① 城市道路与绿道系统出入口衔接要求。根据表 3.14 对行人步行敏感性的研究结果,结合现场实地调查后发现,为了保证行人到达的便捷性,城市道路与绿道的步行交通

衔接间距应不大于 300 m，宜小于 100 m；自行车交通衔接间距不应大于 500 m，宜小于 250 m；在交通需求较大的居住区、商业区或景观节点附近衔接间距再酌情缩短。

表 3.14　行人步行敏感性评价表

路径距离/m	时间/min	可达状态	评价等级
0～300	<5	舒适可达	很好
301～600	5～10	易于到达	好
601～900	10～15	一般可达	较好
901～1200	15～20	可以到达	一般
1201～1500	20～25	勉强到达	较差
>1500	>25	难以到达	差

② 城市道路与绿道系统相交节点处设计。城市快速路、主干路与绿道相交时，宜优先采用立体交叉形式，包括人行天桥、地下通道和桥下栈桥等，保证慢行交通的安全性和连续性。城市次干路及支路与绿道平面相交，当绿道出入口至已有过街设施距离不大于100 m 时，可采用绕行至已有过街设施的方式；当绿道出入口至已有过街设施距离大于100 m 时，宜采用平面交叉形式，并通过设置人行横道线、警告标志或采取交通稳静化措施，确保使用者安全通行。

③ 保证慢行交通系统连续性的设计。应采取措施消除断点，提升慢行交通系统的连续性。滨水绿道与道路、桥梁交叉时，宜采用桥下沟通的方式，保证沿河绿道的连续性，桥下绿道净空宜不小于 2.2 m。当河道阻隔两岸城市慢行系统时，应根据出行需求和绕行距离选择合适位置设置跨河桥，宜采用小体量景观桥梁，实现城市道路慢行交通系统与滨水空间及绿道的有机衔接。

（2）安全改善设计。

① 明确绿道内路权划分。为保障绿道内行人和自行车通行安全，应因地制宜地明确划分路权，结合慢行交通流量以及周边环境来设定不同的慢行交通系统。通过优化横断面设计，将步道和自行车道分开设置，使步行和自行车交通各自拥有独立路权；当现场条件受限时，可利用标线或铺装材质划分功能区，明确步行和自行车交通各自的路权。

② 完善安全防护设施。完善特殊节点处的慢行交通系统安全设施，减少交通冲突，保障公众安全。在滨水绿道邻河岸一侧或与城市道路、桥梁衔接处，应根据要求安装护栏，由于人们骑行自行车的重心高度在 1.5 m 左右，护栏高度应不小于 1.5 m。

③ 完善无障碍设施。对于残疾人、老年人、儿童等群体，无障碍设施是其出行便利的重要保证。据统计，全国无障碍出入口、无障碍扶手普及率已超 50%，但满意度在整体层

面上仍处于中等偏下的等级。为提升出行品质,保障行人安全,城市慢行交通系统与绿道衔接处有高差时,应合理设置无障碍台阶和坡道,对于三级及三级以上的台阶和坡道应在两侧设置扶手。

(3)小微服务设计。

通过提升附属设施和环境品质,打通"水、路、绿"三网衔接节点,构建安全、连续、便捷、友好、绿色的慢行交通示范区。

① 交通标识系统。在城市道路与绿道、滨水空间衔接处,应设置简单明了的指引标识,标明路径方向、到各节点的距离等信息;还应设置醒目的警示和禁令标志,禁止电动自行车、快递车、老年代步车等进入绿道系统。

② 自行车停放区。在城市道路与绿道、滨水空间衔接处,要科学合理地设置自行车停放设施,避免出现自行车乱停乱放、挤占绿道的情况;应按照"小规模、高密度"的原则,利用机非隔离带、行道树设施带和绿化设施带就近灵活设置自行车停放点,通过标志、标线的设置和地面停车架等设施引导自行车有序停放;在地面空间严重不足时,可考虑设置立体双层停车架。

③ 其他附属设施。结合公众需求,还应因地制宜设置道路照明、休息座椅、卫生间、自动售水等设施,把慢行交通体系营造得更加人性化,提升慢行交通吸引力。

2. 共用空间、共享路权设计

对于穿越公园、绿地、滨水空间的城市道路,结合慢行交通系统的功能和服务交通量,可以突破城市道路红线的界限,统筹考虑红线、绿线和蓝线空间,将步道或自行车道置于道路红线外的城市绿地中,实现空间融合共享、多道合一,打造高品质林荫道。

共用空间、共享路权的方式最好始于规划阶段,将两者作为整体进行规划,这样既能很好地实现二者协调发展,也避免未来改造时花费大量投资,如图3.3所示。

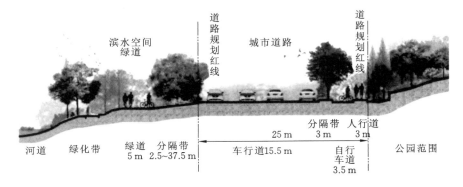

图3.3 城市道路慢行交通系统与滨水空间、绿道融合横断面示例

第4章

"双碳"目标下的
城市绿色交通规划设计

4.1 城市绿色交通规划设计

4.1.1 绿色交通概述

1. 绿色交通的定义

1994 年,克里斯·布拉德肖(Chris Bradshaw)最先提出"绿色交通体系"(green transportation hierarchy)的概念。绿色交通的理念由此引发了国际诸多关注。事实上,受国际形势和国内环境的影响,我国学者在不同时期赋予了绿色交通不同的定义,从可持续发展开始,到资源节约和保护环境思想,到响应低碳发展要求,再到党的十八大之后践行绿色发展理念,我国绿色交通的定义也在不断演变和深化,大致历经了可持续交通—"两型"(资源节约型、环境友好型)交通—低碳交通—绿色交通的发展过程。

随着可持续发展概念的提出,交通运输领域可持续发展理念初步确立。1992 年,《里约环境与发展宣言》和《21 世纪议程》确立了可持续发展的概念,并将其作为人类社会发展的共同战略。1993 年,约翰·怀特莱格(John Whitelegg)出版了《可持续未来的运输:欧洲实例》。1994 年,中国政府发布了《中国 21 世纪议程——中国 21 世纪人口、环境与发展白皮书》,提出了"在能源、交通、工业、农业、林业、水产业、健康卫生、第三产业等领域开发、引进、推广应用环境无害技术""采取综合措施控制和降低城市中工业噪声和交通噪声等""交通运输要限制和控制使用落后的交通运输工具,研制和开发耗能少、使用清洁能源的交通运输工具"等交通领域的可持续发展相关内容。可持续交通概念开始进入人们的视野。

20 世纪末以来,资源节约型和环境友好型交通的理念逐步深入人心。随着我国环境污染不断加重,资源成为我国经济可持续发展的制约因素。我国开始积极建设资源节约型和环境友好型交通,制定并颁布了《公路水路交通"十一五"发展规划》《资源节约型环境友好型公路水路交通发展政策》等文件,提出加快建设资源节约型交通行业,实现交通发展对资源的少用、用好及循环使用,坚持快速发展与可持续发展并重,与环境承载力相协调。建设资源节约型、环境友好型交通成为本时期的发展重点。

在全球应对气候变化的背景下,发展低碳交通成为焦点。随着全球气候变化成为当前人类社会可持续发展面临的重大挑战,应对气候变化的国际行动也不断深入,寻求以减碳为目的的低碳发展模式已成为全球的共识。为了积极应对气候变化,2007 年,中国颁布了《中国应对气候变化国家方案》,该方案明确了应对气候变化的指导思想、原则。

2009 年,中国在联合国气候变化峰会上作出重要承诺:中国将进一步把应对气候变化纳入经济社会发展规划,争取到 2020 年单位 GDP(gross domestic product,国内生产总值)二氧化碳排放比 2005 年有显著下降。2015 年,中国向《联合国气候变化框架公约》秘书处提交应对气候变化国家自主贡献文件,承诺二氧化碳排放 2030 年左右达到峰值并争取尽早达峰。交通运输行业也相应开始了发展低碳交通的探索。2011 年,中华人民共和国交通运输部(以下简称"交通运输部")先后印发了《建设低碳交通运输体系指导意见》《建设低碳交通运输体系试点工作方案》和《交通运输"十二五"发展规划》等文件,提出建设低碳交通运输体系的指导思想、基本原则、目标和重点任务。在此期间,中国逐步建立了以低碳为特征的交通发展模式。

党的十八大以来,绿色交通的内涵逐渐丰富。十八大报告正式提出绿色发展和生态文明建设,涵盖了优化国土空间开发格局、全面促进资源节约、加大自然生态系统和环境保护力度、加强生态文明制度建设等内容。随着生态文明建设和绿色发展的正式提出,绿色交通的内涵也变得更加丰富,绿色交通的学术研究和政策讨论成为热点。

2017 年,交通运输部先后印发了《推进交通运输生态文明建设实施方案》《交通运输部关于全面深入推进绿色交通发展的意见》等文件,明确了到 2020 年的绿色交通发展目标和优化交通运输结构、污染防治等重点任务。2021 年,交通运输部印发《绿色交通"十四五"发展规划》,其中提出的发展目标之一为到 2025 年,绿色交通推进手段进一步丰富,行业绿色发展法规制度标准体系逐步完善,科技支撑能力进一步提高,绿色交通监管能力明显提升。我国逐步迈入全地域、全领域、全方位、全民行动推进绿色交通发展的新时代。

目前,国内外对绿色交通尚未形成统一的定义,政府部门、国际组织、学者从不同侧重点提出了不同的定义。经过梳理,目前绿色交通定义的侧重点主要集中在四个方面:环境维度、资源维度、生态维度和功能维度。一个绿色交通系统应该包括以上四个维度,具体如下。

环境维度:最少的空气污染、温室气体排放和废弃物排放,最小化的噪声影响。

资源维度:最小的能源、土地、岸线等资源消耗,最大化的资源循环利用。

生态维度:对土壤资源、水资源、生物资源等的影响最小化。

功能维度:多种交通方式共存,最大化的人和货物通行能力及通行效率。

综上所述,绿色交通是在高效保障人和货物通行的基础上,减少对环境和生态系统的短期和长期影响,以最小的资源消耗,满足人民群众日益增长的优美生态环境需求的交通系统。

2. 绿色交通方式

1994 年,克里斯·布拉德肖依据不同的交通方式对生态环境的破坏程度,对不同交通方式的"绿色性"进行了排序,依次为:步行、自行车交通、公共交通、商务车与货运车辆交通、共乘车自驾。其中,步行、自行车交通和公共交通为绿色交通方式。随着时代的发展,此处把现今兴起的新能源交通也列为绿色交通方式。

（1）步行。步行是人类最原始、最简单的出行方式,也是人类最基本的活动方式。随着社会的不断发展,人们对出行的及时性、方便性和安全性等要求越来越高,城市机动车的数量越来越多,步行方式逐渐被人们忽视和抛弃。在城市交通拥堵日益严重、空气质量日益恶化的今天,人们发现步行具有灵活、零污染、强身健体等优点,因此,将步行列为绿色交通方式之一。

（2）自行车交通。自行车是一种短距离出行交通工具,在各大城市饱受交通拥堵与交通污染之苦时,自行车交通以其便捷性、灵活性、环保性受到人们的青睐,成为各国大力发展的绿色交通方式之一。

（3）公共交通。公共交通具有其他交通方式所没有的独特优势。首先,公共交通承载量大。城市内部人群密集,客流量大,城市公交、地铁等公共交通工具容量大,能够运送更多的人流;其次,公共交通有固定的行驶路线且发班频次高,能够很好地满足城市居民在工作、生活、学习方面的出行需求;最后,城市公交多以天然气及电力为能源,城市轨道交通(包括地铁、轻轨、磁悬浮列车等)多采用高效低排放的内燃机车和近乎零排放的电力机车,二者远比私家汽车环保。

（4）新能源交通。随着科学技术的发展、国家政策的引导和市民绿色旅游意识的觉醒,未来的汽车必将走上清洁能源的道路。目前,有三种新能源汽车,即纯电动汽车、插电式混合动力汽车和燃料电池汽车。它们基本上都由电力驱动,污染物排放量低,属于绿色交通工具。

3. 绿色交通与普通交通的区别及其特点

（1）绿色交通与普通交通的区别。

绿色交通作为一种全新的发展理念和当前交通运输业的主流发展方向,与我们所知道的普通交通运输有着很大的不同。首先,城市普通交通方式远比城市绿色交通方式广泛。虽然前面将城市的绿色出行方式分为步行、自行车交通、公共交通和新能源交通,但能够满足城市居民出行需求的各种交通工具都可以纳入城市的一般交通工具。其次,绿色交通具有发展重点,一般交通工具则不具备。绿色交通提倡采用步行、骑自行车、乘坐城市公共交通和驾驶新能源汽车等低能耗、低污染的交通方式。而普通交通的发展是相当随意的,城市居民对交通方式的选择主要取决于自己的意愿和偏好。绿色交通与普通交通的比较详见表 4.1。

表 4.1 绿色交通与普通交通的比较

发展方式	出行方式	发展模式	使用能源	能源消耗	排污数量	发展理念
普通交通	出行方式多样化,公民对出行方式的选择具有随意性	粗放式发展模式	以石油为主	多	多	满足出行者的需求,推动经济发展
绿色交通	公民对出行方式的选择以节能、环保为出发点之一	集约式发展模式	多采用清洁型能源,如天然气、乙醇燃料、混合燃料、电能、太阳能	要远远小于普通交通的能耗量	要远远小于普通交通的排污量	以人为本,以环境为本,实现交通、环境、经济三者的协调发展

（2）绿色交通的特点。

结合绿色交通与普通交通的区别,现将绿色交通的特点总结如下。

① 低能耗、低污染。绿色交通的主要理念是鼓励人们在日常出行中走向绿色,让出行变得更加环保。步行和骑自行车都是由人力驱动的,因此它们几乎不消耗能源,并且没有污染;公共交通工具,如城市公共汽车,主要使用天然气;地铁和轻轨使用高效率、低排放的柴油机车和接近零排放的电力机车,对环境的影响很小。此外,公共交通单位运载的乘客数量大,人均能耗很低,这自然属于低能耗运输方式。开发和使用新能源汽车的出发点是降低能耗和环境污染。随着绿色交通理念和可持续发展战略的提出,交通必须具备低能耗、低污染的特点。总之,绿色交通方式具有低能耗、低污染的特点。

② 高效、舒适。现代社会是一个信息、人员快速流动的社会,人们日常出行不只是简单地要求交通工具移动使自己能够到达某个地方,而是要求能够及时地和舒适地到达目的地。高效、舒适是城市绿色交通的重要特点。绿色交通的出现,不仅能够解决交通发展对生态环境和人们日常生活所带来的问题,其在道路规划设计与完善、公共交通治理改善、鼓励公民以自行车和公交方式出行、使用清洁能源和新能源汽车方面的要求,对解决城市交通拥堵问题也有一定的成效,能够很好地缓解当前各大城市居民"出行难"的问题,提高城市交通的通达性,满足居民对出行时效性的要求。治理和改善后的公共交通,也能更好地满足人们随着生活条件的提升对出行质量提出的更高要求。

③ 以人为本,实现共赢。绿色交通旨在减少污染和保护环境,但它并不意味着限制

人们的出行自由,降低出行质量,使人们不能自由选择自己最满意的出行方式。相反,绿色交通的出现不仅是为了实现交通、环境和经济的协调发展,而且是为了使人们更好地出行。首先,在发展绿色交通的过程中,公共交通的治理和改善是以人为本和以乘客为中心的,能够更好地满足人们对出行质量的要求;其次,在发展绿色交通的过程中,政府对绿色交通的推动和引导,能够使公民认识到发展绿色交通不仅有利于环境,而且有利于民生,从而自愿选择绿色交通;最后,在广泛宣传和全民积极参与绿色交通建设的过程中,不仅大大提高了公民的绿色出行意识,而且使公民的素质和道德修养也迈上了一个新台阶。因此,绿色交通的出现不仅体现了以人为本的理念,而且实现了经济、环境、社会的共赢。

总而言之,绿色交通的特征是节约资源、降低污染、保证城市交通的高效率,其与仅仅满足人们出行愿望的传统交通有着质的区别。绿色交通不仅能够满足人们在量和质上日益增长的出行需求,而且在节约资源、降低污染、保证城市交通的高效率,最终实现交通运输行业与生态环境之间友好、协调发展及推动社会和谐方面有重要贡献,符合可持续发展理念。

4.1.2 城市交通发展中存在的问题

面对能源短缺、生态环境日益恶化的严峻考验,交通运输行业要取得长远发展,不能单纯依靠修路、增加交通工具等扩充运输能力的粗放式发展模式,而是要加快转变交通运输发展方式,发展绿色交通,不但要满足居民日常出行需求,而且要把节能减排摆到更加明确、突出的位置。由于我国对绿色交通的关注和研究比较晚,绿色交通方式在推行的过程中面临一些问题,主要体现在以下几个方面。

1. 步行减少

(1) 随着经济发展水平的提高,居民愿意以私人汽车代步。

随着经济的快速发展,居民拥有的财富量也在增加,人们便在衣食住行上追求更舒适的方式,私人轿车保有量随之提升。国家统计局发布的《中华人民共和国 2022 年国民经济和社会发展统计公报》显示,2022 年末全国民用汽车保有量达到 31903 万辆(包括三轮汽车和低速货车 719 万辆),比上年末增加 1752 万辆,其中私人汽车保有量 27873 万辆,增加 1627 万辆。民用轿车保有量 17740 万辆,增加 1003 万辆,其中私人轿车保有量 16685 万辆,增加 954 万辆。但根据由清华大学互联网产业研究院编制的《城市零碳交通白皮书 2022》可知(见表 4.2),私家车的单位二氧化碳排放量约为普通公交的 7 倍,约为轨道交通的 18.7 倍;私家车的单位氮氧化碳排放量约为普通公交的 4.4 倍,约为轨道交通的 42.6 倍。因此,人们应尽量选择乘坐公交车、地铁等公共交通工具出行,减少私家车的使用。

表 4.2 城市主要交通出行方式的能耗和污染物排放测算

污染物排放	私家车	出租车	摩托车	普通公交	快速公交	轨道交通
二氧化碳/(吨/百万人千米)	140.2	116.9	62	19.8	4.7	7.5
氮氧化碳/(千克/百万人千米)	746	662	90	168.4	42	17.5
油耗/(吨/百万人千米)	49.2	41	21.8	6.9	1.6	2.6

（2）现代人生活节奏快，步行不能满足其对时效性的需求。

现在人们的生活节奏明显加快，这在繁忙的大城市表现得更为突出。人们凡事都讲求高效率，不愿意在路上浪费大量的时间，因此更愿意选择私人汽车这种快速、灵活的交通工具出行。

（3）由于城市的分区布局，生活区与工作区距离太远。

当前我国各大城市均形成了各具特色的产业区。以西安市为例，从《西安市城市总体规划（2008 年—2020 年）》来看，在发展中，西安市各城区逐渐形成自己的优势产业特色，即"老城"以人文旅游、文化服务、商业零售业为主；东南和东北部重点发展物流、旅游、文化等产业；高新技术产业集中在西南部；北部为国际港务区，重点发展出口加工、现代制造业。虽然这种功能分明的城市布局在促进经济发展方面发挥着巨大的作用，但是这种区域化极度明显的发展模式，极易造成城市各区域功能单一，不便于城市居民生活、工作一体化，导致城市内部出现大量的较长距离的出行需求，而较长距离的出行难以依靠步行这种低速的交通方式。

2. 自行车使用率低

（1）城市非机动车道规划不足。

城市在对市内道路进行规划时不但要规划好公交车道，还要预留非机动车专用道，而我国大多数城市都没有非机动车专用道。自行车挤占机动车道会有安全风险，自行车交通与步行交通混行，会难以前行。在有非机动车道的城市，部分车主规则意识淡薄，再加上缺乏有效管制，导致各种车辆行驶出现无序随意现象，这会让出行者放弃自行车出行。

（2）自行车停车设施不足。

在住宅小区、工作单位、商业场所，如果没有自行车停放点和管理设施，自行车会有丢失风险，改用折叠式自行车又比较麻烦，这是大部分自行车出行者面临的难题。此外，共享单车的出现和发展，在给人们的生活带来便利的同时，也引发了新的问题。随意乱停乱放不仅严重影响车辆的使用,而且造成城市管理秩序混乱。对此,应加快落实共享单车停车点的规划设计,平衡共享单车与停车点之间的供需关系,进行科学合理的停车点布局规划,为用户提供方便。

(3)部分人有攀比心理,认为骑自行车出行会降低其身份。

经济社会的繁荣发展带给人们的一个重要改变是衣食住行不但要满足其基本需要,更要体现其身份和地位。因此,在人们生活水平不断提高,拥有越来越优越的生活条件时,由于攀比心理作祟,部分人希望通过高标准的交通工具来体现其与众不同的身份和地位,其认为自行车是一种比较落后、难以体现其身份的交通工具。而且,过去很长一段时间城市交通管理者认为自行车的过多存在会影响市容市貌。现在,由于环境问题日益严重,自行车交通再次受到重视,但是长期以来部分人对自行车形成的偏见却难以彻底扭转。

3. 城市公交难以满足公众对出行质量的需求

(1)公交车状况差,难以满足出行者对乘车环境的高要求。

公交经营企业为了维持正常运营,理应得到政府的财政补贴。但是有些地方政府对城市公交补贴不足,造成了城市公交车破旧、服务水平低,从而打击了城市居民乘坐公交出行的积极性和热情。

(2)城市公交难以满足出行者对通达性的需求。

公交车无法在通达性上满足出行者需求。究其原因,主要有以下三个方面。

第一,公交线路不完善,城市公交车的站点、线路没有做到各类地点的完全覆盖,部分出行者不能很便利地到达目的地。

第二,没有根据每个区域人口的密度、居民的出行特点来决定线路上运营的公交车数量。一些城市的某些人口集中区,公交车的线路和数量与区域内的人口没有做到合理匹配。以西安市为例,市内的公交线路和公交车大多集中在钟楼、小寨等商业圈和火车站、汽车站附近,高新技术产业开发区作为西安市的工业园区,是公司集中、写字楼林立的地方,曲江新区(生活园区)、南郊大学城(高校集中区)也是人口集中区,出行需求比较大,但是这些区域内的公交线路和公交车数量偏少,经常出现"乘车难"现象。

第三,公交车之间,以及公交车和其他交通工具之间没有做到有效换乘和无缝衔接,造成出行者中途换乘困难。

(3)公交车运行速度慢,无法满足人们对时效性的需求。

其原因归结起来,主要有以下两方面:第一,站点的设置不合理,存在绕远路问题;第二,有的城市没有公交车专行道,或者专行道只是摆设,各种交通工具出现无序乱行现象,使公交车在拥挤不堪的城市道路上难以前行。

（4）出行者获取公交信息不畅。

现代社会生活节奏加快，出行者不愿意在路上消耗过多时间。路上消耗过多的时间一方面是交通工具本身所造成的，另一方面是出行者未掌握交通工具的运行信息而计划失误所造成的。出行者对公交车信息的获取一般通过公交车站牌，获取的内容只局限于公交车运营的线路、公交车的始末发车时间，这会让乘客"盲目"等待，造成时间浪费、出行不便、计划受阻等问题。不过，目前随着一些出行软件、微信小程序等的推出，这种情况已有所改观。

4. 地铁发展不均衡

地铁出行能节省出行者时间、缓解路面的拥堵。作为一种绿色交通方式，地铁在建成后，由于其高效性、便捷性会吸引很多出行者放弃自驾车出行，对改善环境有很大的贡献。从一个城市的整体发展来看，地铁的建成会提升沿线的地价，刺激周边经济的发展。

这些方面的作用都属于地铁的正外部效用，但是这种正外部效用不能转化为地铁投资者的收益。地铁这种公共物品前期投资巨大，无法回收成本，建成后实行的低票价策略又很难维持地铁经营企业的正常经营。因此，地铁的投资主体只能是作为公共服务机构的政府，但是由于政府财力有限，我国的地铁发展中主要存在着以下两方面问题。

（1）地铁在地域之间分布不均衡。从总体来看，地铁在全国分布不均衡，多分布在省会城市、经济发达城市、东部城市，一些内陆、经济发展水平一般或者人口数量大、有地铁需求的城市的居民无法享受到地铁带来的便利。

（2）地铁线路在城市内未形成网络。我国有些城市的地铁营运线路数量远远不够，基本上只覆盖了城市的主干路，营运线路未形成网络，这导致出行者在出行的过程中只能在部分区域乘坐地铁，中途需要换乘其他交通工具，出行不便。

4.1.3 城市绿色交通发展的目标与对策建议

1. 我国城市绿色交通发展的目标

（1）我国城市绿色交通发展的总体目标。

《交通运输"十二五"发展规划》提出必须树立绿色、低碳发展理念，构建绿色交通运输体系，实现交通运输发展与资源环境的和谐统一。《绿色交通"十四五"发展规划》提出，到 2025 年，交通运输领域绿色低碳生产方式初步形成，基本实现基础设施环境友好、运输装备清洁低碳、运输组织集约高效，重点领域取得突破性进展，绿色发展水平总体适应交通强国建设阶段性要求这一发展目标。

因此,在未来一段时间内,我国城市绿色交通要以节能减排、降低能耗为基本理念,以科技创新和管理创新为重要手段,以更好地满足城市居民出行需求为出发点,逐步形成智能交通信息系统在各种城市交通系统中广泛应用,轨道交通在我国主要城市形成网络,并逐步向更多的城市蔓延,城市公交线网密度进一步提升,站点覆盖率进一步增大,自行车重新走入公众视野,成为重要的代步工具,各种低碳环保的出行方式相互衔接,共同致力于满足城市居民出行需求的城市交通模式。

总而言之,城市绿色交通发展的总体目标是,在城市逐步形成轨道交通和城市公交车代替私人汽车,步行和自行车成为居民出行重要选择的低碳、环保、健康、高效的出行模式,以可持续发展的绿色交通发展模式来满足城市居民越来越多的高质量出行需求。

(2)我国城市绿色交通发展的具体目标。

① 步行解决"最后一公里"。

无论科技如何进步、交通工具如何普及,步行作为一种最基本的出行方式都不可能完全被代替。但是现阶段,随着人们经济条件越来越好,居民变得更加依赖交通工具。人们平时懒于以步行这种最基本的运动方式强身健体,出于身体健康的考虑又在健身房、运动场花时间、金钱。在发展绿色交通的现阶段,我们不仅提倡以多步行的方式来减少城市环境污染,而且倡导一种绿色、健康的生活方式和理念。因此,城市"最后一公里"靠步行来解决成为绿色交通发展的目标。

② 自行车交通成为短距离出行的最佳方式。

自行车作为一种大众熟知的交通工具,因其具有灵活、便捷、经济的优势为一部分出行者所喜爱。另外,在机动车对环境造成高污染的现阶段,自行车交通因为其无污染的特点,又被列为绿色交通方式。因此,在未来绿色交通发展的过程中,一方面,应大力提倡自行车交通,使其成为城市居民短距离出行的最佳选择;另一方面,随着共享单车的发展以及自行车租赁点在公交站点的普及,可以将自行车作为各种交通工具之间的衔接工具,以此实现"无缝换乘",解决交通工具之间的衔接不畅问题。

③ 城市公交在服务质量上得以提升。

在城市公共交通发展方面,应实施公共交通优先发展战略,大力发展城市公共交通系统,建立健全多层次、差别化的公共交通服务网络,形成便捷、高效、智能、环保的城市公交体系,以满足我国城市居民对高质量公交服务的需求。加快建立以《城市公共交通条例》为龙头,以配套规章为基础,以地方性法规、规章为补充的法规体系,将优先发展公共交通纳入规范化、法治化轨道。建立完善的城市公共交通定价、调价机制。

扶持公交企业发展,规范城市公交服务标准,建立政府购买公交公共服务制度。以上多方面的努力是为了确保我国城市公交的服务质量得到提升,吸引更多的出行者选择城市公交。

④ 轨道交通进一步发展。

我国应该充分发挥轨道交通和快速公交(bus rapid transit,BRT)在城市交通系统中的骨干作用。总人口在 300 万人以上的城市加快建设以轨道交通和快速公交为骨干、以城市公共汽(电)车为主体的公共交通服务网络;总人口在 100 万~300 万人的城市加快建设以公共汽(电)车为主体、轨道交通和快速公交适度发展的公共交通服务网络。参照我国现阶段城市轨道交通只存在于经济发达城市或者省会城市的发展现状,未来一段时期我国要加大轨道交通的建设力度,在提升特大城市、一线大城市轨道交通的线网密度、服务水平的同时,逐步使轨道交通向人口达到一定规模的、有轨道交通需求的城市普及。

⑤ 新能源汽车逐渐普及。

在推广新能源汽车方面,应通过节能与新能源车辆示范推广工程来促进混合动力、纯电动、天然气车辆等新能源和清洁燃料车辆在公共汽车和出租车领域的示范推广应用,并在城际客货运输和城市物流配送车辆中试点推广新能源和天然气车辆。《新能源汽车产业发展规划(2021—2035 年)》中指出了新能源汽车的发展愿景。一方面,到 2025 年,我国新能源汽车市场竞争力明显增强,动力电池、驱动电机、车用操作系统等关键技术取得重大突破,安全水平全面提升。纯电动乘用车新车平均电耗降至 0.12 kW·h/km,新能源汽车新车销售量达到汽车新车销售总量的 20% 左右,高度自动驾驶汽车实现限定区域和特定场景商业化应用,充换电服务便利性显著提高。另一方面,力争经过 15 年的持续努力,我国新能源汽车核心技术达到国际先进水平,质量品牌具备较强国际竞争力。纯电动汽车成为新销售车辆的主流,公共领域用车全面电动化,燃料电池汽车实现商业化应用,高度自动驾驶汽车实现规模化应用,充换电服务网络便捷高效,氢燃料供给体系建设稳步推进,有效促进节能减排水平和社会运行效率的提升。

发展到目前,我国在新能源汽车的应用方面已经卓有成效,私人新能源汽车的应用也越来越多。但是如前所述,我国在发展新能源汽车方面还存在很多阻碍因素。因此,未来一段时间内,我国新能源汽车发展的重点是通过新能源汽车科技水平的革新,提高其市场竞争力,以此吸引更多私人消费者购买,从而压缩高能耗、高污染的普通燃料汽车在汽车保有量中的比例。

2. 我国城市绿色交通发展的对策建议

(1)增加居民步行量的对策建议。

① 培养居民步行习惯。一方面,在小区、学校、单位定期举行一些步行的活动,通过

把活动设计得有趣味性,鼓励更多的居民参与其中,让居民在活动中重燃步行热情,慢慢培养居民步行的习惯,甚至酝酿出一些步行文化;另一方面,可以通过车载广告、小区板报、电视、互联网等多种方式宣传步行对身体的益处,让人们对步行有全新的认识,并出于自身身体健康的考虑自觉地选择步行。

② 在大城市倡导一种"慢"节奏生活方式。在城市中,由于工作和生活空间的分区,大多数居民上下班路途遥远,节省时间是居民选择交通工具来代步的重要原因。因此,可以采取推迟上下班时间,引导人们错峰出行,在城市倡导一种"慢"节奏生活方式的办法,这不仅能缓解城市居民的工作压力,而且能把居民的出行方式向步行方向引导。

③ 发展"紧凑型"城市。"紧凑型"城市理论强调的是城市土地的综合高效利用和生态环境的深度保护,主张通过高密度开发模式、综合利用土地、优先发展城市公共交通有效缓解城市不断向郊区蔓延的问题,缩短人们工作、生活的出行距离。高密度开发模式能够缩短人们的日常出行距离,减少城市交通需求。对城市采用高密度开发模式,要求政府在对城市进行功能划分时把城区分为几个片区,并在每个片区中都建造工作、学习、生活、娱乐、购物场所,使这些功能不同的场所聚集在一起,缩短它们之间的距离,尽可能在最小的区域范围内满足人们的日常工作、生活需求。比如,人们可以在自己工作的大楼对面去购物或者在自己家附近上班,这能从根本上缩短人们的出行距离。一旦出行距离变短,人们自然会倾向于选择步行。

(2)提升自行车出行率的对策建议。

① 重视非机动车道规划。一方面,城市在对市内道路进行规划时要留足非机动车道,重视对高质量自行车专用道的建设;另一方面,要维护好交通秩序。严格限制各种车辆在指定的车道行驶,对越道行为进行严厉的处罚;行人更要树立遵守交通秩序的意识,走步行道、按照交通指示灯行走,不得对车辆的行驶造成干扰。

② 保障自行车停车安全和便利。一方面,住宅小区、工作单位、商业场所不但要配备相应的机动车停车点,而且应该留有自行车停放点并配备管理人员及设施,还可以利用高科技手段建立自行车安全系统,保证自行车的安全;另一方面,可以建立公共租赁自行车系统和网络,公共租赁自行车系统和网络如果完全建立起来,在每个公交站点都会有租赁点,方便出行者租赁和停放,并且其采用的智能租赁系统可解决自行车丢失问题。

③ 提升自行车交通的吸引力。为了让更多的出行者青睐自行车交通,必须提升自行车交通的吸引力。首先,为了满足部分出行者的多种需求,可以在自行车的样式、外观上多下功夫,设计出各种样式新颖、美观的高质量自行车,以此来吸引更多人选择自行车交

通；其次，从提高公民对自行车交通的认识入手，在全社会引领一种骑自行车潮流，让居民认识到自行车交通在现阶段是一种时尚、潮流、健康、休闲的出行方式；最后，赋予自行车交通公益性内涵，让公民意识到选择自行车交通，是在为现阶段减少雾霾、提升环境质量做贡献，是一种有高尚动机的行为，从而鼓励更多的居民选择自行车交通。

（3）建立高质量公交系统的对策建议。

① 提升公交车质量，营造舒适的乘车环境。

现代社会，越来越多的出行者倾向于购买私人汽车，不光是青睐于私人汽车的便利性，更是享受私人汽车舒适的乘车环境。因此，为了吸引更多的出行者选择城市公交，提升公交车的质量十分重要。要提高公交车质量，一方面，政府应该加大对城市公交车辆的投资和补贴。按照《国务院关于城市优先发展公共交通的指导意见》（国发〔2012〕64号）的要求，首先，城市人民政府要将公交发展资金纳入公共财政体系，重点增加对车辆设备购置和更新的投入。城市公交具有社会公益性，它为社会公众提供的是一种公益性服务，其票价应该偏低，特别是针对老人、儿童等弱势群体应给予进一步的优惠，这种低票价的经营模式已经给城市公交经营企业带来了一定的负担，如果政府不加大投资力度，其公交车质量的提升更难以实现。其次，各地区城市政府应该对城市公共交通企业新购置的公共汽（电）车的车辆购置税进行免征，给予公交经营企业在更新公交车辆方面足够的优惠支持。另一方面，应拓宽城市公交投融资渠道。由于各个地区经济发展水平不同，城市政府财力也就存在差异。财力基础比较薄弱的地区，政府除在自身能力范围之内对城市公交进行补贴外，还应该努力拓展城市公交发展资金的来源，鼓励民间资本参与城市公交系统投资，这样不仅能满足居民的出行需求，弥补公交经营企业在公交线路上的不足和遗漏，还能在城市公交行业形成竞争环境，即公交经营者为了吸引出行者，争相提升公交车质量。

② 提升公交运行的通达性、时效性。

在提升公交车通达性方面：首先，城市政府要按照城市公共交通发展规划和城区人口的分布、流动特点来完善公交线路。公交站点的设置要覆盖城市所有大小区域，不但要形成以市中心、车站、商业圈为中心的放射状公交线路网，还要照顾到住宅小区密集区、工厂公司集中地、高校集中的大学城等。其次，根据城市居民出行的特点来合理调动线路上的公交车辆，可以把有限的公交资源的效用发挥到最大。例如，在节假日，增加线路上的公交车数量；周末，增加大学城、商业圈线路上的公交车数量；上下班高峰时段，增加住宅小区密集区和工厂公司集中地之间公交线路上的公交数量；在智能公交系统建立起来之后，根据监测到的出行情况随时调配公交线路上的公交车辆。最后，确保公交和其他交通方式的有效衔接。政府应该高度重视交通换乘枢纽的建设，在符合条件的地区建立换乘枢纽,实现城市公交车之间、公交车与快速公交之间、轨道交通(地铁、轻轨)之间的快捷、有效换乘,实现城市交通与铁路运输、公路运输、民航运输等对外运输方式之间的有效衔接。

在满足乘客对公交车的时效性需求方面:首先,站点的设置要把节省时间作为一项目标,在将出行者送达目的地的同时尽可能地不绕远路,开辟一些直达线路,为出行者提供便利。其次,保障公共交通道路优先权,保证公交运行畅通无阻,为出行者减少路上拥堵造成的时间损耗。政府在对城市交通路面进行规划时,应该设置相应的公交专用行驶道路,增加公共交通优先车道,逐步形成公共交通优先通行网络,并加强对公共交通优先车道的监控和管理,可以规定公交车有优先行驶、转弯权,在拥堵区域和路段严禁占道停车,加大对占用公交车道行为的执法力度,确保公交运行过程中不会出现拥堵问题。

③发展智能公交系统,实现公交信息的全方位公布。

政府要积极利用新兴技术来改造传统的公交系统,建设智能公交系统平台,构建一体化电子服务设施,包括公共交通线路运行显示系统、多媒体综合查询系统、乘客服务信息系统等。

(4)促进轨道交通发展的对策建议。

轨道交通与城市的空间发展规划协调一致,支撑重点片区的发展,连接重要核心交通枢纽和商业中心,服务早晚潮汐通勤客流,实现便利的出行和换乘,实现城市轨道交通线网之间的协调,统筹考虑确定不同线路的车辆选型、制式、标准和联络线,实现资源的最大化利用,提高网络化互联互通运营的能力。

促进城市群之间的协调互通发展,按照《国家综合立体交通网规划纲要》的要求,推动城市内外交通有效衔接,推动干线铁路、城际铁路、市域(郊)铁路融合建设,并做好与城轨的衔接,构建运营管理和服务"一张网",实现设施互联、票制互通、安检互认、信息共享、支付兼容。

统筹考虑线路周边城市更新和资源要素保障的协调统一。建轨道交通就是建城市,在规划阶段就要系统性地统筹考虑线路周边城市更新的需求,协调土地、管线、道路等资源要素,实现城市轨道交通便捷出行和城市更新升级的协调发展。

(5)普及新能源汽车的对策建议。

① 加大推广力度,稳定鼓励政策。

在新能源汽车逐渐兴起的趋势下,国家应该稳定免购置税、不受限行限制、财政补贴这些优惠政策,以保证其在鼓励及引导消费者方面收到更好的效果。

改变补贴对象。把补贴资金直接交付给消费者而不是车企,这是能把补贴的刺激消费作用发挥到最大的最好方式。

② 丰富新能源汽车车型,控制生产成本。

在车型方面:一方面要依赖高新科技,研发出更多的车型;另一方面,应该打破地方保护主义的坚冰。国家应该采取强制措施,规定地方政府不得在国家补贴车型目录后再设置地方"小目录"。推广新能源汽车旨在降低对石油这种稀缺性资源的依赖,并通过电能、氢能等清洁能源来提高大气质量和治理环境。如果地方没有站在这个高度,只盲目地执行地方保护主义政策,把一部分车型排除在地方补贴的范围外,那么就会造成消费者选择单一,阻碍新能源汽车的进一步推广。

一般动力电池占新能源汽车总成本的比重达到 $30\%\sim50\%$。昂贵的电池使得市场上的电动汽车价格居高不下,而政府以政策优惠的方式推广新能源汽车不是长久之计,现今唯有降低电池成本,提升新能源汽车在市场上的竞争力才是推动其普及的直接方式。一方面,要革新电池生产技术,寻找新型电池材料,以达到降低电池生产成本的目的;另一方面,在电池生产方面实现规模效应,也可以降低成本。

③ 提升新能源汽车相关技术,减少安全隐患。

在技术方面:一方面要加大科研力度,通过科研机构、高校、车企的共同努力和引进国外先进技术的方式,对新能源汽车储能系统、驱动系统、整车控制和信息系统,充电加注、燃料电池、试验检测,尤其是电池的能量密度、续航能力提升等方面的关键技术,以及整车集成技术进行攻关;另一方面,多举行推广新能源汽车的活动,通过试驾、租赁的方式让汽车的潜在消费者体验新能源汽车污染少、噪声小、能源利用率高等优点,从而偏向于购买新能源汽车。

在安全性方面:一方面,要重视新能源汽车在使用电池的过程中可能出现的安全隐患,并通过相关技术控制安全隐患,避免人员伤亡;另一方面,通过宣传、知识普及让消费者对新能源汽车可能存在的安全隐患有客观正确的认识,减少公众对被盲目夸大的新能源汽车危险性的惧怕心理。

④ 加强新能源汽车配套基础设施建设。

首先,应加大充电桩建设的投资,在数量上满足目前新能源车辆的充电需求,并在对未来一段时间内新能源汽车发展趋势预测的基础上,保证充电桩的建设进度满足需求。其次,确保充电桩在空间范围的合理配置,比如在加油站、社会公共停车场、交通枢纽停车场、大型商超停车场、办公楼这些车流量集中的地方要配备适量的充电桩,但需要注意的是,一般新能源汽车充电需要比较长的时间,因此将充电桩设立在居民小区停车场中非常有必要,这样居民开车回家即可在自家停车位里充电。投资的主体可以是政府,也可以是企业和个人。再次,政府已经明文规定物业公司要积极支持新能源小客车自用充电设施的安装,要把这一规定落到实处,对于物业公司不配合的要进行信用记分并公开,必要时采取强制措施予以纠正,确保私人充电桩的顺利安装。最后,车企和充电设施生产企业要严格执行国家的统一标准,确保新能源汽车充电接口和充电桩接口的统一,为新能源汽车用户提供充电便利。

4.1.4 城市零碳交通关键基础设施

1. 电力基础设施

交通基础设施的建设是区域资源合理流动和经济交流的基础,合理有效的交通基础设施建设将促进资源和劳动力的高效配置,形成以交通运输业带动产业发展的良性循环。以电动汽车为代表的新能源汽车解决了燃油燃烧排放尾气的问题,减少了碳排放和空气污染,支持电动汽车尤其是纯电动汽车的发展,推动燃油车与电动汽车的代际更迭是建设零碳交通、推进"双碳"目标实现的必然选择。在未来城市零碳交通的关键基础设施建设中,尤为重要的一点便是建设与电动汽车相适应的配套设施设备。

与燃油车需要加油站类似,电动汽车需求的快速增长催生了电力能源补给基础设施的需求。然而目前配套电力基础设施建设存在明显的地区差异,需要结合城市实际情况进行规划,并适度超前建设,整个行业仍有较大的成长空间。总体来看,未来电力基础设施的建设将从供、储、充(换)三个方向构建现代化、智能化的供电网络、储电网络和充(换)电网络,保障新能源汽车的能源补给。

(1)供电网络。

供电网络的可靠、稳定不仅对新能源汽车的使用有直接影响,而且是城市新型能源基础设施建设水平的重要衡量指标。以新能源为主体的新型电力系统是城市实现碳中和的重要支撑,低成本的绿色电力是交通系统实现零碳的基础。结合城市发展需求,围绕城市管理服务,依托地区资源禀赋,应因地制宜地开发风光氢储系统,从能源供给侧推动减碳,构建多能互补、智慧高效的能源服务体系,布局完善新能源汽车配套一体化充换电基础设施,形成多元化发展的补能方案。例如,虚拟电厂(virtual power plant,VPP)利用软件平台和通信技术,协调容量小、地理位置分散的分布式能源(distributed energy resources,DERs),使它们和传统发电厂一样参与电力市场交易并支持电网稳定运行。

虚拟电厂内部通过信息技术将发电、用电、储能等资源进行梳理聚合,与外部集控系统、管理平台配合进行协同控制、优化,实现数据分析、运行策略调整。虚拟电厂对外进行能量传输,并根据市场变化及需求进行碳市场、电力市场交易。

(2)储电网络。

中华人民共和国国家发展和改革委员会(以下简称"国家发展改革委")、国家能源局印发的《"十四五"新型储能发展实施方案》提出,到 2025 年,新型储能由商业化初期步入规模化发展阶段,具备大规模商业化应用条件;到 2030 年,新型储能全面市场化发展。

① 风光氢储一体化。

风光氢储一体化是目前最为可行的新型能量储存和转化方法之一,以氢能作为储能介质,为风电、光电的储能问题提供新解决思路,打破了能源供应系统单独发展运行的模式,为综合能源系统协调发展奠定了基础。

风光氢储一体化是通过控制器将光伏或风力发电机组的直流电源中多余的能量储存在储能装置中,再通过逆变器将其转化为交流电用于制氢。电能通过制氢设备转化为氢气,氢气被运送至用能终端或通过燃料电池并入电网。此过程将离散的不稳定的新能源电力转化为稳定的氢能,氢能作为运输介质将能源运输至用能终端,该过程中没有污染物产生。因此,风光氢储一体化是未来零碳城市综合能源供给系统的重要解决方案之一。

发展风光氢储一体化,不仅能促进可再生能源的规模化发展,而且是新能源消纳的重要途径。

② 车网互动。

2022 年 1 月印发的《国家发展改革委 国家能源局关于完善能源绿色低碳转型体制机制和政策措施的意见》(发改能源〔2022〕206 号)提出,支持用户侧储能、电动汽车充电设施、分布式发电等用户侧可调节资源,以及负荷聚合商、虚拟电厂运营商、综合能源服务商等参与电力市场交易和系统运行调节。

车网互动(vehicle to grid,V2G)技术,通过电动汽车在电网低负荷时充电,在电网高负荷时向电网放电,将电动汽车电池作为储能设备对电网进行削峰填谷,以缓解整体电网的用电压力。

有分析认为,电动汽车的电池储能可成为成本最低的、响应电网需求最快的储能模式。随着电动汽车的规模化发展,锂电池储能的价格已经从几年前的 4 元/W 下降到现在的不超过 0.5 元/W,储能的成本也从 2 元/W 下降到 0.4 元/W 以下,循环次数可以达到 3000 次。据特来电新能源有限公司在 2021 年的推算,电动汽车上的锂电池容量平均为 50 kW·h,平均续航 400 km,每天平均行驶里程 50~60 km,每天消耗电能 10~15 kW·h,即使预留 15 kW·h 电能,至少还有 20 kW·h 的电能可以参与电网储能调峰服务。截至 2023 年底,中国累计发电装机容量约 29.2 亿 kW,若 2030 年中国电动汽车达到 1 亿辆,通过充电网连接到电网的电动汽车的总电池容量将达到 50 亿 kW·h,若有 1/3 的车参与调峰,每辆车每天调峰 20 kW·h,每天的调峰总电量约 6.7 亿 kW·h,等于电网装了一个巨大的储能调节池。

（3）充（换）电网络。

① 光储充换一体化。

光储充换一体化是由光伏系统、储能系统、充（换）电系统、监控系统等组成微电网系统，其中储能系统将光伏系统的剩余电量进行存储，充（换）电站作为用能终点实现与电网的协同配合。光储充换一体化不仅实现了清洁能源的就地消纳，对于抑制光伏发电的随机性有调节作用，还能起到削峰填谷的作用，可缓解大规模电动汽车用电负荷对电网稳定性的冲击，提高电网运行的安全性和稳定性。

② 电池资产管理。

电池资产管理是基于数据将电池作为资产进行全寿命周期管理，通过"以租代购"的模式，将补能需求与电池资产管理结合，驱动电池利用率和车辆运营效率的提升。

数据是电池资产实现有效运转的基础。基于数据搭建管理平台，通过大数据、人工智能、区块链、物联网等技术，实现全业务链的数据采集、存储、分析、价值化，确保电池资产全寿命周期数据可追溯，为电池资产管理业务的运转提供可信数据保障。

2. 交通数字运营平台

交通数字运营平台架构包括 IaaS（infrastructure as a service，基础设施即服务）平台、PaaS（platform as a service，平台即服务）平台、SaaS（software as a service，软件即服务）平台和生态服务 4 层。IaaS 平台以提供云设备、区块链、通信网络为主；PaaS 平台主要发挥中台作用，包括换电业务中台、换电数据中台、换电技术中台和 DevOps［英文 development（开发）和 operations（运维）的组合，是一组过程、方法与系统的统称，用于促进开发（应用程序/软件工程）、技术运营和质量保障（quality assurance，QA）部门之间的沟通、协作与整合］；SaaS 平台是基于 AI 为生态内的各项服务提供数智化支持。

在实际应用中，整合共享交通流信息、交通事故信息等可以帮助出行者优化交通路线，减少因道路拥堵等产生的无效出行时间。同时，政府相关部门也可以依据交通大数据合理配置各项公共资源，为交通组织、警力部署等提供决策依据。

3. 车路云协同一体化系统

自动驾驶是未来汽车产业发展的重要趋势。根据国家推荐标准《汽车驾驶自动化分级》（GB/T 40429—2021），我国将自动驾驶分为 5 级，4 级和 5 级通常被认为是高级别的自动驾驶。驾驶自动化等级与划分要素的关系见表 4.3。根据《智能网联汽车技术路线图 2.0》预测，到 2025 年，我国 L2、L3 级别的自动驾驶新车市场占有率将超过 50%；到 2030 年，我国 L2、L3 级别的自动驾驶新车市场占有率将超过 70%，L4 级别的自动驾驶新车占有率将达到 20%。

表 4.3 驾驶自动化等级与划分要素的关系

分级	名称	持续的车辆横向和纵向运动控制	目标和事件探测与响应	动态驾驶任务后援	设计运行范围
0 级	应急辅助	驾驶员	驾驶员及系统	驾驶员	有限制
1 级	部分驾驶辅助	驾驶员和系统	驾驶员及系统	驾驶员	有限制
2 级	组合驾驶辅助	系统	驾驶员及系统	驾驶员	有限制
3 级	有条件自动驾驶	系统	系统	动态驾驶任务后援用户（执行接管后成为驾驶员）	有限制
4 级	高度自动驾驶	系统	系统	系统	有限制
5 级	完全自动驾驶	系统	系统	系统	无限制[a]

注：a 表示排除商业和法规因素等限制。

随着自动驾驶技术的成熟和商业化的加速,与之相配套的智慧道路基础设施布局亟待加强。车路云深度协同被认为是新一代车路协同形态,是单车智能和车路协同的有效补充。推动 V2X(vehicle to everything,车联万物)到 C-V2X(cellular-V2X,基于蜂巢式网络技术的 V2X)系统建设,即由采用先进无线通信网络、高精地图、高精定位等构成的车联网,以及路侧感知设施和智能诱导设施构成的交通控制网,实现 V(vehicle)代表的车辆与包括路、车、人在内的万物相连的动态实时信息交互,并在全时空动态交通信息采集与融合的基础上,开展车辆主动安全控制和道路协同管理,充分实现人、车、路、云的有效协同,形成安全、高效和环保的道路交通系统。

4. 零碳交通基础设施

高速公路服务区、充(换)电站、公共交通客运枢纽、货运物流园区是城市交通基础设施的关键节点。与公路相比,枢纽服务站点的边界相对明确,可以作为零碳交通领域发展重要的切入点。一方面,可通过建立可量化的碳排放管理系统,并大力推广低碳技术应用,集成低碳化施工、分布式清洁能源开发、新型储能与微电网构建、电动和氢燃料电池等先进技术促进源头减碳;另一方面,还可以通过开发站内碳汇项目,如拓展立体绿化、增强站内及周边绿化等方式吸收和抵消服务区的碳排放,此外还可以通过购买绿电、绿证等方式获得综合碳汇。

4.2 "双碳"目标下城市地面公交的发展

4.2.1 "双碳"目标下公交系统发展定位的再认识

1. 战略定位是作为城市交通碳中和的主力

在城市机动化出行方式中,按照单位距离和人均碳排放量排序从高到低依次是小汽车、出租车、商务/单位车、公共交通(轨道和地面公交)。根据交通运输行业发展统计数据,2022 年全国公共汽电车客运量为 353.37 亿人次,在城市客运交通客运总量中占比 46.8%。虽然近年来受轨道交通、新业态交通方式的影响,公交占比有下降趋势,但其在客运结构中依然处于主导地位。因此,对于有轨道交通的城市,公交与轨道交通应协同发展,共同作为城市交通碳中和的主力;对于无轨道交通的城市,公交应作为城市交通碳中和的绝对主力。

2. 核心任务是在城市交通体系中建立竞争优势

城市交通减碳的关键任务是转变交通发展模式、优化出行方式结构,引导高碳排放的私人机动化出行方式向低碳排放的公共交通或慢行交通转变,逐步形成公共交通主导型交通发展模式。而要构建公共交通主导型交通发展模式,最核心的任务是构建公交在城市交通体系中的竞争优势,通过加强清洁能源的利用和提升系统运营效率,在不断提高服务水平和出行品质的前提下,确立公交系统在城市交通体系中的优先地位,从而寻求财务效益平衡以及社会生态效益的最大化,最终实现低碳城市、零碳公交的发展目标。

4.2.2 我国地面公交系统低碳化发展面临的挑战

1. 亟待建成与地面公交系统低碳化发展相适应、相匹配的充电设施环境

截至 2023 年底,我国新能源汽车与充电桩的比例约为 2.37：1,充电设施的缺口大。对于地面公交系统而言,纯电动公交保有量大、增长快、充电需求激增,但公交场站面临着充电设施建设速度较慢、周期较长、缺口较大等问题。同时,地面公交充电时间集中,对城市电网电力的供应带来了较大压力,充电带来的负荷冲击还会影响电网电力供应质量。充电时间与城市用电高峰时段、公交场站车辆停放高峰时段产生部分重叠,公交站点高峰时段"有车无桩"、平峰时段"有桩无车"矛盾突出。此外,我国新能源汽车公用充电设施分布不均衡,城市间差异较大,而且不同充电桩的建设、运营企业的充电接口、收费模式不同,无法共享,行业壁垒普遍存在。

2. 亟待建立以低碳、脱碳为发展主线的车辆全寿命周期管理体系

目前,地面公交系统的减排效果主要体现在新能源公交车对传统燃油公交车的替代上,但若从非化石能源发电比例、电池技术能耗及使用寿命、车辆报废等更广泛的角度看,新能源公交车在实际运营中是否更节能、更低碳值得深入思考。其中,发电结构低碳化是首要挑战。火力发电是我国的主要发电方式,2023 年火力发电的装机容量占比为 47.62%,平均每度电消耗标准煤炭 0.34 kg、产生二氧化碳 0.87 kg。

电池技术效能是另外一项挑战。动力电池是新能源公交车的关键零部件之一,但目前车辆电池使用寿命一般为 8~10 年,相较于传统燃油车,新能源公交车整个寿命周期中更换电池的成本高昂。电池充电时间过长、能量密度不高等问题也导致新能源公交车的运营效率偏低。此外,新能源公交车的报废及电池处置问题需引起足够重视,特别是在我国纯电动公交车保有量庞大、占世界总量 99% 的情况下,未来全面充分回收、集中妥善处理大批量的车辆及电池将是一项重大挑战。

3. 亟待强化地面公交系统减排与城市交通减排的协同发展关系

《国家综合立体交通网规划纲要》预计,2021—2035 年,我国旅客出行量(含小汽车出行量)年均增速约为 3.2%。在交通出行活动水平持续提升的情况下,要发挥和提升地面公交系统的减排效能,就要在整个城市交通系统中构建地面公交的竞争优势。一方面,延续和深化公交优先发展战略,突出公交在引导城市土地利用布局、城市空间形态发展方面的作用。特别是在完整社区、健康街道建设过程中,需要完善、高效、清洁的地面公交服务网络作支撑。另一方面,提升城市交通结构优化的减排效益,突出公交在城市出行服务中的主体地位。构建以公交为核心的 MaaS(mobility as a service,出行即服务)智慧出行体系是大势所趋,地面公交车辆、基础场站设施、运营管理体系的智慧化改造升级也会必然到来,如何以地面公交运营效率最优化带动实现城市交通系统减排效益最大化是一项长期课题。

4.2.3 国外地面公交系统降低碳排放相关措施及经验

1. 以减排目标为先的地面公交充电设施环境建设

日本在 20 世纪 60 年代就将新能源汽车发展列为国家战略议题,并在之后的政策中持续采取财政补贴等支持措施。2010 年,日本政府制定出台《新一代汽车战略 2010》,将充电基础设施建设作为重大战略之一在全国部署推进,并实施充电设施补贴政策,其中,公共充电桩财政补贴为建设总费用的 1/2,私人充电桩财政补贴为建设总费用的 2/3。2014 年,日本丰田、日产、本田、三菱四大汽车企业联合日本政策投资银行等共同成立日本充电服务公司,对充电设施财政补贴无法普及的地方进行补贴。2015—2016年,日本快速充电设施增长2倍多,达到7000个。2018年,日本加入全球碳减排国家行列,日本经济产业省计划从2035年起,停止销售纯内燃机驱动的传统汽车,推进车辆结构向混合动力汽车、纯电动汽车转型。此后,与车辆市场调整相匹配,日本基础充电设施建设速度进一步加快,并处于世界较高水平。

2. 车辆购置补贴贯穿地面公交车辆结构转型发展全过程

欧盟成员国实施系列政府补贴政策,有力推动了地面公交系统车辆能源结构转换。德国于2018—2021年由政府投入7000万欧元对纯电动、插电式混合动力等新能源公交车辆的购置及充电设施的建设进行补贴,公交运营商购置纯电动公交车所要承担的充电设施费用、培训费用、服务费用等额外投资成本的80%都能被覆盖。法国自2020年起立法规定,允许通过安装电气设备将现有车辆改装为电动汽车,所有注册超过5年的汽油或柴油车辆均可以改装为电动汽车,每辆汽车的改装由政府提供2500欧元补贴,以此鼓励个体车辆电气化。2021年,波兰则宣布提供2.9亿欧元补贴,要求人口超过10万人的城市在2030年实现全部公交车零碳排放。

3. 持续强化地面公交在优化交通结构、促进低碳出行方面的积极作用

法国大巴黎都市区于2014年制定了《法兰西岛城市出行方案》,该方案面向2014—2020年,将构建共享、清洁、积极的公交模式作为减少车辆污染物排放、促进低碳交通出行的重要举措,主要体现在在低排放区为新能源公交提供通行便利。大巴黎都市区自2015年开始设置低排放区,建立了5个等级的车辆排放分类标准,每天8:00～20:00只有满足排放标准、取得排放许可的车辆才可进入低排放区。新能源公交通行不受限制,其中纯电动及生物燃料动力的公交张贴Crit'Air绿色许可标志(Crit'Air根据空气污染物排放水平来划分车辆的污染程度,Crit'Air标签上的编码越大,说明车辆排放的污染物排越多);天然气及混合动力的公交张贴Crit'Air紫色许可标志;柴油公交必须满足4级以上排放标准、汽油公交必须满足3级以上排放标准才可进入低排放区运营,若违反规定,则将被处以135欧元的罚款。同时,修建4万个路内、路外公共充电设施点。该方案提出到2025年地面公交车辆全面实现纯电动,或以生物气体、天然气为能源的目标。预计到2050年,大巴黎都市区公交出行分担率将提升至33%,城市交通将从高污染的私人汽车模式过渡到以公交为主的低碳交通模式。

4.2.4 我国公交系统降低碳排放的发展策略

1. 把握"新基建"重大机遇,建设完备的地面公交充电设施网络

新能源汽车充电桩是"新基建"重点领域之一,敏锐感知、充分把握"新基建"的战略风口,加快推进充电设施网络建设,将会从深层次解决地面公交充电难、建设难、盈利难、维护难的行业痛点。一方面,加强充电设施技术创新,强化数字化基因,推进传统充电设施、地面公交运营网络与人工智能、区块链、大数据等新技术的深度融合,积极探索构建从前端充电设施规划建设,到中间公交车辆充电需求调配,再到末端充电设施管理维护的智能网联平台;另一方面,加强充电运营模式创新,面向各时段公交车辆及社会车辆充电需求的细分场景,兼顾安全、效率与节能,打造公交场站、设施企业、居民社区、公益联盟等多方共建共管模式,积极推进在途车道充电、充电桩无线充电、车辆定制充电管理等技术应用,形成多类型充电设施投入、多元化充电方式、多样化盈利共享的生态模式,最大限度促进充电设施的利用率、盈利能力与充电需求、管理水平相匹配。

2. 融入城市能源互联网建设,推进新能源公交节能减耗、用电清洁

地面公交系统参与下的能源互联网能够改变现状充电桩的离线单机模式,利用 V2G 技术,将其作为智能联网设施加入电力源-网-荷-储协调控制系统,将负荷侧链接的电动公交车等所有服务充电车辆作为储能调峰设施,纳入城市电网智能调度系统,发挥用电削峰填谷作用。未来,推广 V2G 充电桩、V2G 协调控制系统应用,打造由配电网系统、充电桩设备和新能源车辆组成的能源互联网,让新能源公交系统深度参与智能电网协调调度,不仅有利于公交企业以更低的价格获取电力资源,降低运营成本,还能够实现区域层面电力网络的均衡和稳定。

3. 推进电池核心技术突破,减少新能源公交车辆全寿命周期碳排放

动力电池是新能源汽车的"心脏",其技术水平是新能源汽车行业高质量发展的关键所在。随着新能源汽车购置补贴平缓退坡,进一步降低动力电池成本、提升电池技术水平成为行业发展的当务之急,特别是需尽快提升续航里程、能量密度、循环寿命、储能潜力等核心技术性能,需尽快增强产业集中度、强化协同创新模式、加大研发投入,依托动力电池核心技术突破,塑造新能源汽车竞争优势。新能源公交车辆在经历了十多年的快速发展后,动力电池即将迎来更换和回收的高峰期,而动力电池的迭代发展将为地面公交系统带来技术红利。一方面,可以利用新的电池技术推进公交车辆性能的大幅提升,对降低整体用电能耗、提高车辆运营效率将产生明显促进作用,显著降低单位客运量的碳排放;另一方面,大量拆解回收的车辆锂电池可投入其他场景进行梯次应用,充分拓展动力电池的寿命周期,最大限度减少车辆电池污染。

4. 实现地面公交高品质发展,为减少城市交通系统碳排放提供坚实基础

地面公交系统需要适应城市"双碳"目标而不断调整优化,需以减排效益为先,寻找低碳发展与公交运营服务水平提升相融合、相促进的发展路径。一是以运营效率的提升

降低单位客运量的碳排放。围绕城市空间形态和交通结构的变化,重组、优化地面公交运营架构,对标 45 min 公交通勤愿景,加快干线快速公交建设;依托交通枢纽布局,贯通区域接驳公交线路;连接最后 1 km,织密社区穿行公交线路,最大限度吸引城市居民从私人汽车、摩托车等高碳出行方式向以公交为主体的低碳出行方式转移。二是以公交设施的智慧化带动低碳出行模式的转换。加快建设车路协同的公交设施环境,打造以公交为核心的 MaaS 城市出行信息平台,以大数据为基底、应用高精度地图,实现客流与运力的实时匹配、车型与线路的灵活适配、区间车速与站点候车时长的统筹调度,通过更美好的出行体验促进更多低碳交通出行。三是以车辆能源结构的转型加快实现车辆的低碳、零碳排放。以特大城市、大城市为示范引领,逐步推广城市地面公交全面电动化,逐渐实现地面公交能源清洁化;通过在低排放区、限行区内赋予新能源公交优先路权,以低碳公交的发展推进低碳社区、低碳城市的建设。

4.3 "双碳"目标下城市轨道交通绿色发展体系设计

4.3.1 城市轨道交通绿色发展现状

2020 年 9 月 22 日,国家主席习近平在第七十五届联合国大会一般性辩论中宣布"双碳"目标后,中央层面不断加快建立"1+N"政策体系,先后发布了《中共中央 国务院关于完整准确全面贯彻新发展理念做好碳达峰碳中和工作的意见》和《2030 年前碳达峰行动方案》,为我国实现"双碳"目标制定了时间表和路线图。中国城市轨道交通协会也于 2022 年 8 月发布了《中国城市轨道交通绿色城轨发展行动方案》,指导思想为全面落实国家的"双碳"目标,统筹城轨行业的"双碳"行动和绿色城轨发展,以绿色转型为主线,清洁能源为方向,节能降碳为重点,智慧赋能,创新驱动,开展六大绿色城轨行动,实现碳达峰、碳中和目标,建成绿色城轨。

1. 城市轨道交通发展现状

根据中国城市轨道交通协会发布的《城市轨道交通 2022 年度统计和分析报告》,截至 2022 年底,中国(不含港、澳、台)共有 55 个城市开通城市轨道交通运营线路,共计 308 条,线路总长 10287.45 km,全年累计完成客运量 193.02 亿人次,总客运周转量 1584.37 亿人公里,城市轨道交通客运量占公共交通客运总量的 45.82%。未来,超大线网规模城市将以线网局部优化为主,初具线网规模城市将随着线路不断增多呈现线网规模迅速扩大的发展趋势。

2. 城市轨道交通能耗及碳排放现状

城市轨道交通能耗以电能消耗为主,轨道交通碳排放总量中,外购电力产生的间接碳排放占比 90%,电力能耗是产生碳排放的主要因素。一般情况下,列车牵引能耗占总能耗的 53% 左右,动力照明能耗占总能耗的 47% 左右;车站通风空调、照明、自动扶梯等系统能耗占车站设备系统能耗的 70%～80%;牵引和环控是节能降碳的重点攻关方向。

根据《城市轨道交通 2022 年度统计和分析报告》,2022 年全国城市轨道交通总电力能耗 227.92 亿 kW·h,其中牵引能耗 113.15 亿 kW·h,随着新投运线路的不断增加,总体能耗指标不断增长,碳排放总量呈现不断增长态势。2022 年,城市轨道交通平均每车公里电力能耗为 3.72 kW·h,同比下降 0.48%,各城市平均人次公里电力能耗为 0.144 kW·h,同比上升 34.02%,城市轨道交通客运强度越大,越有利于降低平均人次公里能耗,越有利于降低碳排放。

3. 城市轨道交通节能降碳技术应用现状

目前,城市轨道交通从技术节能和智慧赋能两个方面采取了很多有效的措施,以提高乘客出行占比、降低能源消耗、提高运输和运维效率,在节能减排方面取得了很好的效果。

(1) 技术节能。可通过采用节能技术和优化设计方案来实现技术节能,主要包括:通过线路选线优化曲线半径、优化线路节能坡度、优化区间泵房位置、合理确定列车编组等实现线路运营节能;通过 VVVF(variable voltage and variable frequency,可变电压、可变频率)交流变频变压技术、车辆的轻量化设计、列车智能空调及照明、列车自动控制等实现车辆节能;通过合理设置交直流网络电压等级及供电分区、合理选择节能型非晶合金变压器、合理设置牵引所及跟随所、应用再生制动及储能技术、采用导电率高的钢铝复合轨、采用节能型 LED(light emitting diode,发光二极管)灯具、场段应用光伏发电技术等实现供电系统节能;通过合理确定通风空调系统制式、采用风机变频控制、群控及风水联动节能控制、应用磁悬浮直膨式空调机组等实现通风空调系统节能;通过设置线网、线路能源管理系统实现能源管理节能;通过车站照明、通风等机电设备时间表控制实现运行模式节能;通过合理控制土建规模、合理确定系统容量等实现设计方案优化节能。

(2) 智慧赋能。2020 年 3 月发布的《中国城市轨道交通智慧城轨发展纲要》提出构建智慧乘客服务体系、智能运输组织、智能能源系统、智能列车运行体系、智能运维安全体系、城轨云与大数据平台等,针对智慧赋能城市轨道交通做了明确要求。

智慧乘客服务体系的实名制乘车、无感支付、票检合一、智慧车站、智能列车等技术可为提高乘客出行占比赋能;智能运输组织的网络化运营、智能调度可实现运输组织精细化管理和资源优化配置,为提高运输效率赋能;智能能源系统构建的电能质量优化控制、再生制动及新能源、永磁牵引及双向变流、智能能源系统可为提高能源系统节能率赋能;智能列车运行体系的全自动运行、互联互通等可为高效的乘客服务、列车运行赋能;智能运维安全体系构建的多专业智能运维体系可为提高网络化运维效率赋能;城轨云与大数据平台作为智慧城轨数字底座,业务系统统一部署、承载,实现弱电系统资源集约和节能降耗,可为智慧城轨总体赋能。

4.3.2 城市轨道交通绿色发展体系设计

基于城市轨道交通绿色低碳发展目标,城市轨道交通企业应将发挥自身优势和国家配套支持政策相结合,践行绿色低碳发展理念,成立企业绿色低碳发展机构,制定绿色城市轨道建设工作框架,统筹规划、因地制宜,按照网络化理念分"线网、线路、站段"三个层次统筹发展;从规划设计源头落实节能降耗和吸引客流措施;坚持节约能源和资源优先原则,坚持绿色、低碳、节能效果导向,推动绿色建造和绿色装备创新升级;优化能源结构;优化系统运行模式和工艺流程;创新运营模式和维保模式;依托智慧赋能实现智能能源管理,绿智融合,构建涵盖绿色低碳规划、绿色低碳设计、绿色低碳建造、绿色低碳运营、绿色低碳维保等全寿命周期的绿色发展体系,如图 4.1 所示。

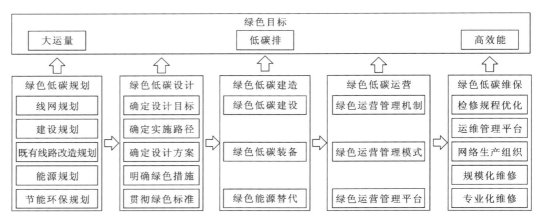

图 4.1 城市轨道交通绿色发展体系

1. 绿色低碳规划

与其他公益性、服务性公共交通工具类似,城市轨道交通运营初期一般处于亏损状态,需要长期运营补亏,这与绿色建造、低碳发展有所相悖,因此需要综合考量建设规模与城市财政能力、城市发展与交通需求、可持续发展与低碳发展等诸多要素,合理确定线网规划规模、分期建设规划、线路站位、敷设方式、交通接驳、车辆基地规划等内容。

依托规划及既有运营线路客流评估,科学合理开展线网规划和建设规划,统筹融合市域(郊)多层次网络,提高线网覆盖率。以"四网融合"[干线铁路网、城际铁路网、市域(郊)铁路网、城市轨道交通网融合]和站城融合理念推进线网规划和建设规划实施,加强站点与商业、道路、管廊等周边业态的衔接,重塑一体化城市空间布局,提升乘客轨道交通出行体验。以资源共享理念,加强网络资源的优化共享,创造条件实现车辆、信号、供电、车辆维修、乘客服务等资源及设备设施的互联互通。在线网规划、建设规划、既有线路改造规划、能源规划、节能环保规划等方面分解落实"双碳"目标,开展"双碳"和绿色轨道交通专项论证。

2. 绿色低碳设计

构建绿色工程设计体系,新建及改造项目设计文件应确定绿色设计目标与实施路径,明确绿色设计方案和建设期及运营期节能降碳绿色措施,如合理控制土建规模,采用绿色建造工艺工法与合理的线路敷设方式、节能坡度、配线方案,采用适宜的设备系统容量及绿色装备配置方案等。贯彻落实绿色城市轨道交通建设标准,落实能耗强度、碳排放强度、出行占比提升、绿色建筑创建、绿色能源利用等指标要求,提高城市轨道交通节能降碳水平。

3. 绿色低碳建造

(1)绿色低碳建设。

优先选用获得绿色标识的水泥、钢材等建造材料,推进建造机械电动化和用能清洁化。加强装配式建造一体化集成设计,统筹部品部件生产、施工安装、装修装饰等的装配式建造。推行施工精细化管理,采用精益化施工组织方式,统筹管理施工相关要素和环节。推进施工管理信息化,实现高能耗工程机械设备能耗监控及同类设备群控管理;推进 5G、物联网、人工智能和建筑机器人等新技术在建造领域的创新应用,推动绿色建造与新一代信息技术融合。在绿色建造过程中,充分利用国家"双碳"金融政策工具,争取绿色债券、绿色信贷等国家绿色金融政策支持,运用市场化节能减排机制,在新线建设和既有线路提升改造中推进合同能源管理模式,调动社会资本参与节能改造和运行维护。

(2)绿色低碳装备。

① 车辆技术装备。车辆技术装备的研发及应用主要从氢能源车、车辆永磁同步牵引

技术、碳化硅变流技术、轻量化车体结构设计、LED 照明及智能照明、空调变频及温度智能控制、车载设备系统软硬件及网络的一体化融合等方面进行绿色升级。

② 供电技术装备。供电技术装备的研发及应用主要从双向变流及其网络化协同控制的牵引供电系统、专用轨回流技术、超级电容/飞轮/锂电池等储能技术、非晶合金节能变压器、DC 3000 V 牵引供电技术、天然酯绝缘油变压器、洁净空气绝缘开关设备、环保型气体绝缘开关柜等方面进行绿色升级。

③ 机电技术装备。机电技术装备的研发及应用主要从直流照明系统、LED 灯具应用、智能照明控制技术、光导照明技术、能源互联网技术、磁悬浮直膨式空调机组、风水联动节能控制系统等方面进行绿色升级。

④ 弱电技术装备。弱电技术装备的研发及应用主要从虚拟编组技术、行车智能调度系统、线网云平台与大数据平台建设、ATO(automatic train operation,列车自动运行)系统节能运行、高效 IT 设备应用、自然冷源/近端制冷/液冷等制冷节能技术应用、扁平化/云网融合/云边端协同系统架构优化等方面进行绿色升级。

（3）绿色能源替代。

① 光伏发电技术。结合线网及线路情况制定光伏能源开发规划,充分利用地上线(高架线)沿线保护区、地上车站建筑屋顶、未进行上盖开发的车辆基地的建筑屋顶、建筑立面等可安装光伏发电设施的场地资源,建立光伏发电系统。推进光伏发电与建筑一体化同步设计,建设集光伏发电、储能、直流配电、柔性用电于一体的光储直柔系统。

② 化石能源替代技术。根据车辆基地所在区域的热泵技术适应性,因地制宜地推广应用各类地、气、水源热泵系统,综合利用轨道交通附近的热网、电能、太阳能、地热能,实现清洁供暖。增用绿色电力,以不断提升轨道交通用电中的绿色电力比重。

4. 绿色低碳运营

（1）绿色运营管理机制。城市轨道交通企业应结合企业发展规划制定企业节能降碳目标和节能计划,构建"线网级-线路级-站段级"绿色低碳管理架构,分层次分解节能降碳管理目标,建立考核体系和奖惩制度,并常态化持续推进。

（2）绿色运营管理模式。基于线网和线路客流分析,依托行车智能调度系统实现网络化运能、运量的精准匹配;采用多交路运营、灵活编组等技术减少列车空驶;优化机电设备系统节能控制、分时分区控制,实现设备系统节能运营。

（3）绿色运营管理平台。基于线网城轨云平台和大数据平台的云数融合,围绕"能源全面感知、节能数据驱动"目标,构建匹配"线网-线路-站段"管理架构的智能能源管理平台。线网级侧重能源智能管理决策与评价,线路级侧重能源综合调度管理,站段级侧重能源系统互通互济、源-网-荷-储协调,以智慧赋能能源的精细化管理,绿智融合,提升能耗计量和碳排放监测等智能能源管理能力。

5. 绿色低碳维保

建立车辆等重大装备检修规程优化与节能降碳管理机制,构建线网综合运维管理平台,基于车辆、供电、通信信号、机电等专业设备运行状态和在线监测数据进行设备状态监视、故障诊断、健康管理和维修决策,应用网络化的运营生产组织模式,合理制定车辆、设备系统的维修体制,优化生产工艺流程,推广规模化、专业化维修,提高运营设备设施利用效率,减少检修维护能耗,实现低碳维保。

第 5 章

海绵城市理念下的
城市防洪防涝总体规划设计

5.1　洪涝的定义

当洪水、涝渍威胁到人类安全,影响到社会经济活动并造成损失时,通常就说发生了洪涝灾害。洪涝灾害是自然界的一种异常现象,一般包括洪灾、涝灾和渍灾。

洪灾是指河流上游的降雨量或降雨强度过大、急骤融冰化雪或水库垮坝等导致河流突然水位上涨和径流量增大,超过河道正常行洪能力,水流在短时间内排泄不畅,或暴雨引起山洪暴发、河流暴涨漫溢、堤防溃决,形成洪水泛滥造成的灾害。洪水可以破坏各种基础设施,造成人畜死伤,对农业和工业生产会造成毁灭性破坏。防洪主要依靠防洪工程措施(包括水库、堤防和蓄滞洪区等)。

涝灾是指本地降雨过多,或受沥水、上游洪水的侵袭,河道排水能力降低、排水动力不足或受大江大河洪水、海潮顶托,水流不能及时向外排泄,造成地表积水而形成的灾害,多表现为地面受淹、农作物歉收。一般涝灾只影响农作物,造成农作物减产。治涝措施主要是开挖沟渠并动用动力设备排除地面积水。

渍灾主要是指当地地表积水排除后,因地下水位过高,造成土壤含水量过多,土壤长时间通气不畅而形成的灾害,多表现为地下水位过高,土壤水长时间处于饱和状态,导致作物根系活动层水分过多,不利于作物生长,使农作物减收。实际上,涝灾和渍灾在大多数地区是共存的,如水网圩区、沼泽地带、平原洼地等既易涝又易渍。山区谷地以渍为主,平原坡地则易涝,因此不易把它们截然分清,一般把因涝、渍形成的灾害统称为"涝渍灾害"。

洪涝灾害可分为原生灾害和次生灾害。

在灾害链中,最早发生的灾害称"原生灾害",即直接灾害。洪涝直接灾害主要是洪水直接冲击、淹没所造成的危害,如人口伤亡、土地淹没、房屋冲毁、堤防溃决、水库垮塌;交通、电信、供水、供电、供油(气)中断;工矿企业、事业单位、商业、学校等停工、停业或停课,以及农、林、牧、副、渔业减产减收等。

次生灾害是指在某一原发性自然灾害或人为灾害直接作用下,由连锁反应所引发的间接灾害。如暴雨、台风引起的建筑物倒塌、山体滑坡,风暴潮等间接造成的灾害都属于次生灾害。次生灾害对灾害本身有放大作用,它使灾害不断扩大延续,如一场大洪灾来临,先是低洼地区被淹,建筑物被淹没、倒塌,然后是交通、通信中断,接着是疾病流行、生态环境恶化,而灾后生产生活资料的短缺常常造成大量人口流徙,社会动荡不安,甚至严重影响国民经济的发展。

5.2　城市防洪防涝总体规划设计

5.2.1　城市防洪防涝工程规划原则

各个城市的具体情况不同,洪水类型和特性不同,因而防洪标准、防洪措施和布局也不同。各个城市的防洪防涝总体规划必须注意以下内容。

1. 与流域防洪规划的关系

(1)对流域防洪规划的依赖性。

城市防洪防涝总体规划服从于流域防洪规划,即城市防洪防涝总体规划应在流域防洪规划的指导下进行,其与流域防洪有关的城市上、下游治理方案应与流域或区域防洪规划相一致,城市范围内的防洪工程应与流域防洪规划相统一。城市防洪工程是流域防洪工程的一部分,又是流域防洪规划的重点,因此,城市防洪防涝总体规划应以所在流域的防洪规划为依据,并服从流域防洪规划。有些城市的洪水灾害防治,还必须依赖流域性的洪水调度才能确保城市的安全,邻近大江大河的城市尤其如此。

城市防洪防涝总体规划,应考虑充分发挥流域防洪设施的抗洪能力,并在此基础上进一步考虑完善城市防洪设施,以提高城市防洪标准。

(2)城市防洪防涝总体规划的独立性。

相较于流域防洪规划,城市防洪防涝总体规划有一定的独立性。一般流域防洪规划中已经将流域内城市作为防洪重点予以考虑,但城市防洪防涝总体规划不是对流域防洪规划中涉及城市防洪内容的重复,两者研究的范围和深度不同。流域防洪规划注重研究整个流域防洪的总体布局,侧重于研究整个流域内的防洪工程及运行方案,城市防洪是流域防洪中的一部分。

由于流域防洪规划涉及面宽,我们不可能对流域内每个具体城市的防洪问题进行深入的研究。因此,城市防洪不能照搬流域防洪规划的成果。对城市范围内行洪河道的宽度等具体参数,应根据流域防洪的要求进一步优化。

2. 与城市总体规划的关系

(1)以城市总体规划为依据。

城市防洪防涝总体规划设计必须以城市总体规划为依据,根据洪水特性及其影响,结合城市的自然地理条件、社会经济状况和城市发展的需要进行。

城市防洪防涝总体规划是城市总体规划的组成部分,城市防洪工程是城市的基础设施工程,必须满足城市总体规划的要求。因此,城市防洪防涝总体规划设计时必须在城市总体规划和流域防洪规划的基础上,根据洪(潮)水特性、城市具体情况以及城市发展的需要,拟定几个可行的防洪方案,通过技术经济分析论证,选择最佳方案。

城市防洪防涝总体规划与城市总体规划相协调的另一重要内容是根据城市总体规划的要求,防洪工程布局应与城市发展总体格局相协调。需要协调的内容包括城市规模与防洪、防涝标准的关系;城市建设对防洪的要求;防洪对城市建设的要求;城市景观对防洪工程布局及形式的要求;城市的发展与防洪工程的实施程序。在协调过程中出现矛盾时,首先应服从防洪的需要,在满足防洪需要的前提下充分考虑其他功能。正确处理好这几方面的关系,才能使防洪工程既起到防洪的作用,又有机地与其他功能相结合,发挥综合效能。

(2)对城市总体规划的影响。

城市防洪防涝总体规划也反过来影响城市总体规划。由于自然环境的变化,城市防洪的压力逐年增大,一些原先没有防洪要求或防洪任务不重的城市,在城市发展中对防洪问题重视不够,使得建成区地面处于洪水位以下,只能通过工程措施加以保护。开发利用程度很高的旧城区实施防洪的难度更大。因此,在城市发展中,应对新建城区的防洪规划提出要求,包括防洪、防涝工程的布局,防洪、防涝工程规划建设用地,建筑物地面控制高程等。特别是平原城市和新建城市,有效控制地面标高,是解决城市洪涝问题的一项重要措施。

3. 对城市已有防洪设施的利用

城市防洪设施有一个逐渐完善的过程,因此城市防洪防涝总体规划必须考虑充分发挥已有防洪设施的作用,并逐步予以完善,以降低防洪工程造价。我国许多城市在历史上先后建设了一些防洪工程,如何利用这些已经兴建的防洪设施,提高城市的防洪能力,是一个值得研究的课题。

例如,许多城市的古城墙,除了军事作用以外,其防洪作用不可低估。这些古城墙在城市防洪、保障城市安全中曾经发挥过重要作用,有的在今天仍然发挥作用。天津市的古城墙在历次防洪中发挥了重要作用,后由于19世纪初期拆除了城墙,造成天津市抵御洪水的能力降低。安徽省寿县古城墙,在历次淮河大洪水中保护了寿县城区的安全。因此,保护和利用这些古代防洪设施,不仅有利于历史文化遗产的保护,而且有利于城市防洪设施的建设。但是,由于年代久远,这些古代防洪设施需要不断修缮加固才能起到良好的防洪作用。

4. 应对超设计标准洪水的策略

城市防洪防涝总体规划,不仅要对低于一定标准的洪水做出应对措施安排,还要对超过设计标准的洪水制定应对措施,以减少洪灾损失。

超设计标准洪水即超过城市防洪设计标准的洪水。事实上,不管采用多高的防洪标准,由于洪水的随机性,高于设计标准的洪水仍然可能发生。对于超设计标准洪水,目前无法予以根治,但是也不能任其成灾,应制定对策性措施,尽量将由其造成的损失降低到最低限度。对于超设计标准洪水,一般在江河流域防洪规划中通盘考虑,如在上游建设控制性水库、分(滞)洪设施等削减洪峰,减少城市洪灾损失。对于流域上游城市,在城市防护区以外分(滞)洪不太可能时,可以以损失城市内发展程度不高的防护区为代价保护发展程度较高的防护区,降低洪灾损失。

5. 防洪措施的选择

洪水灾害要综合治理,城市防洪防涝总体规划设计应将工程防洪措施与非工程防洪措施相结合,根据不同洪水类型,选用各种防洪措施,组成完整的防洪体系。城市防洪将洪水分为河洪、海潮、山洪和泥石流四种类型,各种类型的洪水性质不同,防治措施也有区别。一般河洪以堤防为主,配合水库、分(滞)洪、河道整治等措施进行防治;山洪则采用防洪工程措施与水土保持措施进行综合治理;海潮防治则以堤防、挡潮闸为主,配合排涝设施组成防洪体系等;对于泥石流则应建立防止、削弱、控制泥石流活动的防治体系,具体采用生物措施(如植树造林、封山育林、退耕还林等)及工程措施(如修建拦挡坝、谷坊、排导沟、停淤场等),并结合治水工程(如修建水库、水塘以及引水工程等),调蓄和引导泥石流流域的地表水,改善泥石流形成与发展的水动力条件,降低其发生的可能性和规模。各种防洪措施要通过技术经济论证选定。

6. 对工程占地的合理利用

城市防洪防涝总体规划应贯彻全面规划、综合治理、因地制宜、节约用地、讲求实效的原则。城市市区特别是沿江黄金地带,土地资源十分宝贵,少占地,特别是尽量减少占用价值高的城市用地,对于城市防洪具有特殊意义。如城市防洪应根据不同的地理条件采取多种类型的堤防工程,在老城区,宜以直立式挡墙为主,以减少拆迁工作量;在新城区,宜建设斜坡式堤防;在郊区,则以土堤为主。

7. 与市政建筑密切配合

城市市区各种市政工程分布密集,城市防洪防涝总体规划设计,特别是江河沿岸防洪工程布置,应与河道整治、码头建设、道路桥梁、取水建筑、污水截流,以及滨江公园、绿化等市政工程密切配合。在协调配合中出现矛盾时,首先服从防洪的需要,在确保防洪安全的前提下,尽量考虑各使用单位和有关部门的要求,充分发挥防洪工程的综合效益。城市防洪规划既要研究为这些城市的基础设施提供防洪保障,又要与这些城市基础设施的功能相协调,不影响或少影响其功能的正常发挥。此外,城市堤防可以与滨江绿化带或道路相结合,以改善城市环境。

8. 与城市排涝的关系

城市防洪工程的规划,要尽量改善城市的排涝条件。城市防洪工程建设一般有利于城市排涝,但城市防洪的主要措施为沿江建设防洪堤防,挡住了城区内水的排放通道,规划中应考虑与城区排涝工程相结合,并采取必要的排涝措施,避免因防洪设施建设造成内涝。

9. 外洪防治和内洪防治的关系

一般将濒临大江大河的城市的洪水划分为外洪和内洪。外洪是指来源于大江大河上游的洪水。内洪是指来源于市区或附近河流、湖泊的洪水。外洪和内洪只是相对而言的。同时遭受外洪和内洪危害的城市必须先治外洪、内外兼治。

10. 与地面沉降和冻胀等问题的关系

地面沉降会导致防洪设施顶部标高降低,从而降低防洪能力,影响防洪设施安全,还会引起防洪设施发生裂缝、倾斜甚至倾倒,完全失去抗洪能力。

我国三北地区(东北、西北、华北)属于季节冻土及多年冻土地区,水工建筑物冻害现象较为普遍。黄河、松花江等江河中下游还存在凌汛灾害。在季节冻土、多年冻土及凌汛地区,应采取相应的防治措施。

城市防洪的主要防洪建筑物包括防洪堤(墙)、水库大坝、溢洪道、防洪闸和较大的桥梁等,一般均应设水位、沉陷、位移等观测和监测设备,以便积累洪水资料,掌握建筑物状态,确保其正常运行。

综上所述,城市防洪防涝总体规划的基本原则是:以防洪治涝为主,结合水环境治理,统筹规划,分期实施,统一管理,充分利用和改造现有工程设施,在加强城市防洪防涝工程措施规划的同时,兼顾非工程措施规划。在规划过程中,应该注重以下几个方面的问题。

(1)城市防洪防涝总体规划必须服从流域、区域总体防洪要求。城市防洪防涝总体规划是流域、区域防洪规划的组成部分,以流域、区域治理为依托,构筑防洪外围保障和外排出路体系。

(2)城市防洪防涝总体规划必须服从城市总体规划。城市防洪防涝总体规划是城市总体规划的一部分,城市防洪设施是城市基础设施的重要组成部分。城市防洪防涝总体规划要体现和满足城市经济及社会发展的要求,并与城市总体规划、城市体系规划和国土空间规划相协调。

(3)城市防洪防涝总体规划要与治涝规划相结合。城市防洪设施是城市抵御洪水侵害的重要保障,城市排涝设施是减小城市内涝损失的必备基础。城市防洪防涝总体规划必须针对城市雨洪及内涝的特点,选取相应的治理模式,防洪结合治涝,防止因洪致涝。

(4)城市防洪防涝总体规划中的工程措施要与非工程措施相结合。工程措施是基础,非工程措施是补充。在进行工程规划的同时,要兼顾管理设施和机构体制的规划,要兼顾指挥系统、预警预报系统和决策支持系统的规划。

(5)城市防洪防涝总体规划要与交通、城建、环保、旅游相结合。城市防洪治涝工程设施要与城市其他基础设施建设相结合,充分利用各种基础设施的综合功能,新建项目要尽量考虑城市景观建设等城市发展的其他要求。

(6)城市防洪防涝总体规划要与城市现状相结合,近期与远期相结合。城市防洪防涝总体规划要充分利用已有工程设施,近期防洪排涝工程的建设,要为远期提高标准、扩大规模留有余地,以有限的投资发挥最大的工程效益和社会效益。

5.2.2　城市防洪防涝总体规划的基础资料

1. 城市概况分析

城市概况分析主要是对城市位置与区位情况,城市地形地貌概况,城市地质、水文、气候条件,城市社会、经济情况等基本情况进行分析。同时,对总体规划中关于城市性质、职能、规模、布局等的内容进行解读,分析其中与城市排水相关的绿地系统规划、城市排水工程规划、城市防洪规划、道路交通设施规划、城市竖向规划等内容。

2. 城市排水设施现状及防涝能力评估

(1)城市排水设施现状调查。

为了更好地、有针对性地编制城市防洪防涝总体规划,需要对城市排水设施的现状进行分析评估,需要调查的主要数据包括:城市排水分区及每个排水分区的面积和最终排水出路,城市内部水系基本情况(如长度、流量、流域面积以及城市雨水排放口等),城市内部水体水文情况(如河流的平常水位、不同重现期洪水的流量与水位、不同重现期的潮位等),城市排水管网现状(如长度、建设年限、建设标准、雨水管道和合流制管网情况),城市排水泵站情况(如位置、设计流量、设计标准、建设时间、运行情况)。同时对可能影响城市防洪排涝的水利水工设施,比如梯级橡胶坝、各类闸门、城市调蓄设施和蓄滞空间分布等也需要进行调研。

(2)城市排水设施及其防涝能力现状评估。

对于城市排水设施及其排涝能力,在现状调查与资料搜集的基础上,宜采用水文学或水力学模型进行评估。其中,对于排水设施,应根据下垫面和管道情况,利用模型对管道是否超载及地面积水进行评估;同时,需要通过模型确定地表径流量、地表淹没过程等灾害情况,获得内涝淹没范围、水深、流速、历时等成灾特征,并根据评估结果进行风险评价,从而确定内涝直接或间接风险范围,进行等级划分,并通过专题图示反映各风险等级所对应的空间范围。

对于模型的应用,在此阶段应建立城市排水设施现状模型,包括排水管道及泵站模型(包含现状下垫面信息)、河道模型(包括蓄滞洪区)、现状二维积水漫流模型等,才能满足现状评估的需求。对于小城市,如果无能力及数据构建模型,也可采用历史洪水(涝水)灾害评估的方法进行现状防涝能力评估和风险区划分。

城市防洪防涝总体规划具有综合性特点,专业多、涉及面广。因此,在工程设计中要搜集整理各种相关资料,一般包括地形和河道基础资料、地质资料、水文气象资料、历史洪水灾害调查资料、社会经济资料等。

3. 地形和河道基础资料

地形图是防洪规划设计的基础资料,搜集齐全后,还要到现场实地踏勘、核对。对于平面布置图,设计阶段、工程性质和规划区域等不同,都对地形图的比例尺有不同的要求(见表 5.1)。

表 5.1 各种平面布置图对地形图比例尺的要求

设计阶段	项目			比例尺
初步设计	汇水面积	≥200 km²		1:25000～1:50000
		<200 km²		1:5000～1:25000
	工程总平面图、滞洪区平面图			1:1000～1:5000
	堤防、护岸、山洪沟、排洪渠道、截洪沟平面及走向布置图			1:1000～1:5000
	工程总平面布置图、滞洪区平面图			1:1000～1:5000
施工图设计	构筑物平面布置图	堤防、山洪沟、排洪渠道、截洪沟		1:1000～1:5000
		谷坊、护岸、丁坝群		1:500～1:1000
		顺坝、防洪闸、涵闸、小桥、排洪泵站		1:200～1:500

对拟设防和整治的河道及山洪沟,必须进行纵横断面测量,并绘制纵横断面图。纵横断面图的比例尺见表 5.2。横断面施测间距根据地形变化情况和施测工作量综合确定,一般为 100～200 m。在地形变化较大的地段,应适当增加监测断面,纵横断面监测点应对应。

表 5.2　纵横断面图的比例尺

纵断面图		横断面图	
水平	垂直	水平	垂直
1∶1000～1∶5000	1∶100～1∶500	1∶500～1∶1000	1∶100～1∶500

4. 地质资料

水文地质资料对于堤防、排洪沟渠定线，以及防洪建筑物位置选择等具有重要作用，主要包括设防地段的覆盖层、透水层厚度以及透水系数；地下水埋藏深度、坡降、流速及流向；地下水的物理化学性质。水文地质资料主要用于防洪建筑物的防渗措施选择、抗渗稳定性计算等。

工程地质资料主要包括设防地段的地质构造、地貌条件；滑坡及陷落情况；基岩和土壤的物理力学性质；天然建筑材料（土料和石料）场地、分布、质量、力学性质、储量以及开采和运输条件等。工程地质资料不仅对保证防洪建筑物安全具有重要意义，而且对合理选择防洪建筑物类型、就地选择建筑材料种类和料场、节约工程投资具有重要作用。

5. 水文气象资料

水文气象资料主要包括水系图、水文图集和水文计算手册；实测洪水资料和潮水位资料；历史洪水和潮水位调查资料；所在城市历年洪水灾害调查资料；暴雨实测和调查资料；设防河段的水位-流量关系；风速、风向、气温、气压、湿度、蒸发资料；河流泥沙资料；土壤冻结深度、河道变迁和河流凌汛资料；等等。

水文气象资料对于推求设计洪水和设计潮水位，确定防洪方案、防洪工程规模和防洪建筑物结构尺寸具有重要作用。

6. 历史洪水灾害调查资料

搜集历史洪水灾害调查资料（包括历史洪水淹没范围、面积、水深、持续时间、损失等），研究城市洪水灾害特点和成灾机理，对于合理确定保护区和防护对策，拟定和选择防洪方案具有重要作用。对于较大洪水，还要绘制洪水淹没范围图。

7. 社会经济资料

社会经济资料主要包括城市总体规划和现状资料图集；城市给水、排水、交通等市政工程规划图集；城市土地利用规划；城市工业规划布局资料；历年工农业发展统计资料；城市居住区人口分布状况；城市国家、集体和家庭财产状况等。

社会经济资料对于确定防洪保护范围、防洪标准，对防洪规划进行经济评价，选定规划方案具有重要作用。

8. 其他资料

根据城市具体情况,还要搜集其他资料,如城市防洪工程现状,城市所在流域的防洪规划和环境保护规划;建筑材料价格、运输条件;施工技术水平和施工条件;有关河道管理的法律、法令;城市地面沉降资料、城市防洪工程规划资料、城市植被资料;等等。这些资料对于做好城市防洪建设同样具有重要作用。

5.2.3 城市防洪设计标准

《城市防洪工程设计规范》(GB/T 50805—2012)中,对城市防洪工程等级和设计标准,设计洪水、设计涝水和设计潮水位进行了规定。

1. 城市防洪工程等级和设计标准

(1)城市防洪工程等别和防洪标准。

有防洪任务的城市,其防洪工程的等别应根据防洪保护对象的社会经济地位的重要程度和人口数量按表 5.3 的规定划分为四等。

表 5.3　城市防洪工程等别

城市防洪工程等别	分等指标	
	防洪保护对象的重要程度	防洪保护区人口/万人
I	特别重要	≥150
II	重要	≥50 且＜150
III	比较重要	＞20 且＜50
IV	一般重要	≤20

注:防洪保护区人口指城市防洪工程保护区内的常住人口。

城市防洪工程设计标准应根据防洪工程等别、灾害类型,按表 5.4 的规定选定。

表 5.4　城市防洪工程设计标准

城市防洪工程等别	设计标准/年			
	洪水	涝水	海潮	山洪
I	≥200	≥20	≥200	≥50
II	≥100 且＜200	≥10 且＜20	≥100 且＜200	≥30 且＜50

续表

城市防洪工程等别	设计标准/年			
	洪水	涝水	海潮	山洪
Ⅲ	≥50 且＜100	≥10 且＜20	≥50 且＜100	≥20 且＜30
Ⅳ	≥20 且＜50	≥5 且＜10	≥20 且＜50	≥10 且＜20

注:(1) 根据受灾后的影响、造成的经济损失、抢险难易程度以及资金筹措条件等因素合理确定。

(2) 洪水、山洪的设计标准指洪水、山洪的重现期。

(3) 涝水的设计标准指相应暴雨的重现期。

(4) 海潮的设计标准指高潮位的重现期。

对于遭受洪灾或失事后损失巨大、影响十分严重的城市,或对遭受洪灾或失事后损失及影响均较小的城市,经论证并报请上级主管部门批准,其防洪工程设计标准可适当提高或降低。

城市分区设防时,各分区应按表 5.3 和表 5.4 分别确定防洪工程等别和设计标准。

位于国境界河的城市,其防洪工程设计标准应专门研究确定。当建筑物有抗震要求时,应按国家现行有关设计标准的规定进行抗震设计。

(2) 防洪建筑物级别。

防洪建筑物的级别,应根据城市防洪工程等别、防洪建筑物在防洪工程体系中的作用和重要性按表 5.5 的规定划分。

表 5.5　防洪建筑物级别

城市防洪工程等别	永久性建筑物级别		临时性建筑物级别
	主要建筑物	次要建筑物	
Ⅰ	1	3	3
Ⅱ	2	3	4
Ⅲ	3	4	5
Ⅳ	4	5	5

注:(1) 主要建筑物指失事后使城市遭受严重灾害并造成重大经济损失的堤防、防洪闸等建筑物。

(2) 次要建筑物指失事后不致造成城市灾害或经济损失不大的丁坝、护坡、谷坊等建筑物。

(3) 临时性建筑物指防洪工程施工期间使用的施工围堰等建筑物。

拦河建筑物和穿堤建筑物工程的级别,应按所在堤防工程的级别和与建筑物规模及重要性相应的级别中的高者确定。

城市防洪工程建筑物的安全超高和稳定安全系数,应按国家现行有关标准的规定确定。

2. 设计洪水、设计涝水和设计潮水位

(1) 设计洪水。

① 城市防洪工程设计洪水,应根据设计要求计算洪峰流量、不同时段洪量和洪水过程线的全部或部分内容。

② 计算依据应充分采用已有的实测暴雨、洪水资料和历史暴雨、洪水调查资料。所依据的主要暴雨、洪水资料和流域特征资料应可靠,必要时进行重点复核。

③ 计算采用的洪水系列应具有一致性。当流域修建蓄水、引水、提水和分洪、滞洪、围垦等工程或发生决口、溃坝等情况,明显影响各年洪水形成条件的一致性时,应将系列资料统一到同一基础,并应进行合理性检查。

④ 设计断面的设计洪水可采用下列方法进行计算。

a. 城市防洪设计断面或其上、下游邻近地点具有 30 年以上实测和插补延长的洪水流量资料,并有历史调查洪水资料时,可采用频率分析法计算设计洪水。

b. 城市所在地区具有 30 年以上实测和插补延长的暴雨资料,并有暴雨与洪水对应关系资料时,可采用频率分析法计算设计暴雨,由设计暴雨推算设计洪水。

c. 城市所在地区洪水和暴雨资料均短缺时,可利用自然条件相似的邻近地区实测或调查的暴雨、洪水资料进行地区综合分析、估算设计洪水,也可采用经审批的省(市、区)暴雨洪水查算图表计算设计洪水。

d. 设计洪水计算宜研究集水区城市化的影响。

⑤ 设计洪水的计算方法应科学合理,对主要计算环节、选用的有关参数和设计洪水计算成果,应进行多方面分析,并应检查其合理性。

⑥ 当设计断面上游建有较大调蓄作用的水库等工程时,应分别计算调蓄工程以上和调蓄工程至设计断面区间的设计洪水。设计洪水地区组成可采用典型洪水组成法或同频率组成法。

⑦ 各分区的设计洪水过程线,可采用同一次洪水的流量过程作为典型,以分配到各分区的洪量控制放大。

⑧ 对拟定的设计洪水地区组成和各分区的设计洪水过程线,应进行合理性检查,必要时可适当调整。

⑨ 在经审批的流域防洪规划中已明确规定城市河段的控制性设计洪水位时,可直接引用作为城市防洪工程的设计水位。

（2）设计涝水。

① 城市治涝工程设计涝水应根据设计要求分析计算设计涝水流量、涝水总量和涝水过程线。

② 城市治涝工程设计应按涝区下垫面条件和排水系统的组成情况进行分区，并应分别计算各分区的设计涝水。

③ 分区设计涝水应根据当地或自然条件相似的邻近地区的实测涝水资料分析确定。

④ 地势平坦、以农田为主分区的设计涝水，缺少实测资料时，可根据排涝区的自然经济条件和生产发展水平等，分别选用下列公式或其他经过验证的公式计算排涝模数。需要时，可采用概化法推算设计涝水过程线。

a. 经验公式法。

设计排涝模数可根据式（5.1）计算。

$$q = KR^m A^n \tag{5.1}$$

式中：q 为设计排涝模数[m³/(s·km²)]；K 为综合系数，反映降雨历时、涝水汇集区形状、排涝沟网密度及沟底比降等因素，应根据具体情况，经实地测验确定；R 为设计暴雨产生的径流深（mm）；m 为峰量指数，反映洪峰与洪量的关系，应根据具体情况，经实地测验确定；A 为设计排涝区面积（km²）；n 为递减指数，反映排涝模数与面积的关系，应根据具体情况，经实地测验确定。

b. 平均排除法。

旱地设计排涝模数按式（5.2）计算。

$$q_d = \frac{R}{86.4T} \tag{5.2}$$

式中：q_d 为旱地设计排涝模数[m³/(s·km²)]；R 为旱地设计涝水深（mm）；T 为排涝历时（d）。

水田设计排涝模数按式（5.3）计算。

$$q_w = \frac{P - h_1 - \mathrm{ET}' - F}{86.4T} \tag{5.3}$$

式中：q_w 为水田设计排涝模数[m³/(s·km²)]；P 为历时为 T 的设计暴雨量（mm）；h_1 为水田滞蓄水深（mm）；ET' 为历时为 T 的水田蒸发量（mm）；F 为历时为 T 的水田渗漏量（mm）；T 为排涝历时（d）。

旱地和水田综合设计排涝模数按式（5.4）计算。

$$q_p = \frac{q_d A_d + q_w A_w}{A_d + A_w} \tag{5.4}$$

式中：q_p 为旱地、水田兼有的综合设计排涝模数[m³/(s·km²)]；A_d 为旱地面积（km²）；

A_w 为水田面积(km^2);其他符号意义同上。

⑤ 城市排水管网控制区分区的设计涝水,缺少实测资料时,可采用下列方法或其他经过验证的方法计算。

a.选取暴雨典型,计算设计面暴雨时程分配,并根据排水分区建筑密集程度,按表 5.6 确定综合径流系数,进行产流过程计算。

表 5.6 综合径流系数

区域情况	综合径流系数
城镇建筑密集区	0.60~0.70
城镇建筑较密集区	0.45~0.60
城镇建筑稀疏区	0.20~0.45

b. 汇流可采用等流时线等方法计算,以分区雨水管设计流量为控制推算涝水过程线。当资料条件具备时,也可采用流域模型法进行计算。

c. 对于城市的低洼区,按平均排除法进行涝水计算,排水过程应计入泵站的排水能力。

⑥ 市政雨水管设计流量可用下列方法和公式计算。

a. 根据推理公式(5.5)计算。

$$Q = q \cdot \psi \cdot F \tag{5.5}$$

式中:Q 为雨水流量[(L/s)或(m^3/s)];q 为设计暴雨强度[L/(s·hm^2)];ψ 为径流系数;F 为汇水面积(km^2)。

b. 暴雨强度应采用经分析的城市暴雨强度公式计算。当城市缺少该资料时,可采用地理环境及气候相似的邻近城市的暴雨强度公式。雨水计算的重现期可选用 1~3 年,重要干道、重要地区或短期积水即能引起较严重后果的地区,可选用 3~5 年,并应与道路设计协调,特别重要地区可采用 10 年以上。

c. 综合径流系数可按表 5.6 确定。

⑦ 对城市排涝和排污合用的排水河道,计算排涝河道的设计排涝流量时,应计算排涝期间的污水汇入量。

⑧ 对利用河、湖、洼进行蓄水、滞洪的地区,计算排涝河道的设计排涝流量时,应分析河、湖、洼的蓄水、滞洪作用。

⑨ 计算的设计涝水应与实测调查资料以及相似地区计算成果进行比较分析,检查其合理性。

（3）设计潮水位。

① 设计潮水位应根据设计要求分析计算设计高潮水位、设计低潮水位和设计潮水位过程线。

② 当城市附近有潮水位站且有 30 年以上潮水位观测资料时，可将其作为设计依据站，并应根据设计依据站的系列资料分析计算设计潮水位。

③ 设计依据站实测潮水位系列在 5 年以上但不足 30 年时，可将邻近地区有 30 年以上资料，且与设计依据站有同步系列的潮水位站作为参证站，可采用极值差比法按式（5.6）计算设计潮水位。

$$h_{sy} = A_{ny} + \frac{R_y}{R_x}(h_{sx} - A_{nx}) \tag{5.6}$$

式中：h_{sx}、h_{sy} 分别为参证站和设计依据站设计高潮水位、设计低潮水位；R_x、R_y 分别为参证站和设计依据站的同期各年年最高、年最低潮水位的平均值与平均海平面的差值；A_{nx}、A_{ny} 分别为参证站和设计依据站的年平均海平面。

④ 潮水位频率曲线线型可采用皮尔逊 Ⅲ 型，经分析论证，也可采用其他线型。

⑤ 设计潮水位过程线，可以实测潮水位作为典型或依据平均偏于不利的潮水位过程分析计算确定。

⑥ 挡潮闸（坝）的设计潮水位，应分析计算建闸（坝）后形成反射波对天然高潮位壅高和低潮位落低的影响。

⑦ 对设计潮水位计算成果，应通过多种途径进行综合分析，检查其合理性。

（4）洪水、涝水和潮水遭遇分析。

① 兼受洪、涝、潮威胁的城市，应进行洪水、涝水和潮水遭遇分析，并应研究其遭遇的规律。以防洪为主时，应重点分析洪水与相应涝水、潮水遭遇的规律；以排涝为主时，应重点分析涝水与相应洪水、潮水遭遇的规律；以防潮为主时，应重点分析潮水与相应洪水、涝水遭遇的规律。

② 进行洪水、涝水和潮水遭遇分析，当同期资料系列不足 30 年时，应采用合理方法对资料系列进行插补延长。

③ 分析洪水与相应涝水、潮水遭遇情况时，应按年最大洪水（洪峰流量、时段洪量）及相应涝水、潮水位取样，也可按大（高）于某一量级的洪水、涝水或高潮位为基准。分析潮水与相应洪水、涝水或涝水与相应洪水、潮水遭遇情况时，可按相同的原则取样。

④ 洪水、涝水和潮水遭遇分析可采用绘制遭遇统计量相关关系图方法，分析一般遭遇的规律，对特殊遭遇情况，应分析其成因和出现概率，不宜舍弃。

⑤ 对洪水、涝水和潮水遭遇分析成果，应通过多种途径进行综合分析，检查其合理性。

5.2.4　城市防洪防涝总体规划的内容

1. 城市防洪规划的内容

（1）搜集城市地区的水文资料，如江、河、湖泊的年平均最高水位、年平均最低水位、历史最高水位、年降水量（包括年最大、月最大、五日最大降雨量）、地面径流系数等。

（2）调查城市用地范围内历史上的洪水灾害情况，绘制洪水淹没地区图和了解经济损失。

（3）靠近平原地区较大江河的城市应拟定防洪规划，包括确定防洪的标高、警戒水位，防洪堤、排洪阀门、排内涝工程修建等内容。

（4）山区城市应结合所在地区河流的流域规划全面考虑，在上游修筑蓄洪水库、水土保持工程，在城区附近疏导河道、修筑防洪堤岸，在城市外围修建排洪沟等。

（5）有的城市位于较大水库的下方，应考虑修建泄洪沟渠，考虑万一溃坝时，洪水淹没的范围及应采取的工程措施。

2. 城市防涝规划的内容

城市防涝规划编制主要应包括以下几个方面：城市概况分析、城市排水设施现状及防涝能力评估、规划目标、城市防涝设施工程规划、超标降雨风险分析、非工程措施规划。

城市防涝规划主要包括三方面内容：雨水管道及泵站系统规划、城市排水河道规划以及城市雨水控制与调蓄设施规划。

（1）雨水管道及泵站系统规划。此部分规划内容与传统的城市雨水排除规划内容基本一致，在确定排水体制、排水分区的基础上，进行管道水力计算，并布置排水管道及明渠。

（2）城市排水河道规划。此部分规划内容与传统的城市河道治理规划内容基本一致，在确定河道规划设计标准及流域范围的基础上，进行水文分析，并安排河道位置及确定河道纵横断面。

（3）城市雨水控制与调蓄设施规划。在明确不同标准下城市居住小区和其他建设项目降雨径流量的基础上，应首先确定建设小区时雨水径流量源头削减与控制措施，并核算其径流削减量。如果在建设小区时进行雨水径流量源头削减不能满足需求，则需要结合城市地形地貌、气象水文等条件，在合适的区域结合城市绿地、广场等安排市政蓄涝区对雨水进行蓄滞。

由于城市防涝系统是一个整体，以上三个方面也彼此影响，因此有必要构建统一的模型对上述三方面进行统一评价及调整。具体过程为：首先，根据初步编制好的雨水管道及泵站系统规划、城市排水河道规划以及城市雨水控制与调蓄设施规划，分别构建雨水管道及泵站模型（含下垫面信息）、河道系统模型、调蓄设施系统模型，并将上述三个模型进行耦合；其次，根据城市地形情况构建城市二维积水漫流模型，并与一维的城市管道、河道模型进行耦合；再次，通过模型模拟排涝标准内的积水情况；最后，针对积水情况拟定改造规划方案并代入模型进行模拟，得到最终规划方案。在制定规划方案时，应在尽量不改变原雨水管道和河道排水能力的前提下，主要采用调整地区的竖向高程及修建调蓄池、雨水花园等工程措施，并对所采取措施的效果进行模拟分析。

5.3　海绵城市规划设计

5.3.1　海绵城市的概念

《海绵城市建设技术指南——低影响开发雨水系统构建（试行）》对海绵城市进行了如下定义：城市能够像海绵一样，在适应环境变化和应对自然灾害等方面具有良好的"弹性"，下雨时吸水、蓄水、渗水、净水，需要时将蓄存的水"释放"并加以利用。海绵城市的建设改变了传统的"尽快排出、避免灾害"的城市防洪防涝思想，把雨洪资源作为重要的水资源进行管理，尽量减少对生态环境的影响。

海绵本身主要具有两个方面的特性，即水分特性和力学特性。海绵的水分特性表现为吸水、持水、释水；力学特性表现为压缩、回弹、恢复。

海绵城市包括以下三个方面的含义。

（1）从资源利用的角度，城市建设能够顺应自然，通过构建建筑屋面-绿地-硬化地面-雨水管渠-城市河道五位一体的水源涵养型城市下垫面，使城市内的降雨更能被有效积存、净化、回用或入渗补给给地下水。

（2）从防洪减灾的角度，要求城市能够与雨洪和谐共存，通过预防、预警、应急等措施最大限度地降低洪涝风险、减小灾害损失，能够安全度过洪涝期并快速恢复生产和生活。

（3）从生态环境的角度，要求城市建设和发展能够与自然相协调。也就是说海绵城市应当能够很好地应对重现期从小到大的各种降雨，不发生洪涝灾害，同时又能合理地资源化利用雨洪水资源和维持良好的水文生态环境。

近些年，国外研究较热的一个概念"resilience"与"海绵城市"有些相似。"resilience"源自拉丁文"resilio"，原意为"跳回"，可理解为"弹性、耐受性、恢复力"。1973 年，加拿大生态学家 Holling 等首次把"resilience"的概念引入生态学领域,应用于水管理中的 resilience 理念即来源于生态学。在生态学中,resistance 和 resilience 理念用于描述系统对干扰的响应,resistance 指抵抗能力,即维持系统所有特性不发生改变的能力,resilience 指维持系统本质特性不发生不可逆变化的能力。在洪水风险管理中,resistance 为系统在无反应情况下抵抗洪涝干扰的能力,即设防标准;resilience 为系统应对洪涝及从洪涝中恢复的能力。resilience 策略适用于处理不确定性,这与洪水发生规律相适应,其实施将会改变特定区域的危险程度或脆弱程度,它包括工程性的和非工程性的措施。

海绵城市的核心是应对城市雨水问题,包括城市缺水与雨水流失、暴雨洪涝灾害和雨水径流污染等问题。国外应对城市雨水问题的概念和理念主要包括美国的低影响开发(low impact development,LID)、最佳管理实践(best management practices,BMPs)、绿色基础设施(green infrastructure)及绿色雨水基础设施(green stormwater infrastructure,GSI),澳大利亚的水敏感城市设计(water sensitive urban design,WSUD),新西兰的低影响城市设计与开发(low impact urban design and development,LIUDD),英国的可持续排水系统(sustainable urban drainage system,SUDS),德国的雨水利用(stormwater harvesting)和雨洪管理(stormwater management),日本的雨水储存渗透等。尽管这些概念的名称不同,但所采取的具体工程措施大同小异,基本都包括进行径流源头控制的透水铺装地面、雨水渗透池、雨水花园、绿色屋顶、植被浅沟等工程设施,进行过程控制的雨水滞蓄池、调洪池、雨水湿地等,以及雨水收集回用终端控制设施等。

国内应对城市雨水问题的相关概念有"雨水利用""雨水控制与利用""雨洪利用""低影响开发""内涝防治"等。这些概念虽然名称不同,但内涵基本相近,都是对城市降雨径流采取一定措施进行水量、峰值削减,采取的措施基本为渗、蓄、用、滞、调、排。这些措施都包含了雨水的资源化利用、洪涝减灾防治、面源污染控制、生态环境改善等方面的内涵,只是各个概念的侧重点有所不同。这些概念都与城市雨水利用和排除密切相关,其中的一些主要措施是在传统城市雨水排水系统基础上进行改进,如下凹式绿地、屋顶绿化、透水铺装地面等。就工程措施而言,国内的"雨水利用""雨水控制与利用""雨洪利用"概念与国外的"低影响开发""最佳管理实践""绿色雨水基础设施"等概念基本相同。之所以存在这些概念内涵的相互交叉、重叠,主要原因是对相关概念所对应的降雨重现期和根本目的有些混淆。低影响开发强调源头的径流削减,用于控制日常降雨量较小的情况,通常重现期在 2 年以下。雨水直接收集利用通常针对重现期在 0.5～3 年的场次降雨。这两者的设计目前尚无技术标准进行明确的规定。此外,对于目前问题比较突出而又备受关注的城市内涝防治,尚缺乏统一的认识和技术标准。

5.3.2　海绵城市建设对碳减排的作用

　　海绵城市相关材料的应用表现出优秀的渗水、抗压、耐磨、防滑以及环保美观、舒适易维护和吸声降噪等特点,建成的"会呼吸"的城镇景观路面,也有效缓解了城市热岛效应,让城市路面不再发热,兼有碳中和的功能和效益。人工和自然的结合、生态措施和工程措施的结合、地上和地下的结合,可以解决城市内涝、水体黑臭问题,还可以调节微气候、改善水生态等。因此,海绵城市建设不是一个单一的目标,而是一个综合的目标,是城市发展理念和建设方式的转型。

　　以乌鲁木齐市为例,从 2015 年至今,乌鲁木齐市推进水磨河、和平渠的生态修复工程,促进绿洲生态修复及城市蓝绿空间建设,消除了 85% 以上的城市管网冒溢点,建成了长度约 40.3 km 的地下综合管廊;2019 年通过国家节水型城市的复查工作,成功申报2019 年城市黑臭水体治理示范城市;2021 年入围全国首批系统化全域推进海绵城市建设示范城市;2023 年实施海绵城市重点项目 51 项,高标准建设河马泉海绵城市样板区,地表水体水质达标率 100%,可透水地面面积比例大于 40%。

　　海绵城市的理想目标是使城市转向新兴的青山绿水、和谐共生的绿色低碳发展模式,使得城市经系统建设后回归自然。"双碳"目标的实现和海绵城市建设息息相关,持续推进全域海绵城市建设,是实现"双碳"目标的重要措施和路径。海绵城市概念示意图如图 5.1 所示。

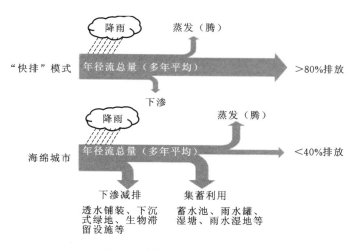

图 5.1　海绵城市概念示意图

基于海绵城市蓄水、本地污水本地治理、蓄水重复高效利用、区块尽量满足用水需求等特点,海绵城市建设能够有效地实现碳减排,主要表现为:提供碳汇空间直接减排;低影响开发,降低能源消耗,间接减少二氧化碳排放。

(1)海绵城市提供碳汇空间直接减排。据测算,100 m^2 绿地对 CO_2 的吸收能力约为 325 kg/d。研究表明,空气中 CO_2 浓度与绿化面积存在密切关系,当绿化面积小于区域面积的 10% 时,空气中 CO_2 浓度会比绿化覆盖率为 40% 的区域超出接近 1 倍;前者由绿色植物产生的 CO_2 比后者减少一半以上。

乌鲁木齐市结合地域特点,推进生态修复工程,促进绿洲生态修复及城市蓝绿空间建设,发挥生态区碳汇作用,实现直接减排,美化和改善环境,发挥生态、社会、经济、文化功能和效益。

(2)海绵城市低影响开发,降低能源消耗,间接减少二氧化碳排放。在乌鲁木齐市的华源·尚源贝阁、秀城等小区,道路、广场、居民社区采用透水铺装、绿色屋顶、墙体绿化、蓄水屋面,有效减轻了城市微环境的热岛效应,改善了社区气候条件,减少了空调使用,其节约的每度电可减少 0.71~1.25 kg 碳排放。

植草沟、下沉式绿地、雨水花园等设施可以存蓄部分雨水,有效提升土壤湿度,减少附近绿化浇灌的自来水用量,降低雨水中污染物浓度,减少径流总量,使雨水资源化。据统计,每节约 1 t 自来水可减少碳排放约 0.91 kg,全国依据海绵城市理念所建成的项目超 4 万个,可实现约 3.5 亿 t 雨水的资源化利用,减少 3.2 亿 kg 碳排放。

综上所述,海绵城市建设是新兴的青山绿水、和谐共生的绿色低碳发展模式,"双碳"目标的实现和海绵城市建设息息相关,持续推进全域海绵城市建设,是实现"双碳"目标的重要措施和路径。

5.3.3　海绵城市专项规划

海绵城市专项规划包括城市水系规划、绿地系统规划、排水防涝规划、道路交通规划、智慧海绵城市规划、海绵城市建设规划等。

1. 城市水系规划

(1)城市水系组成及功能。

城市水系通常由湖泊、湿地、水库以及河流构成,作为海绵体的骨架,是海绵城市建设中最为关键的内容之一。同时,城市水系发挥着防洪蓄排功能、亲水功能、生态自然功能以及空间功能,各项功能有机地组成城市水系功能,见表5.7。

表 5.7　城市水系功能

功能	发挥作用
防洪蓄排功能	（1）水源（工业、市政、生活、农业、景观、环境等）； （2）洪涝、基流排泄与调蓄； （3）转换地下水通道； （4）输水灌溉
亲水功能	（1）公园、休闲； （2）文化承载； （3）造景、观景
生态自然功能	（1）调节小气候； （2）水体及大气净化； （3）地下水入渗补给； （4）生物栖息
空间功能	（1）除尘降噪、通风等； （2）绿地与活动广场； （3）阻燃带与防灾减灾通道； （4）航运通道

　　实施海绵城市水系规划应考虑水系空间关系，处理好城市绿化空间与水系的衔接、城市水系网络间的连通，统筹考虑滨水、岸线以及水体的空间联系，海绵城市绿化应与水系共同构成海绵城市总体空间格局，见图 5.2，以促进城市水系各项功能有效发挥。滨水空间作为城市功能布局中的陆域空间，是开展生态保护及开发建设的重要区域；岸线作为滨水设施功能布局的重要节点，是实施水系修复与生态绿化的重点空间；水体则以水域控制基准线作为空间控制边界，是进行生态修复与水系生物多样性保护的核心空间。

　　（2）城市水系规划存在的问题。

　　① 城市建设追求高土地开发利用率造成部分河道支流、低洼湿地、水稻田以及池塘被填埋，导致城市水面率及河网密度下降，削减了水系调蓄容量。

　　② 城市建设使得不透水路面大量替代透水路面，造成城区下垫面特征及雨洪过程改变，洪峰流量增大且峰现时间提前，严重威胁城市防洪防涝安全。

　　③ 城市河网通常担负防洪排水、景观生态等功能，而城市建设规划过程中过分强调

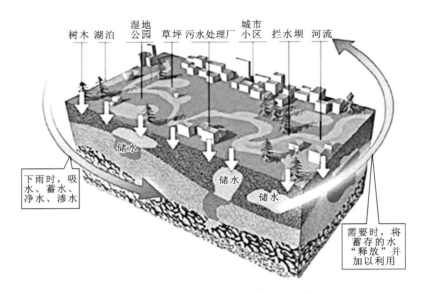

图 5.2　海绵城市总体空间格局示意图

河流的排涝行洪功能及土地开发利用率,造成城市水系规划采用填埋河道、改移线位、裁弯取直等措施,导致城市水系结构破碎化。结构单一化、断面硬化及选线直线化等规划举措阻断了水系河网间的水土物质交换,切断了水生动物栖息、繁衍及觅食通道,从而破坏了城市水系结构以及水生态系统平衡。

④ 城市水系结构单一化及河网密度下降,造成水体自净功能锐减。同时,未达标污水排入河流,更加剧了城市水环境恶化。

⑤ 城市局部建设用地、交通以及河湖水系规划等在时序、空间上尚不协调,造成城市河湖水系规划实施过程中常与道路红线、用地边线发生冲突,导致城市水系规划平面及竖向布局等可实施性较差。

(3) 海绵城市水系规划实施目标。

① 完善城市空间布局及提升水系连通性。综合考虑城市总体规划以及控制性详细规划,实施城市水系规划应维持岸线连续性、自然度,同时岸线与水体、绿地、陆地、滩地、岸坡交错带应实施管控措施,尽量避免与水争地,并提出水陆生态系统配置、种类等要素指标,以契合城市总体规划的需求。

② 兼顾防洪安全及水景营造。应综合考虑城市河网水系特征与现状,采取雨水资源化利用、中水回用等措施,在保障行洪安全的同时,营造优美的城市水景。

③ 提升城市水环境质量。可通过调研城市地表水质量、非点源污染强度、水体营养化水平以及河流底质污染程度,强化水污染综合防治力度。

④ 提升社会公众满意度。应采取多种供水方式，保障城市水系景观最小需水量，在水景营造过程中应把控水工设施和谐度。同时，可基于大数据等信息化措施增强公众在城市水系规划中的参与力度，以提升公众对规划的满意度。

（4）海绵城市水系规划的原则。

① 可持续发展原则。可持续发展具有较广的内涵，但从其本质来看，可持续发展观就是要把经济增长与生态平衡结合起来，在发展中树立生态意识。

② 人本主义原则。水网型城市水系规划以水及相关空间的建设来传递对人的关怀之情，旨在为人提供环境优美、舒适、宜人的公共活动空间，这正是人本主义精神的体现。

③ 安全性原则。城市水系规划是以不破坏城市水系统的安全性为前提条件的，不能为了满足景观建设的需要而降低了安全性要求。安全性原则体现在供水可靠、防洪安全、生态平衡等方面。

④ 系统性原则。城市水系统是一个既有人工要素又有自然要素的有机联系的大系统，规划不仅要将各种类型的空间作为有机联系的子系统，而且要用系统规划思想、系统规划方法指导城市水系的规划，并要求综合运用规划学、园林学、环境学、建筑学、生态学、行为学、社会学、美学等学科的理论知识。

⑤ 生态性原则。从生态学观点来看，城市犹如一个复杂的有机体，不断进行着新陈代谢，城市在自然生态的基础上，增加了社会与经济两个子系统，构成了经济-社会-自然复合生态系统。而城市水系统无疑是城市这个大生态系统的有机组成部分，规划时应充分利用生态学的知识与原理，将城市水系放在区域环境中加以研究，以协调人工建造物与自然环境的良性共生关系。在进行海绵城市水系规划时，应坚持生态为本、保护优先、自然恢复的原则，以河湖为骨架构建区域性的生态连通廊道。

（5）海绵城市水系规划方法。

① 明晰水系现状。可通过资料搜集、部门访谈以及现场踏勘等途径，明确区域水系现状，综合分析防洪排涝、水源供应以及水质保护目标，合理保留或优化水系。

② 统筹水系与城市规划的关系。实施城市水系规划应统筹城市区域功能定位、用地性质以及城市规模等要素，协调相同层面与范围内的水系与城市规划的关系，从而促进城市市政工程及用地的合理布局。例如可在城市总体规划中采用场地竖向分析的方式，为城市湿地、河湖以及景观预留用地。此外，河道与道路相随布设时，可统筹规划河流绿化隔离带与道路绿化带，将道路绿化带作为滨水空间，从而统筹城市绿化、路网规划与水系布局，以充分挖掘城市有限的土地空间。

③ 协调解决区域突出问题。针对城市水资源短缺区域，可综合考虑河网水质及水循

环目标,实施开源节流措施;山丘地区应统筹地质灾害防治规划;区域河网密集地区应协调构建防洪排涝系统;城市开发区应充分预留水系景观空间。

④ 合理布局城市生态水系空间。城市水系规划应统筹水生态、防洪及水环境等要素,合理布局城市生态水系空间。针对水生态要素,应有机结合区域生态斑块、绿色走廊布局城市生态水系空间,以构筑城市水生态系统。针对防洪排涝要素,城市水系空间应能支撑区域行泄调度、洪涝蓄滞。针对水环境要素,应充分挖掘城市水系自净功能,结合湿地与污水、中水处理厂构筑生态水系格局。

⑤ 综合城市内涝治理。城市水系作为雨洪宣泄及城市排水的天然通道,应基于城市内涝防治规范,结合城市防涝排水规划,采取构筑生态缓坡、实施河道拓宽清淤、蓄滞雨洪资源等措施,预留一定调蓄空间,以缓解城市排水系统压力,从而保障在设计标准下不顶托城市排水管网的同时,确保城市水系泄洪通畅。

⑥ 强化城市水环境管控。遵循水环境功能区划,通过水生态修复、提升水体自净能力以及削减输入污染物等举措,加大城市水系水环境质量管控力度。具体可通过构建雨水初期净化调蓄、雨污分流设施以及采取中水补给河道等措施,促使水系循环,提升水体自净能力,从而保障城市水环境品质。

⑦ 水系规划响应大数据。可通过移动设备及社交媒体等多时空、多元化、可视化的海量数据,对河网水系规划信息进行实时分析与挖掘,为水系规划提供直观、实时依据。同时,可通过构建规划社交网络,搭建规划工作者、政府以及公众高效互动的渠道,引导公众参与城市水系规划,促进城市水系规划编制方式由专家领衔转型为城市公众参与,由经济建设为主的空间规划转型为以公众日常活动为核心的社会活动空间规划。

⑧ 规划制度保障及应急机制。健全规划立项及后评价制度等,以完善规划实施体制。构建涵盖城市河湖水系、调蓄区及泵站等地理信息的数字化平台与数学模型,以支撑规划编制与实施。此外,城市水系规划应完善应急抢险事前预案,加强事中应急处置及社会动员能力,同时保障灾后救援、抢险物资补充及保险补偿能力,以提升城市河湖水系应急管理水平。

(6) 海绵城市水系规划内容。

海绵城市水系规划的具体内容包括总体布局、水环境治理规划、景观规划、道路交通规划、绿化种植规划、旅游规划、周边用地引导控制规划、分期规划等诸多分项内容。城市水系规划流程如图 5.3 所示。

各主要分项包含的内容和提交的图纸如下。

① 总体布局。总体布局内容包括水系的概念意象、水系总体形象等。总体布局图纸包括总体布局图、总体鸟瞰效果图等。

② 水环境治理规划。水环境治理规划内容包括水系治理目标、河道疏通、工程与技术措施、管理措施等。水环境治理规划图纸包括水系疏浚图、治污分区规划图及截污管网布置图等。

③ 景观规划。景观规划内容包括景观规划目标与理念、景观空间结构、景观廊道与感受序列、沿岸景观风貌、景观生态结构、生态廊道与生态群落等。景观规划图纸包括水系景观空间结构图、景观廊道与感受序列规划图、沿岸景观风貌分区图、沿岸建筑天际线规划图、景观生态结构图、生态廊道布局图等。

④ 道路交通规划。道路交通规划内容包括道路交通规划目标、道路交通组织、道路横断面设计、桥梁序列规划等。道路交通规划图纸包括道路交通规划图、道路纵横断面设计图等。

⑤ 绿化种植规划。绿化种植规划内容包括绿化种植规划目标、绿化规划结构、绿化功能分区、树种规划

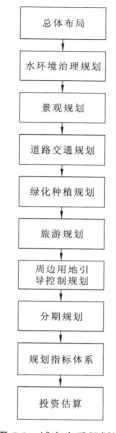

图 5.3　城市水系规划流程

等。绿化种植规划图纸包括绿化功能分区图、绿化结构规划图等。

⑥ 旅游规划。旅游规划内容包括旅游目标与理念、游览体验分区、景点布局、游线组织、接待服务设施、旅游产品策划、经营管理等。旅游规划图纸包括游览体验分区图、景点布局图、游线组织规划图、接待服务设施布局图等。

⑦ 周边用地引导控制规划。周边用地引导控制规划内容包括周边用地性质引导规划、周边用地建设指标控制、周边用地风貌控制等。周边用地引导控制规划图纸包括周边用地性质引导规划图、周边用地建设指标控制图、周边用地风貌控制分区图等。

⑧ 分期规划。分期规划内容主要包括项目建设时序安排。分期规划图纸包括分期规划图。

（7）重要区段及节点设计。

海绵城市水系规划在总体规划阶段也要考虑重要区段及节点的设计，因为这些部分是城市水系的亮点，直接关系到城市旅游、城市景观风貌等诸多方面。内容上包括标准

段设计、重要区段设计以及重要节点设计等方面,详见表5.8。

表 5.8　重要区段及节点设计要求

区段及节点	设计内容	图纸要求
标准段	驳岸设计、景观桥梁设计、码头设计、小品及设施设计等	标准段驳岸设计图、标准段透视效果图、景观桥梁设计图、码头设计图、小品及设施设计图等
重要区段	地块总体布局、功能带划分、沿岸建筑风貌控制、景观视线引导、滨河休闲带设计、道路交通设计、种植设计等	重要区段设计布局图、功能分区图、沿岸建筑风貌控制图、景观视线引导图、滨河休闲带设计图、道路交通设计图、种植设计图、透视效果图等
重要节点	节点设计布局、节点功能分区、游人码头设计、景观标志设计、游览设施设计、道路交通设计、种植设计、照明设计等	重要节点设计布局图、节点功能分区图、游人码头设计图、游览设施设计图、景观标志设计图、道路交通设计图、种植设计图、照明设计图、透视效果图等

2. 绿地系统规划

（1）绿地系统构成与功能。

绿地系统是由一定质与量的各类绿地相互联系、相互作用形成的绿地有机整体,即城市中不同类型、性质和规划的各种绿地共同构成的稳定持久的城市绿色环境体系,是城市生态系统的有机组成部分,具有极为重要的生态服务功能。

现有城市绿地的主要功能为美化景观、提升环境质量、休闲游憩、日常防护、避灾避险、维护生物多样性等。绿地具有保持水土、涵养水源、维护城市水循环、调节小气候、缓解温室效应等作用,在城市中承担重要的生态功能。绿地是高度城市化地区削减城市雨水径流量以及保持场地自然水文循环过程的重要空间,与城市雨水管理、城市洪涝灾害控制、水环境污染防治以及解决水资源短缺问题等具有紧密的关系。城市绿地系统可以作为城市雨水收集、滞留、下渗以及初期雨污控制的主要场地。合理的绿地结构设计以及恰当的绿地面积比例控制,对部分甚至全部的雨水进行利用,可以使城市雨洪问题得到控制或消除,保障城市安全。

（2）城市绿地建设中存在的问题。

目前,在实际绿地系统规划中更多地重视绿地的景观效果等外在表现形式,忽略了其涵养水源、调蓄雨水、保护生态等内在功能。没有有效解决城市用地扩张过快问题,没有将绿地系统、地表水系和市政管网进行有效融合连通,形成一个互相关联的有机整体,没有在解决城市内涝问题、减小城市开发建设活动对自然生态系统的影响等方面做出足够的贡献。

(3)海绵城市绿地系统规划的原则。

基于低影响开发理念的绿地系统规划,主要目标是在规划阶段就将雨水管理融入绿地建设中,重视邻里社区等小尺度区域的绿地建设,完善绿地的生态环境功能,将城市绿地、地表水系和市政管网关联成有机整体,使水资源可以在各承载体中有序高效流通,最终使城市绿地系统在改善城市微环境、控制城市蔓延、削减城市雨水径流和净化雨水水质等方面发挥作用,从源头消除城市内涝隐患。

《海绵城市建设技术指南——低影响开发雨水系统构建(试行)》也强调:城市绿地、广场及周边区域径流雨水应通过有组织的汇流与转输,经截污等预处理后引入城市绿地内的以雨水渗透、储存、调节等为主要功能的低影响开发设施,消纳自身及周边区域径流雨水,并衔接区域内的雨水管渠系统和超标雨水径流排放系统,提高区域内涝防治能力。低影响开发设施的选择应因地制宜、经济有效、方便易行,如湿地公园和有景观水体的城市绿地与广场宜设计雨水湿地、湿塘等。

海绵城市绿地系统规划一般遵循如下设计原则。

① 生态优先原则。生态优先原则指在进行城市绿地系统规划时,应首先进行区域生态调查,在分析的基础上根据区域生态格局和生态保护目标确定绿地系统布局。而在城市绿地所具有的多种功能中,绿地系统规划强调其最基本的功能是生态功能,其他的功能如社会功能、经济功能及景观功能等都应以生态保护为基础。

在绿地系统规划的具体制定过程中,应通过计算分析来确定各种绿地的规划面积。如应考虑区域主导风向、平均风速、城市形状及面积等要素来规划作为进气通道的绿地布局;综合考虑区域主要生物种类和其体态规划作为生态廊道的绿地布局;通过对城市热岛效应的分析以及区域碳氧平衡分析,规划区域内的绿地布局等。这些基本的生态环境分析,可基本确定城市绿地系统布局,而后将此初步规划与相关规划标准比较,并结合绿地的其他功能因素,平衡各种经济、环境、社会效益,形成生态优先、多功能复合的生态绿地系统。

② 径流控制原则。由于绿地系统规划的基础就是丰富绿地功能,为了让其同时承担城市雨水管理功能,分担市政排水管网压力、开发城市新型水资源、减小城市内涝的风险,在进行规划时必须遵循径流控制原则,从源头上管理城市雨水。

在绿地系统规划中,径流控制不只体现在规划区整体绿地系统的布局上,也体现在局部地块的设计上,应将各种低影响开发技术与具体土地利用方式结合,实现技术落地。

③ 系统整合原则。在绿地系统规划中,系统整合不单指传统绿地系统规划中的绿地系统与其他系统,如道路交通系统、建筑群系统、市政系统等的整合,更强调了绿地系统内部各组成部分之间的整合。在绿地系统规划中,要统筹考虑天然水体、人工水体和绿地,再结合城市排水管网设计,将参与雨水管理的各部分结合起来,分析水量和水体流通特性,使其成为一个相互连通的有机整体,使雨水能够顺利地通过多种渠道入渗、排放、储存和利用,减小暴雨对城市造成的危害。

④ 多级布置、相对分散原则。多级布置、相对分散是指在绿地系统规划中,确定了总体绿地数量和布局后,要充分考虑不同服务半径绿地的搭配组合,重视社区、邻里等小尺度区域对绿色空间的需求,将绿地分为城市、片区、邻里等多重级别,分区分批建设,根据各类空间的性质形成多种体量的绿地斑块,降低建设成本,提升雨水管理效果。

规划时,可根据实际情况将规划区分割成有不同自然属性的规划单元,根据每个单元的具体生态结构、土地特性和功能特征制定相应的规划目标和绿地布局及其主要功能,以满足不同时段、不同区域以及不同人群的需求。

⑤ 立体式布局原则。立体式布局是指在绿地系统规划中,不应将绿地形式局限于传统的地面绿地,而是应该根据地形和建筑特点,建设低势绿地、屋顶花园、绿化墙面、人工湿地等多种形式的立体绿地,在垂直空间尺度上形成立体式布局。在规划阶段,不宜对原有场地高程进行大幅度改变,而应顺应区域地形、水流和风向等自然特性规划建筑区和绿地区。在绿地建设上高低结合,可以在不同用地、不同高程上实现雨水的就地处理,降低开发建设成本,提高雨水管理效率。

(4)海绵城市绿地系统规划方法。

海绵城市的绿地系统规划要综合考虑地形地貌、水文、生物、游憩等要素空间所形成的生态结构。利用场地中的沟谷、陡崖和连续的林地空间构建雨洪汇流通道、生物迁徙廊道、人文游憩廊道,组成场地的主要生态廊道系统。利用场地中的低洼地、大面积的林地斑块构建雨洪滞留空间、污水净化湿地空间、生物栖息空间、大型游憩活动空间,形成场地的主要生态绿地斑块。各个绿地斑块通过生态廊道连接,使场地水文过程、生物过程、人文游憩过程能够有序地进行。不同等级或者不同性质的廊道系统的交汇处由于具有重要的生态功能,应作为关键控制节点,利用不同等级和性质的廊道、绿地斑块及关键控制节点形成规划区内的生态结构网络系统。在生态结构的基础上,针对不同场地条件和管理目标进行绿地布局,在生态结构空间中规划建设雨洪设施绿地、游憩设施绿地、防护设施绿地、自然保存设施绿地。

（5）海绵城市绿地系统规划内容。

海绵城市绿地系统规划的具体内容包括总体布局、绿化整治规划、景观系统规划、道路交通规划、绿化规划、旅游规划、周边用地引导控制规划、分期规划等诸多分项内容。绿地系统规划流程如图 5.4 所示。

各主要分项包含的内容和提交的图纸如下。

① 总体布局。总体布局内容包括绿地布局、绿地总体形象等。总体布局图纸包括总体布局图、总体鸟瞰效果图等。

② 绿化整治规划。绿化整治规划内容包括绿化治理目标、绿地分类、工程与技术措施、管理措施等。绿化整治规划图纸包括绿地分区规划图及绿地分类布置图等。

③ 景观系统规划。景观系统规划内容包括景观规划目标与理念、景观空间结构、绿地风貌、绿地景观生态结构、生态廊道与生态群落等。景观系统规划图纸包括绿地景观空间结构图、绿地风貌分区图、景观生态结构图、生态廊道分类图、布局图等。

④ 道路交通规划。道路交通规划内容包括绿地区域道路交通规划目标、道路交通组织、道路纵横断面设计。道路交通规划图纸包括道路交通规划图、道路纵横断面设计图等。

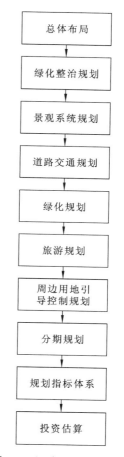

图 5.4　绿地系统规划流程

⑤ 绿化规划。绿化规划内容包括绿化种植规划目标、绿化规划结构、绿化功能分区、树种规划等。绿化规划图纸包括绿化功能分区图、绿化结构规划图、绿化结构效果图等。

⑥ 旅游规划。旅游规划内容包括游览理念、游览体验分区、景点布局、游线组织、接待服务设施、管理规划等。旅游规划图纸包括游览体验分区图、景点布局图、游线组织规划图、接待服务设施布局图等。

⑦ 周边用地引导控制规划。周边用地引导控制规划内容包括周边用地性质引导规划、周边用地建设指标控制、周边用地风貌控制等。周边用地引导控制规划图纸包括周

边用地性质引导规划图、周边用地建设指标控制图、周边用地风貌控制分区图等。

⑧ 分期规划。分期规划内容主要包括项目建设时序安排。分期规划图纸包括分期规划图。

3．排水防涝规划

（1）基于海绵城市建设的排水防涝规划理念。

传统的市政建设理念认为，雨水排得越多、越快、越通畅越好，这种"快排"的传统模式主要是针对 3～5 年重现期的短历时降水设计管道。随着全球气候变化，极端天气事件增多，"快排"设计理念与城市急剧扩张的现实矛盾越来越突出。首先，很多城市依然存在着重视地上开发、轻视地下配套设施建设的现象；其次，我国绝大多数城市的雨水管网系统依旧延续着"快排"模式，无法从根本上去除内涝等隐患，同时一味加大管径，不经济。而采取海绵城市理念，不仅能够合理管理雨水，解决内涝频发等问题，而且兼有城市绿化、丰富城市景观的作用，具有多方面的益处。海绵城市遵循"渗、滞、蓄、净、用、排"的六字方针，把雨水的渗透、滞留、集蓄、净化、循环使用和排水密切结合，统筹考虑内涝防治、径流污染控制、雨水资源化利用和水生态修复等多重目标。

城市地下排水管道系统作为城市的小排水系统承担着城市雨水排放的重要职责。在海绵城市建设中，为保障城市免遭内涝侵袭，小排水系统依然需要发挥大量的径流排放功能。但是城市雨洪管理不能仅仅依靠"快排"，还应重视蓄积，因此，应结合地上沟渠、坑塘共同组成小排水系统，连接微排水及大排水系统，将地上和地下设施联系起来，与微排水及大排水系统共同作用，构成完善成熟的城市排水系统。

（2）海绵城市排水防涝规划体系框架。

海绵城市排水防涝规划体系框架如图 5.5 所示。

（3）海绵城市排水防涝规划原则。

① 明确低影响开发雨水系统径流总量控制目标，并与城市总体规划、详细规划中低影响开发雨水系统的控制目标相衔接，将控制目标分解为单位面积控制容积等控制指标。

② 评估、分析径流污染对城市水环境污染的贡献率，根据城市水环境质量要求，结合悬浮物等径流污染物控制指标确定年径流总量控制率，同时明确径流污染控制方式，并合理选择低影响开发设施。

③ 根据当地水资源条件及雨水回用需求，确定雨水资源化利用的总量、用途、方式和设施。

④ 发挥低影响开发雨水系统对径流雨水的渗透、调蓄、净化等作用，低影响开发设施的溢流应与城市雨水管渠系统或超标雨水径流排放系统衔接。

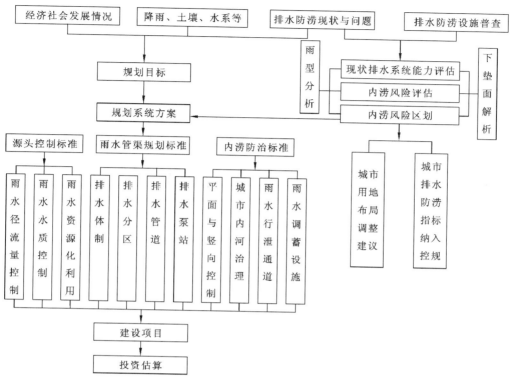

图 5.5　海绵城市排水防涝规划体系框架

（4）基于防洪排涝的海绵城市排水工程规划方法。

① 现状管网改造。应综合考虑当地的自然条件、地质条件、卫生要求、原有排水设施、地形、气候等条件设计管网。对于雨污分流实现比较困难的旧城区，为降低工程造价，应充分利用现有的排水设施，排水体制宜采用截流式合流制，适当增大截留倍数，同时起到大比例收集、处理初期雨水的作用。对于因现状排水设施设计不合理、管径偏小，而易形成内涝的地区，在进行规划设计时，要认真分析排水现状及内涝原因，重新核算管渠接纳的汇水流域面积，适当提高设计标准。选择在具备实施条件的线路上增设排水干管，在局部增设排涝泵站或蓄洪水池及水体。

② 新区管网布置。对于新开发区、新城区，排水体制宜采用完全分流制。雨污水管网的规划应考虑新城区近期与远期发展的衔接；充分了解、深刻理解当地主管部门的发展思路与主导方向；必须充分考虑城市道路和管网的建设时序问题，将雨污水主干管、次干管置于先期建设的道路下，按照先主干管、后次干管、再支管的次序建设，避免因为经济环境、地方政府支付能力等的变化导致系统不能完整建成，造成水污染事件的发生。

雨水管网布置应结合规划或现有的受纳水体条件,按照最新的排水规范高标准选择设计参数。使雨水通过管道就近排入附近水体,减小系统规模,达到降低造价的目的;优先排入规划保留的现状河道,最大限度避免后期水系规划调整对排水系统的影响。与城市竖向规划、水系防洪规划积极保持沟通、协调,必要时提出本专业的合理要求和建议。不同系统之间适当增加部分排水支管并相互连接,利于系统之间互相备用与调剂。

(5)海绵城市排水防涝规划内容。

海绵城市排水防涝规划具体各项包含的内容如下。

① 规划背景与现状概况,包括区位条件、地形地貌、地质水文、经济社会概况、上位规划概要及相关专项规划概要,以及城市排水防涝现状、问题及洪涝成因分析。

② 城市排水防涝能力与内涝风险评估,包括降雨规律分析与下垫面解析、城市现状排水系统能力评估、内涝风险评估与区划。

③ 规划总论,包括规划依据、规划原则、规划范围、规划期限、规划目标、规划标准、系统方案概述。

④ 城市雨水径流控制与资源化利用,包括径流量控制、径流污染控制及雨水资源化利用。

⑤ 城市排水(雨水)管网系统规划,包括排水体制、排水分区、排水管渠、排水泵站及其他附属设施等规划。

⑥ 城市防涝系统规划,包括平面与竖向控制、城市内河水系综合治理、城市防涝设施布局与城市防洪设施的衔接。

⑦ 近期建设规划。

⑧ 管理规划,包括体制机制、信息化建设和应急管理规划。

⑨ 保障措施,包括建设用地、资金筹措及其他。

海绵城市排水防涝规划附图要求见表5.9。

表 5.9　海绵城市排水防涝规划附图要求

图纸编号	图纸名称	比例尺	表达内容及要求
1	城市区位图	1∶250000～1∶1000000	城市位置、周围城市位置、与其他主要城市的距离关系
2	城市用地规划图	1∶5000～1∶25000	用地性质、用地范围、主要地名、主要方向、街道名、中心区、风景名胜区、文物古迹和历史地段的范围

图纸编号	图纸名称	比例尺	表达内容及要求
3	城市水系图	1∶5000～1∶25000	描述城市内部受纳水体(包括河、湖、塘、湿地等)基本情况,如长度、河底标高、断面、多年平均水位、流域面积等,以及城市现状雨水排放口信息
4	城市排水分区图	1∶5000～1∶25000	城市排水分区,每个排水分区的面积、最终排水出路等
5	城市道路规划图	1∶5000～1∶25000	城市主次干路交叉点及变坡点的道路标高
6	城市现状排水设施图	1∶5000～1∶25000	城市排水管网的空间分布及管网性质,各管段长度、管径、管内底标高、流向、设计标准,泵站的位置和流量及设计重现期等内容
7	城市现状内涝防治系统布局图	1∶5000～1∶25000	能影响到城市排水与内涝防治的水工设施,比如城市调蓄设施和蓄滞空间的分布、容量
8	城市现状易涝点分布图	1∶5000～1∶25000	城市易涝点的空间分布
9	城市现状排水系统排水能力评估图	1∶5000～1∶25000	各管段的实际排水能力,最好用重现期表示,包括小于 1 年、1～2 年、2～3 年、3～5 年和大于 5 年一遇,并标出低于国家标准的管段
10	城市内涝风险区划图	1∶5000～1∶25000	城市内涝高、中、低风险区的空间分布情况
11	城市排水分区规划图	1∶5000～1∶25000	城市排水分区,各分区的面积及排入的受纳水体
12	城市排水管渠及泵站规划图	1∶5000～1∶25000	管网布局、管网长度、管径、管内底标高、流向、出水口的标高,表达出是新建管渠、雨污合流改造管渠还是原有雨水管渠扩建,泵站的名称、位置、设计流量,规划排水管渠的重现期

图纸编号	图纸名称	比例尺	表达内容及要求
13	城市低影响开发设施单元布局图	1：5000～1：25000	城市下凹式绿地、植草沟、人工湿地、可渗透地面、透水性停车场和广场的布局,现有硬化路面的改造路段与方案,将现状绿地改为下凹式绿地的位置与范围
14	规划建设用地性质调整建议图	1：5000～1：25000	对规划新建地区内涝风险较高区域提出调整建议
15	城市内河治理规划图	1：5000～1：25000	河道拓宽及主要建筑物改扩建的规划方案
16	城市雨水行泄通道规划图	1：5000～1：25000	城市大型雨水行泄通道的位置、长度、截面尺寸、过流能力、服务范围等信息
17	城市雨水调蓄规划图	1：5000～1：25000	雨水调蓄空间与调蓄设施的位置、占地面积、设施规模、主要用途、服务范围等信息

4. 道路交通规划

传统城市道路的硬化面积占道路面积的 75% 左右,道路绿化带面积占 25% 左右,透水铺装率不足 30%,路缘石和绿化带均高出路面 10～20 cm,雨水口设置在机动车道或者非机动车道上,绿化带只能消纳自身区域的雨水,雨水口仅汇集路面雨水,不能有效地实现雨水排放,容易造成路面积水,甚至内涝。《海绵城市建设技术指南——低影响开发雨水系统构建(试行)》指出:城市道路径流雨水应通过有组织的汇流与转输,经截污等预处理后引入道路红线内、外绿地内,并通过设置在绿地内的以雨水渗透、储存、调节等为主要功能的低影响开发设施进行处理。道路低影响开发设施的选择应因地制宜、经济有效、方便易行,如结合道路绿化带和道路红线外绿地优先设计下沉式绿地、生物滞留带、雨水湿地等。此外,不同城市路网因地理位置、经济发展、土地利用等因素有着明显的差异,同一个城市各区域的路网也因各自定位的不同存在差别。海绵城市路网规划与一般城市路网规划的区别是:海绵城市路网规划对城市排水防涝规划、城市绿地系统规划和城市水系规划等要求较高,这些规划会使城市路网的结构发生变化,从而影响道路的非直线系数,道路网密度、道路面积密度、居民拥有道路面积密度、道路绿化率等城市路网规划技术指标都会发生相应的变化。

（1）海绵城市道路与传统城市道路的区别。

城市道路是城市空间形态和街道景观的重要组成部分,也是排水、通信光缆等基础设施的廊道空间。海绵城市道路采用低影响开发技术设施,不仅可以保证道路的通行能力,而且能在解决道路排水问题的同时防止雨水对路面稳定性产生影响。海绵城市道路与传统城市道路的区别见表 5.10。

表 5.10　海绵城市道路与传统城市道路的区别

项目	传统城市道路	海绵城市道路
设计目标	"快排"模式,树状结构,降低路面雨水径流	从源头、中途和末端进行雨水径流总量、峰值和污染控制的多级结构
设计理念	雨水口-雨水管网	结合低影响开发设施,使雨水经过下渗、净化、滞留、调蓄,最终排入水体和管网
路面	非透水路面	透水铺装与非透水材料相结合
路缘石	连续的立缘石或平缘石	开口、打孔处理的路缘石
雨水口	传统的置于路面的雨水口	置于绿化带中的溢流井
路肩边沟	混凝土边沟	具有下渗、转输和一定净化功能的植草沟
道路绿化带	高于路面,道路雨水无法流入	低于路面,可处理周围雨水,下渗能力好,具有净化和调蓄功能
停车场	雨水口排水	采用低影响开发设施,结合周边绿地净化、下渗
广场		桥面排水与桥底低影响开发设施,结合周边绿地系统地进行调蓄、下渗、净化、排水
高架桥、立交桥		
实施效果	灰色基础设施,下渗量小,管网负荷大,污染严重,维护管理成本高	灰色基础设施结合绿色基础设施,下渗量大,有效控制径流和污染,维护成本较低,景观效果较好

（2）海绵城市道路规划原则。

① 满足城市交通运输的要求。满足城市交通运输的要求是海绵城市路网规划的基本要求,也是路网规划的重要依据。海绵城市路网要有合适的路网密度。城市中心区的

路网密度较大,郊区的路网密度较小;商业区的路网密度较大,工业区的路网密度较小。城市道路的红线宽度要满足通行能力的要求,并且能够营造良好的绿化环境。

路网应建立合理的道路分级体系,包括城市快速路、城市主干路、城市次干路和城市支路。对于不同等级的道路,应保持适当的间距,合理地组织交通出行,避免道路空间过度集中或分散。城市主干路应尽可能规整,便于交叉口交通的组织。完善次干路和支路系统,增强城区各个地块的可达性,疏解交通,实现分流和良好的交通组织,构建可持续发展的、健康完善的道路体系。此外,城市道路应与公路、铁路、水运和空运连接,以满足对外交通的要求。

② 满足城市功能布局的要求。城市道路作为城市的骨架,它决定了城市的用地功能和结构,并能反映城市的风貌、历史和文化传统。城市道路是城市功能分区的分界线,各级道路划分各类用地功能。城市快速路和交通性主干路可以划分城市组团(片区)或居住区;城市主次干路和次干路可以划分街区;城市次干路和支路可以划分小区或街坊,为与它相邻的地块服务;可以通过环路划分城市中心区或郊区。城市道路规划应优先考虑道路交通的使用功能,在满足路基强度及稳定性等安全性要求的前提下,路面设计宜满足透水功能要求,尽可能采用透水铺装,增加场地透水面积。

③ 与城市防洪防涝总体规划相协调。海绵城市路网可以结合城市排水系统规划和防洪防涝总体规划等相关规划,根据当地水资源条件,协调好道路与广场、绿化等用地之间的平面与竖向关系,避免因道路竖向设计不合理引起内涝或增加排水设施。山地城市同时应考虑山洪的影响,通过相关排水设施的设计,直接将山洪排入水体。城市市政管网的规划和建设与城市道路关系密切,道路要结合城市管网的规划合理设置。

④ 与城市用地性质相协调。道路功能应根据用地规划布局和交通出行需求合理确定,与相邻的用地性质相协调,满足交通、生活、休闲、景观等需要,为营造舒适、宜人、和谐的城市空间创造条件。

⑤ 与城市水系相协调。城市水系是城市生态环境的重要组成部分,也是道路雨水径流的受纳体。城市道路不应破坏自然水系的走势,应尽可能地顺河布置,保留两岸的自然景观。城市道路应避开水生态敏感区,不越过蓝线,可以结合低影响开发设施,避免道路污染径流直接排入城市水系。

⑥ 与城市绿地系统相协调。城市路网应结合城市绿地系统规划,包括道路红线内绿地和红线外绿地。城市道路红线内的绿地为道路服务,其设计应符合城市道路的性质和功能,如支路以慢行交通为主,从静态的角度设置绿化,选择株距较大的小乔木、盆栽等进行绿化;交通干道要考虑绿化对机动车行驶的影响;街旁绿地应与道路和建筑相配合,

形成城市的景观骨架。道路周边的城市绿地在规划时,应处理好道路与绿化的衔接关系,通过采用低影响开发技术和设施,保证道路雨水径流能够有效地排向绿地,避免排水不畅。

（3）海绵城市道路设计思路。

海绵城市道路设计的原理是让城市道路生态排水,即雨水先流入道路绿化带中,经截污设施处理后,流入红线外的绿地中,在绿地中设置低影响开发设施,消纳多余的道路雨水径流。当道路绿化带空间充足时,可以将红线外不透水区域的雨水引入并消纳。为了保证雨水排放顺畅,可以在道路绿化带中设置溢流口与雨水管网相连。

海绵城市道路的设计思路是在海绵城市道路规划原则的指导下,在满足交通功能需求和保障安全的同时,结合道路的纵坡和路拱横坡,利用道路车行道、人行道、停车场和绿化带设置透水铺装、植草沟、下沉式绿地、雨水湿地等低影响开发设施,经过渗透、净化、调蓄,生态排水,实现城市道路的"海绵"功能。海绵城市道路设计思路见图 5.6。

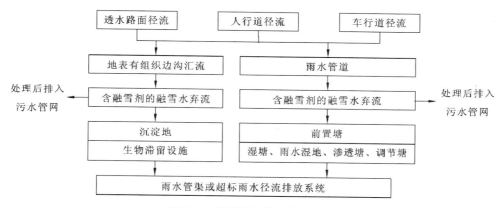

图 5.6　海绵城市道路设计思路

① 注意因地制宜,选择经济有效、方便易行的设施,充分利用道路红线内外的绿地空间设置低影响开发设施,并协调好设施与道路的衔接关系。

② 在进行海绵城市道路设计时,应合理设计横坡的坡向,协调路面与绿化带、红线外绿地的竖向关系,便于雨水流入低影响开发设施中。

③ 在选取低影响开发设施时,注意选择具有净化功能的设施,防止污染物进入水体,造成面源污染。

④ 低影响开发设施中的植物应选择长势好、抗性强的本地植物。

⑤ 由于城市道路下敷设有各类工程管线,雨水下渗可能会导致地基不稳,引起工程管线的错位、燃气管爆炸等安全问题。因此,在城市道路设置低影响开发设施时,应注意

采取必要的防渗措施。

（4）海绵城市道路系统规划的方法。

已开发场地的路网布局已经形成，城市道路不透水地表切断了雨水排放的自然通道，阻碍了雨水的自然下渗过程，同时径流中携带着各种污染物。基于此，对新建或改造道路要做到干扰最小化，依据城市道路空间条件，人行道尽量采用透水路面，道路绿化带尽量采用植被浅沟、雨水花园等，降低不透水路面的连续性，模拟自然水文功能，恢复与补偿地下水，以水质控制为主，兼顾径流量控制。透水性路面材料按照实际使用情况可分为两大类：一类是可直接铺设在能够蓄水的路基上，经压实、养护工艺构筑成大面积整体透水性混凝土、沥青路面；另一类是经特殊工艺预制的透水性混凝土制品（如透水砖、嵌草砖等）。在路面工程规划时，应根据路面行车要求和现场施工条件合理选择。

（5）海绵城市道路的优化。

① 人行道路改造。人行道路的主要功能是为过往行人提供行走道路，下垫面具有地表径流污染度低、区域不渗透率高、雨水径流量大和道路结构承载力要求低等特点，因此非常适合采用渗透路面来进行改造。另外，结合人行道路区域空间占用率相对较低的情况，适当地添加一定量的种植盒，在构建区域景观的同时还具备一定的储蓄和渗透雨水能力。

② 车行道路改造。车行道路一般采用沥青或水泥路面，沥青和水泥路面也是城市主干路的主要路面形式。一方面，由于城市主干路作为车辆的行驶道路，其道路结构承载能力要求较高；另一方面，在车辆行驶的过程中，轮胎的摩擦和汽油泄漏等问题会导致路面存在大量的重金属污染物和有机污染物。降雨时，雨水冲刷会携带大量的污染物和沉积物。如果允许未经处理的径流直接渗入地下，会致使地下水污染和区域沉积物堵塞。综合考虑道路承载力、地面径流污染和后期运行维护成本三方面因素，车行道路地表不适合采用渗透路面进行改造，可结合生物滞留地建设来实现储存并削减雨水径流、控制并延缓峰现时间和处理地表径流污染源这三重功能。一般做法是用生物滞留地替换道路两边原有的绿化带，并降低其高程，收集、汇集道路雨水，并在滞留地中设置溢流排水管，排水管与现有雨水管网连接，实现控制并排出过量雨水的目的。

③ 改变道路排水模式。在传统道路排水模式下，路面径流沿道路横纵坡快速汇集至边沟，经雨水口进入雨水管线。为解决雨水径流污染、城市内涝灾害等问题，需改变上述传统的道路排水模式，构建基于低影响开发的道路排水模式。低影响开发道路排水模式依据现有的道路断面形式、路面坡度坡向和周边空间条件进行设计，中央分隔带下凹，滞留自身雨水径流，下渗雨水和超量雨水通过溢流井和渗水盲管排入市政雨水管线。机动

车道路径流在重力作用下沿路面横纵坡汇集至边沟,通过开孔侧缘石进入机动车道和非机动车道分隔带内的低影响开发雨水滞留设施净化,超量雨水通过溢流口进入市政雨水管线。非机动车道径流首先汇入生态树池,超量雨水通过暗渠流入红线外绿地。人行道路采用透水铺装,坡向红线外绿地。红线外绿地低影响开发设施汇集道路及周边区域径流,超过其控制目标的径流通过溢流口进入市政雨水管线。

此外,城市不透水地面的连接程度对城市地表径流的峰值总量变化等也有影响,可以利用道路分隔带的绿地切断城市不透水路面的连接,改变不透水路面的连续性,有利于削减地表径流,如可利用分隔绿化带对车行道进行分隔。在道路长度、宽度、坡度及绿地宽度等都相同的情况下,具有多条分隔绿化带的道路上径流峰值明显较低,产流时间滞后。

（6）海绵城市道路与红线外用地的衔接。

① 道路与建筑、小区的衔接。在居住区、商业区等区域,城市道路两侧连接建筑、小区的地方经常存在空闲场地。当相连场地用地紧张时,经常与人行道合用空间,场地可以采用透水铺装来排水;当城市道路与建筑、小区之间用地富裕、存在路侧绿化带时,可以将低影响开发设施与路侧绿化带合并设置。在选择低影响开发设施时,注意建筑对绿化的衬托、防护及对出入口等的要求,采用雨水花园、下沉式绿地、植草沟来解决排水问题。

② 道路与城市绿地衔接。城市道路与城市绿地衔接时,可在绿地中使雨水通过低影响开发设施进行调节、渗透、转输、净化和储存。根据城市绿地的功能、用地尺寸、水文地质等特点,适合绿地的低影响开发源头渗透设施有雨水花园、下沉式绿地、生物滞留带、渗井、渗透塘、植被缓冲带;适合绿地的低影响开发中途技术设施有调节塘、湿式植草沟、渗管渠、植被缓冲带;适合绿地的低影响开发末端存储设施有湿塘、雨水湿地、植被缓冲带。

a. 对于水资源缺乏的干旱地区,雨水排入城市绿地时,可以优先选用雨水储存设施,以达到雨水资源化利用的目标。城市道路雨水径流通过排水管直接进入湿塘或雨水湿地中沉淀、过滤、净化和存储。

b. 对于暴雨、洪涝多发地区,城市道路排水设施不能及时排除的多余雨水排入城市绿地时,可以优先选用雨水储存和调节技术。城市道路雨水径流通过排水管进入调节塘,在调节塘中沉淀、过滤、分流,以削减峰值流量,然后从排水口流入湿塘或雨水湿地中,再次进行沉淀、过滤、净化,最后储存下来,若雨水流量超出储存容积,再经出水口排向下一个末端存储设施。

c. 对于径流污染问题比较严重的地区,可以优先选用雨水截污净化设施,来达到控制径流污染的目标。雨水花园、湿式植草沟和植被缓冲带都是城市绿地中截污净化效果显著的低影响开发设施。

d. 对于水资源比较丰富的地区,可以优先选用雨水截污净化、渗透和调节等技术设施,来达到控制径流污染和径流峰值的目标。城市道路雨水径流可以通过下沉式绿地、渗井和渗透塘下渗排水,通过雨水花园、湿式植草沟、植被缓冲带截污净化雨水,再通过调节塘调控雨水,削减峰值流量。

e. 对于水生态敏感或水土流失严重的特殊地区,可以根据具体的汇水区块,选用相应的低影响开发设施,尽量减少场地开发对水文环境的破坏。

5. 智慧海绵城市规划

现代信息技术在信息的监测、收集、整合、分析、模拟、优化等方面有着传统技术不可比拟的优势。海绵城市建设可以与国家正在开展的智慧城市试点工作相结合,实现海绵城市的智慧化,并将建设重点放在社会效益和生态效益显著的领域以及灾害应对重点领域。智慧化的海绵城市建设,能够结合物联网、云计算、大数据等信息技术手段,使原来非常困难的参量监控变得容易实现。利用信息化手段可实现智慧排水和雨水收集,对管网堵塞情况进行在线监测并实时反映;利用智慧水循环技术可以达到减少碳排放、节约水资源的目的;使用遥感技术对城市地表水污染总体情况进行实时监测;利用暴雨预警与水系统智慧反映路段积水情况,实现对地表径流量的实时监测,并快速做出反应;通过集中和分散相结合的智慧水污染控制与治理,实现雨水及再生水的循环利用等。

为了因地制宜地确定建设目标和具体指标,科学编制和严格实施相关规划,需要将智慧化理念应用到海绵城市的规划建设之中,发挥相关技术的优势。智慧化理念可应用在规划建设阶段的多个方面:对规划所需信息进行监测、收集、分析,从而为规划建设提供数据支撑;对规划建设方案进行模型模拟,优化设施组合、规模和平面布局;对各方案的效果进行直观显示,便于选取、优化方案等;通过网格化、精细化设计将城市管理涉及的事、部件归类系统标准化,在此基础上推行城市公共信息平台建设,通过智慧城管平台主动发现问题并有预见性地应对,再通过物联网智能传感系统实现实时监测。以上这些优化设计可以帮助城市迅速、智慧、弹性地应对水问题。

6. 海绵城市建设规划

(1) 主要内容。

① 综合评价海绵城市建设条件。分析城市区位、自然地理、经济社会状况和降雨、土

壤、地下水、下垫面、排水系统、城市开发前的水文状况等基本特征,识别城市水资源、水环境、水生态、水安全等方面存在的问题。

② 确定海绵城市建设目标和具体指标。确定海绵城市建设目标(主要为雨水年径流总量控制率),明确近、远期要达到的海绵城市建设面积和比例,提出海绵城市建设指标体系。

③ 提出海绵城市建设的总体思路。依据海绵城市建设目标明确海绵城市建设的原则,针对现状问题因地制宜地确定海绵城市建设的实施路径。老城区以问题为导向,重点解决城市内涝、雨水收集利用、黑臭水体治理等问题;城市新区、各类园区、成片开发区以目标为导向,优先保护自然生态本底,合理控制开发强度。

④ 提出海绵城市建设分区指引。识别山、水、林、田、湖等生态本底,提出海绵城市的自然生态空间格局,明确保护与修复要求;针对现状问题,划定海绵城市建设分区,提出建设指引,在城市建设中倡导海绵小区、海绵广场、海绵建筑等新的建设理念与模式。

⑤ 落实海绵城市建设管控要求。根据雨水径流量和径流污染控制的要求,对雨水年径流总量控制率目标进行分解。大城市要分解到排水分区,中等城市和小城市要分解到控制性详细规划单元,并提出管控要求。

⑥ 提出规划措施和相关专项规划衔接的建议。针对内涝积水、水体黑臭、河湖水系生态功能受损等问题,按照源头减排、过程控制、系统治理的原则,制定积水点治理、截污纳管、合流制污水溢流污染控制和河湖水系生态修复等措施,并提出与城市道路、排水防涝、绿地、水系统等相关规划相衔接的建议。

⑦ 近期建设规划。明确近期海绵城市建设重点区域,提出分期建设要求。

⑧ 提出规划保障措施和实施建议。

(2)成果要求。

规划成果包括规划文本、规划图纸和附件三个部分。

① 规划文本:主要包括总则、海绵城市建设分区指引、海绵城市建设水生态规划、海绵城市建设水环境规划、海绵城市建设水资源规划、海绵城市建设水安全规划、海绵城市建设规划措施、海绵城市建设设施布局用地控制、海绵城市建设近期建设规划、海绵城市建设规划保障措施等内容。

② 规划图纸:主要包括现状图、海绵城市自然生态空间格局图、海绵城市建设分区图、海绵城市建设管控图、海绵城市相关涉水基础设施布局图、海绵城市分期建设规划图。

③ 附件:包括规划说明书、基础资料汇编及专题研究报告。

5.3.4 低影响开发技术

1. 技术类型

一般低影响开发技术按主要功能可分为渗透、储存、调节、转输、截污净化等几类。各类技术的组合应用,可实现径流总量控制、径流峰值控制、径流污染控制、雨水资源化利用等目标。在实践中,应结合不同区域的水文地质、水资源等特点及技术经济分析,按照因地制宜和经济高效的原则选择低影响开发技术及其组合系统。

2. 单项设施

各类低影响开发技术又包含若干不同形式的低影响开发设施,主要有透水铺装、绿色屋顶、下沉式绿地、生物滞留设施、渗透塘、渗井、湿塘、雨水湿地、蓄水池、雨水罐、调节塘、调节池、植草沟、渗管(渠)、植被缓冲带、初期雨水弃流设施、人工土壤渗滤等。单项低影响开发设施往往具有多种功能,如生物滞留设施的功能除渗透补充地下水外,还可削减峰值流量、净化雨水,实现径流总量、径流峰值和径流污染控制等多重目标。因此应根据设计目标灵活选用低影响开发设施及其组合系统,根据主要功能按相应的方法进行设施规模计算,并对单项设施及其组合系统的设施选型和规模进行优化。

(1)透水铺装。

透水铺装按照面层材料不同可分为透水砖铺装、透水水泥混凝土铺装和透水沥青混凝土铺装,嵌草砖、园林铺装中的鹅卵石、碎石铺装等也属于透水铺装。透水铺装结构应符合《透水砖路面技术规程》(CJJ/T 188—2012)、《透水沥青路面技术规程》(CJJ/T 190—2012)和《透水水泥混凝土路面技术规程(2023 年版)》(CJJ/T 135—2009)的规定。

透水铺装还应满足以下要求:①采用透水铺装,道路路基强度和稳定性方面的潜在风险较大时,可采用半透水铺装结构;②土地透水能力有限时,应在透水铺装的透水基层内设置排水管或排水板;③当透水铺装设置在地下室顶板上时,顶板覆土厚度应不小于600 mm,并应设置排水层。透水砖铺装典型构造如图 5.7 所示。

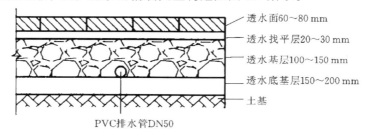

图 5.7 透水砖铺装典型构造

　　透水砖铺装和透水水泥混凝土铺装主要适用于广场、停车场、人行道以及车流量和荷载较小的道路,如建筑与小区道路、市政道路的非机动车道等;透水沥青混凝土铺装还可用于机动车道。透水铺装应用于以下区域时,还应采取必要的措施防止次生灾害或地下水污染的发生:①可能造成陡坡坍塌、滑坡灾害的区域,湿陷性黄土、膨胀土和高含盐土等特殊土壤地质区域;②使用频率较高的商业停车场、汽车回收及维修点、加油站及码头等径流污染严重的区域。

　　透水铺装适用区域广、施工方便,可补充地下水并具有一定的峰值流量削减和雨水净化作用,但易堵塞,寒冷地区有发生冻融破坏的风险。

　　(2) 绿色屋顶。

　　绿色屋顶也称"种植屋面""屋顶绿化"等,根据种植基质深度和景观复杂程度,绿色屋顶又分为简单式绿色屋顶和花园式绿色屋顶。绿色屋顶基质深度根据植物需求及屋顶荷载确定,简单式绿色屋顶的基质深度一般不大于 150 mm,花园式绿色屋顶在种植乔木时基质深度可超过 600 mm。绿色屋顶的设计可参考《种植屋面工程技术规程》(JGJ 155—2013)。绿色屋顶典型构造如图 5.8 所示。

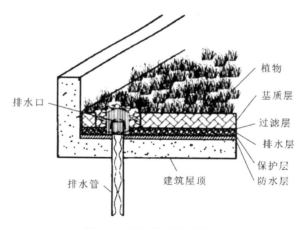

植物
基质层
过滤层
排水层
保护层
防水层
排水口
建筑屋顶
排水管

图 5.8　绿色屋顶典型构造

　　绿色屋顶适用于符合屋顶荷载、防水等条件的平屋顶建筑和坡度不大于 15° 的坡屋顶建筑。

　　绿色屋顶可有效减少屋面径流总量和径流污染负荷,具有节能减排的作用,但对屋顶荷载、防水、坡度、空间条件等有严格要求。

　　(3) 下沉式绿地。

　　下沉式绿地有狭义和广义之分。狭义的下沉式绿地指相较于周边铺砌地面或道路下凹 200 mm 以内的绿地。广义的下沉式绿地泛指具有一定的调蓄容积(在以径流总量控制为目标进行目标分解或设计计算时,不包括调节容积),且可用于调蓄和净化径流雨水的绿地,包括生物滞留设施、渗透塘、湿塘、雨水湿地、调节塘等。此处主要介绍狭义的下沉式绿地。

狭义的下沉式绿地应满足以下要求:①下沉式绿地的下凹深度应根据植物耐淹性能和土壤渗透性能确定,一般为 100～200 mm;②一般下沉式绿地内应设置溢流口(如雨水口),保证暴雨时径流的溢流排放,溢流口顶部标高应高于绿地 50～100 mm。狭义的下沉式绿地典型构造如图 5.9 所示。

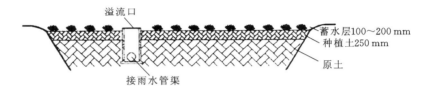

图 5.9　狭义的下沉式绿地典型构造

下沉式绿地可广泛应用于城市建筑与小区、道路、绿地和广场。对于径流污染严重、设施底部渗透面距离季节性最高地下水位或岩石层小于 1 m 及距离建筑物基础小于 3 m (水平距离)的区域,应采取必要的措施防止次生灾害的发生。

狭义的下沉式绿地适用区域广,其建设费用和维护费用均较低,但大面积应用时,易受地形等条件的影响,实际调蓄容积较小。

(4)生物滞留设施。

生物滞留设施指在地势较低的区域,通过植物、土壤和微生物系统蓄渗、净化径流雨水的设施。生物滞留设施分为简易型生物滞留设施和复杂型生物滞留设施,按应用位置不同又称为"雨水花园""生物滞留带""高位花坛""生态树池"等。生物滞留设施应满足以下要求。

① 对于污染严重的汇水区应选用植草沟、植被缓冲带或沉淀池等对径流雨水进行预处理,去除大颗粒的污染物并减缓流速;应采取弃流、排盐等措施防止融雪剂或石油等污染物侵害植物。

② 屋面径流雨水可由雨落管接入生物滞留设施,道路径流雨水可通过路缘石开口进入。路缘石开口尺寸和数量应根据道路纵坡等经计算确定。

③ 生物滞留设施应用于道路绿化带时,若道路纵坡大于 1%,应设置挡水堰、台坎,以减缓流速并增加雨水渗透量;设施靠近路基部分应进行防渗处理,防止对道路路基稳

定性造成影响。

④ 生物滞留设施内应设置溢流设施，可采用溢流竖管、盖箅溢流井或雨水口等。溢流设施顶一般应低于汇水面 100 mm。

⑤ 生物滞留设施宜分散布置且规模不宜过大，一般生物滞留设施面积是汇水面面积的 5%～10%。

⑥ 复杂型生物滞留设施结构层外侧及底部应设置透水土工布，防止周围原土侵入。如经评估认为下渗会对周围建（构）筑物造成塌陷风险，或者拟将底部出水进行集蓄回用时，可在生物滞留设施底部和周边设置防渗膜。

⑦ 生物滞留设施的蓄水层深度应根据植物耐淹性能和土壤渗透性能来确定，一般为 200～300 mm，并应设 100 mm 的超高；换土层介质类型及深度应满足出水水质要求，还应符合植物种植及园林绿化养护管理技术要求；为防止换土层介质流失，换土层底部一般设置透水土工布隔离层，也可采用厚度不小于 100 mm 的砂层（细砂和粗砂）代替；砾石层起到排水作用，厚度一般为 250～300 mm，可在其底部埋置管径为 100～150 mm 的穿孔排水管，砾石应洗净且粒径不小于穿孔排水管的开孔孔径；为增强生物滞留设施的调蓄功能，在穿孔排水管底部可增设一定厚度的砾石调蓄层。

生物滞留设施典型构造如图 5.10 所示。

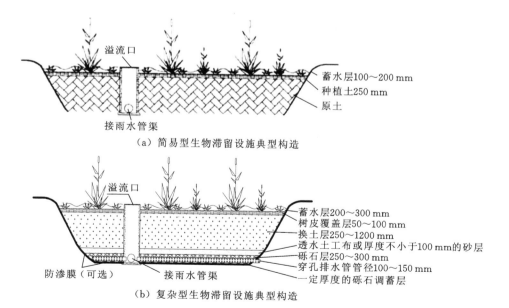

（a）简易型生物滞留设施典型构造

（b）复杂型生物滞留设施典型构造

图 5.10　生物滞留设施典型构造

生物滞留设施主要适用于小区内建筑、道路与停车场周边绿地，以及城市道路绿化带等城市绿地。对于径流污染严重、设施底部渗透面距离季节性最高地下水位或岩石层小于 1 m 及距离建筑物基础小于 3 m（水平距离）的区域,可采用底部防渗的复杂型生物滞留设施。

生物滞留设施形式多样,适用区域广,易与景观结合,径流控制效果好,建设费用与维护费用较低;但对于地下水位较高与岩石层较厚、土壤渗透性能差、地形较陡的地区,应采取必要的换土、防渗、设置阶梯等措施避免次生灾害的发生,这将增加建设费用。

（5）渗透塘。

渗透塘是一种用于雨水下渗、补充地下水的洼地,具有一定的净化雨水和削减峰值流量的作用。渗透塘应满足以下要求。

① 渗透塘前应设置沉砂池、前置塘等预处理设施,去除大颗粒的污染物并减缓流速;有降雪的城市,应采取弃流、排盐等措施防止融雪剂等侵害植物。

② 一般渗透塘边坡坡度不大于 1∶3,塘底至溢流水位不小于 0.6 m。

③ 一般渗透塘底部构造为 200～300 mm 的种植土、透水土工布及 300～500 mm 的过滤介质层。

④ 渗透塘排空时间应不大于 24 h。

⑤ 渗透塘应设溢流设施,并与城市雨水管渠系统和超标雨水径流排放系统衔接,渗透塘外围应设安全防护设施和警示牌。

渗透塘典型构造如图 5.11 所示。

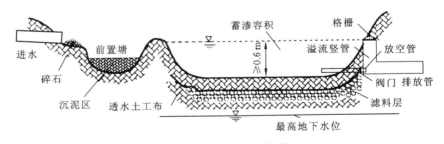

图 5.11 渗透塘典型构造

渗透塘适用于汇水面积较大（大于 1 hm²）且具有一定空间的区域,但应用于径流污染严重、设施底部渗透面距离季节性最高地下水位或岩石层小于 1 m 及距离建筑物基础小于 3 m（水平距离）的区域时,应采取必要的措施防止发生次生灾害。

渗透塘可有效补充地下水、削减峰值流量,建设费用较低,但对场地条件要求较严格,对后期维护管理要求较高。

（6）渗井。

渗井指通过井壁和井底进行雨水下渗的设施，为增强渗透效果，可在渗井周围设置水平渗排管，并在渗排管周围铺设砾（碎）石。渗井应满足下列要求。

① 雨水通过渗井下渗前应通过植草沟、植被缓冲带等设施对雨水进行预处理。

② 渗井出水管管内底高程应高于进水管管内顶高程，但不应高于上游相邻井的出水管管内底高程。当渗井调蓄容积不足时，也可在渗井周围连接水平渗排管，形成辐射渗井。

辐射渗井典型构造如图 5.12 所示。

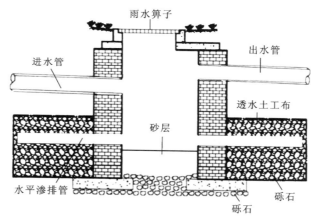

图 5.12　辐射渗井典型构造

渗井主要适用于小区内建筑、道路及停车场周边绿地。渗井应用于径流污染严重、设施底部距离季节性最高地下水位或岩石层小于 1 m 及距离建筑物基础小于 3 m（水平距离）的区域时，应采取必要的措施防止发生次生灾害。

渗井占地面积小，建设和维护费用较低，但其水质和水量控制作用有限。

（7）湿塘。

湿塘指具有雨水调蓄和净化功能的景观水体，雨水也是其主要的补水水源。湿塘有时可结合绿地、开放空间等场地条件设计为多功能调蓄水体，即平时发挥正常的景观及休闲、娱乐功能，发生暴雨时发挥调蓄功能，实现土地资源的多功能利用。湿塘一般由进水口、前置塘、主塘、溢流出水口、护坡、驳岸、维护通道等构成。湿塘应满足以下要求。

① 进水口和溢流出水口应设置碎石、消能坎等消能设施，防止水流冲刷和侵蚀。

② 前置塘为湿塘的预处理设施，起到沉淀径流中大颗粒污染物的作用；池底一般为混凝土或块石结构，便于清淤；前置塘应设置清淤通道及防护设施，驳岸形式宜为生态软

驳岸,边坡坡度一般为 1：2～1：8;前置塘沉泥区容积应根据清淤周期和所汇入径流雨水的 SS(suspended solid,悬浮物)负荷确定。

③ 主塘一般包括常水位以下的永久容积和储存容积,永久容积水深一般为 0.8～2.5 m;储存容积一般根据所在区域相关规划提出的"单位面积控制容积"确定;具有峰值流量削减功能的湿塘还包括调节容积,调节容积应在 24～48 h 内排空;主塘与前置塘间宜设置水生植物种植区(雨水湿地),主塘驳岸宜为生态软驳岸,边坡坡度宜不大于 1：6。

④ 溢流出水口包括溢流竖管和溢洪道,排水能力应根据下游雨水管渠或超标雨水径流排放系统的排水能力确定。

⑤ 湿塘应设置护栏、警示牌等安全防护与警示设施。

湿塘典型构造如图 5.13 所示。

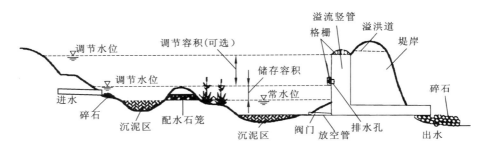

图 5.13　湿塘典型构造

湿塘适用于城市绿地、广场等具有空间条件的场地。

湿塘可有效削减较大区域的径流总量、径流污染和峰值流量,是城市内涝防治系统的重要组成部分,但对场地要求较严格,建设和维护费用高。

(8) 雨水湿地。

雨水湿地利用物理手段、水生植物及微生物等净化雨水,是一种高效的径流污染控制设施。雨水湿地分为雨水表流湿地和雨水潜流湿地,一般设计成防渗型,以便维持雨水湿地植物所需要的水量。雨水湿地常与湿塘合建并设计一定的调节容积。雨水湿地与湿塘的构造相似,一般由进水口、前置塘、沼泽区、出水池、溢流出水口、护坡、驳岸、维护通道等构成。雨水湿地应满足以下要求。

① 进水口和溢流出水口应设置碎石、消能坎等消能设施,防止水流冲刷和侵蚀。

② 雨水湿地应设置前置塘,对径流雨水进行预处理。

③ 沼泽区包括浅沼泽区和深沼泽区,是雨水湿地的主要净化区,其中浅沼泽区水深一般小于 0.3 m,深沼泽区水深一般为 0.3～0.5m,根据水深种植不同类型的水生植物。

④ 雨水湿地的调节容积应在 24 h 内排空。

⑤ 出水池主要起防止沉淀物再悬浮和降低温度的作用,一般水深为 0.8～1.2 m,出水池容积约为总容积(不含调节容积)的 10%。

雨水湿地典型构造如图 5.14 所示。

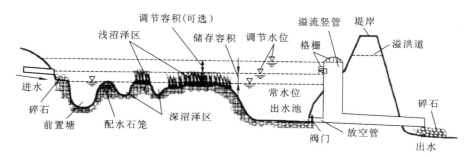

图 5.14　雨水湿地典型构造

雨水湿地适用于具有一定空间条件的城市道路、城市绿地、滨水带等区域。

雨水湿地可有效削减污染物,并具有一定的径流总量和峰值流量控制效果,但建设及维护费用较高。

(9) 蓄水池。

蓄水池是具有雨水储存功能的集蓄利用设施,同时也具有削减峰值流量的作用,主要包括钢筋混凝土蓄水池,砖、石砌筑蓄水池及塑料蓄水模块拼装式蓄水池,以及用地紧张的城市多采用的地下封闭式蓄水池。蓄水池典型构造可参照国家建筑标准设计图集《海绵型建筑与小区雨水控制及利用》(17S705)。

蓄水池适用于有雨水回用需求的城市绿地等,根据雨水回用用途(绿化、道路喷洒及冲厕等)不同,需配建相应的雨水净化设施;不适用于无雨水回用需求和径流污染严重的地区。

蓄水池具有用地节约、雨水管渠易接入、避免阳光直射、防止蚊蝇滋生、储存水量大等优点,雨水可回用于绿化灌溉、冲洗路面和车辆等,但建设费用高,后期需重视维护管理。

(10) 雨水罐。

雨水罐也称"雨水桶",为地上或地下封闭式的简易雨水集蓄利用设施,可用塑料、玻璃钢或金属等材料制成。雨水罐适用于单体建筑屋面雨水的收集利用。

雨水罐多为成型产品,施工安装方便,便于维护,但其储存容积较小,雨水净化能力有限。

（11）调节塘。

调节塘也称"干塘"，功能以削减峰值流量为主，一般由进水口、调节区、出口设施、护坡及堤岸构成，也可通过合理设计使其具有渗透功能，起到一定的补充地下水和净化雨水的作用。调节塘应满足以下要求。

① 进水口应设置碎石、消能坎等消能设施，防止水流冲刷和侵蚀。

② 应设置前置塘对径流雨水进行预处理。

③ 调节区深度一般为 0.6～3 m，塘中可以种植水生植物以减小流速、增强雨水净化效果。塘底设计成可渗透模式时，塘底渗透面距离季节性最高地下水位或岩石层不应小于 1 m，距离建筑物基础不应小于 3 m（水平距离）。

④ 调节塘出口设施一般设计成多级出水口形式，以控制调节塘水位，增加雨水停留时间（一般不大于 24 h），控制外排流量。

⑤ 调节塘应设置护栏、警示牌等安全防护与警示设施。

调节塘典型构造如图 5.15 所示。

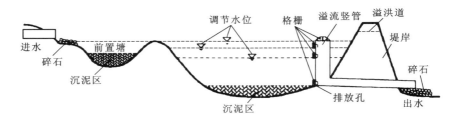

图 5.15 调节塘典型构造示意图

调节塘适用于城市绿地等具有一定空间条件的区域。

调节塘可有效削减峰值流量，建设及维护费用较低，但其功能较为单一，宜将下沉式公园及广场等与湿塘、雨水湿地合建，构建多功能调蓄水体。

（12）调节池。

调节池为调节设施的一种，主要用于削减雨水管渠峰值流量，一般用溢流堰式或底部流槽式，可以是地上敞口式调节池或地下封闭式调节池。

调节池适用于城市雨水管渠系统，用于削减管渠峰值流量。

调节池可有效削减峰值流量，但其功能单一，建设及维护费用较高，宜将下沉式公园及广场等与湿塘、雨水湿地合建，构建多功能调蓄水体。

（13）植草沟。

植草沟指种有植被的地表沟渠，可收集、输送和排放径流雨水，并具有一定的雨水净化作用,可用于衔接其他单项设施、城市雨水管渠系统和超标雨水径流排放系统。植草沟除转输型植草沟外,还有渗透型的干式植草沟及常有水的湿式植草沟,可起到控制径流总量和径流污染的效果。植草沟应满足以下要求。

① 浅沟断面形式宜采用倒抛物线形、三角形或梯形。

② 植草沟的边坡坡度宜不大于 1:3,纵坡应不大于 4%。纵坡较大时宜设置为阶梯形植草沟或在中途设置消能坎。

③ 植草沟中水流最大流速应小于 0.8 m/s,曼宁系数宜为 0.2~0.3。

④ 转输型植草沟内植被高度宜控制在 100~200 mm。

转输型三角形断面植草沟典型构造如图 5.16 所示。

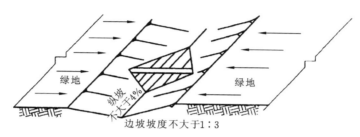

图 5.16 转输型三角形断面植草沟典型构造

植草沟适用于小区内道路、广场、停车场等不透水面的周边,城市道路及城市绿地等区域,也可作为生物滞留设施、湿塘等低影响开发设施的预处理设施。植草沟可与雨水管渠联合应用,在场地竖向高程允许且不影响安全的情况下也可代替雨水管渠。

植草沟具有建设及维护费用低,易与景观结合的优点,但在已建城区及开发强度较大的新建城区等区域易受场地条件制约。

(14) 渗管(渠)。

渗管(渠)指具有渗透功能的雨水管(渠),可采用穿孔塑料管、无砂混凝土渗透管(渠)和砾(碎)石等材料组合而成。渗管(渠)应满足以下要求。

① 渗管(渠)应设置植草沟、沉淀(砂)池等预处理设施。

② 渗管(渠)开孔率应控制在 1%~3%,无砂混凝土渗透管(渠)的孔隙率应大于 20%。

③ 渗管(渠)的敷设坡度应满足排水要求。

④ 渗管(渠)四周应填充砾石或其他多孔材料,砾石层外包透水土工布,土工布搭接宽度应不小于 200 mm。

⑤ 渗管(渠)设在行车路面下时覆土深度不应小于 700 mm。渗管(渠)典型构造如图 5.17 所示。

图 5.17 渗管(渠)典型构造

渗管(渠)适用于公共绿地内转输流量较小的区域,不适用于地下水位较高、径流污染严重及易出现结构塌陷等不宜进行雨水渗透的区域[如雨水管(渠)位于机动车道下等]。

渗管(渠)对场地空间要求低,但建设费用较高,易堵塞,维护较困难。

(15)植被缓冲带。

植被缓冲带为坡度较缓的植被区,经植被拦截及土壤下渗作用,可减缓地表径流流速,并去除径流中的部分污染物,植被缓冲带坡度一般为2%～6%,宽度宜不小于2 m。植被缓冲带典型构造如图5.18所示。

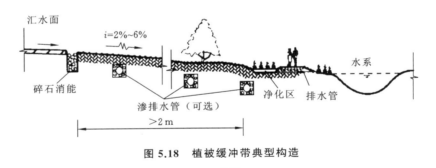

图 5.18 植被缓冲带典型构造

i—坡度

植被缓冲带适用于道路等不透水面周边,可作为生物滞留设施等低影响开发设施的预处理设施,也可作为城市水系的滨水绿化带,但坡度较大(大于6%)时其雨水净化效果较差。

植被缓冲带建设与维护费用低,但对场地空间、坡度等条件要求较高,且径流控制效果有限。

(16)初期雨水弃流设施。

初期雨水弃流指通过一定方法或装置将存在初期冲刷效应、污染物浓度较高的降雨初期径流予以弃除,以降低雨水的后续处理难度。弃流雨水应进行处理,如排入市政污水管网(或雨污合流管网)由污水处理厂进行集中处理等。常见的初期弃流方法包括容积法弃流、小管弃流(水流切换法)等,弃流形式包括自控弃流、渗透弃流、弃流池弃流、雨落管弃流等。初期雨水弃流设施典型构造如图 5.19 所示。

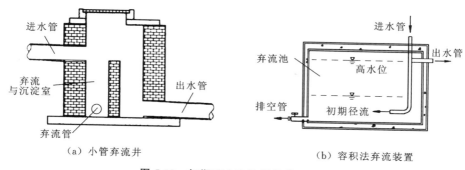

图 5.19　初期雨水弃流设施典型构造

　　初期雨水弃流设施是其他低影响开发设施的重要预处理设施,其占地面积小、建设费用低,可降低雨水储存及雨水净化设施的维护管理费用,但径流污染物弃流量一般不易控制。

　　(17) 人工土壤渗滤。

　　人工土壤渗滤主要作为蓄水池等雨水储存设施的配套雨水设施,以满足回用水水质指标要求。人工土壤渗滤设施的典型构造可参照复杂型生物滞留设施。

　　人工土壤渗滤适用于有一定场地空间的城市绿地。

　　采用人工土壤渗滤处理雨水径流,净化效果好,易与景观结合,但建设费用较高。

3. 设施功能选择

　　低影响开发设施往往具有补充地下水、集蓄利用雨水、削减峰值流量及净化雨水等多种功能,可实现径流总量、径流峰值和径流污染等多方面的控制目标,因此应根据城市总体规划、专项规划及修建性详细规划明确的控制目标,结合汇水区特征和设施的主要功能、经济性、适用性、景观效果等因素,灵活选用低影响开发设施及其组合系统。

第6章

"双碳"目标下的城市更新规划设计

6.1 城市更新的历史渊源和当代内涵

城市更新是城镇化的重要组成和积极补充,是城市功能的不断健全与持续完善,随着城镇化的发展而逐步兴起。在社会发展水平不同、社会制度有所差异、生产力发展不同的各个历史阶段中,城市更新有着不尽相同、特色各异的风貌。城市更新理论随着城市更新实践的不断深化、对城市更新规律认识的不断深入而渐趋丰富完善。

6.1.1 城市更新的渊源和理论探索

1. 城市的固有属性与城市更新的源起

城市在人类发展和社会进步,特别是现代化进程中发挥了巨大的作用。在人类社会生产方式由低级向高级发展演进的历史过程中,城市的形成和发展是人类文明发展的重要标志。城镇化是人口向城镇聚集、城镇规模扩大,以及由此引起一系列社会变化的过程。现代城市是城镇化的结晶和硕果,是一个大型的人类聚居地,其居民主要从事非农产业生产,通常拥有广泛的住房、交通、卫生、公用事业、土地使用、商品生产和通信系统。城市人口和产业聚集,工商业发达、非农产业人口密集居住,聚集成群的产业体系、完备的基础设施和良好的公共服务,形成了快捷、高效与方便的固有属性,推动了经济效率的提升及公共服务的便捷,促进城镇人口安居乐业及农业转移人口的市民化,辐射带动乡村迈向现代化。社会文明不断向前,居民生活品质日益提高,极大地推动了人类社会生产力发展。城市所具有的这些作用与功效,乃其天然特征及固有属性,并构成了现代城市职能。

城市是一个有机生命体,城市通过自身功能的发挥服务于人类生产生活和社会事务。城市发展是一个不断更新改造的新陈代谢、推陈出新的过程。城市作为现代意义上的产业和公共服务聚集区,按照城市发展的客观规律,处于不断发展和完善之中。城市更新就是不断强化和完善城市功能,防止、阻止和消除城市功能的衰退,通过结构与功能不断相适调节,增强城市机能,使城市能够持续适应社会和经济发展需要。城市更新既是有计划的城市改造建设行为,又是城市发展的自我调节机制。

城市更新是城镇化进程中一个历久弥新的课题。近代工业的快速发展,推动现代意义上的城市持续发展壮大。城市更新作为城市自我调节机制,成为一个国家城镇化水平进入一定发展阶段面临的必然选择。第二次世界大战以后,西方发达国家的人口和工业向郊区迁移,一些大城市中心地区开始不景气或衰落,主要表现为就业岗位减少、经济萧条、财政税收下降、房屋和设施失修、社会治安恶化、生活环境趋于不佳等,城市更新运动正是在面对此种城市问题时出现的。现代意义上的大规模城市更新运动始于 20 世纪下半叶,以 1960—1970 年美国的城市更新最为典型。此间的城市更新,旨在化解高速城市化所引起的收入差异等,以及由此造成的居住分化与社会冲突。其城市更新以清除贫民窟为目标,由联邦政府补贴地方政府,用于征收贫民窟土地,并以较低价格转售给开发商,用于开发建设。城市更新综合了改善居住环境和振兴经济等目标任务,较以往单纯以优化城市布局、改善基础设施为主的旧城改造内容更为广泛。

中国城市更新起始于中国特色社会主义现代化建设新时代。2008 年,中共中央启动保障性安居工程。2010 年,全面展开城市和国有工矿棚户区改造工作,旨在改善群众居住条件,兼顾优化城市功能、改善城市环境。2012 年 11 月,党的十八大明确提出要坚持走中国特色新型城镇化道路,这是传统城镇化于新时代迈向新型城镇化的重要标志,城市更新也成为中国特色新型城镇化的重要内容。2013 年 12 月,中央城镇化工作会议从战略和全局高度对推进新型城镇化作出部署,为新时代城镇化指明了方向。2014 年,中共中央和国务院印发《国家新型城镇化规划(2014—2020 年)》,提出走以人为本、四化同步、优化布局、生态文明、文化传承的中国特色新型城镇化道路。2015 年,国家发展改革委将若干地区确立为国家新型城镇化综合试点。截至 2016 年 12 月,全国先后有 200 多个城市被列为试点,城市更新由此拉开帷幕。2019 年 12 月,中央经济工作会议强调,要加强城市更新与存量住房改造提升。自此,城市更新在全国范围更加深入广泛开展。2020 年 10 月,党的十九届五中全会明确提出"实施城市更新行动"。2022 年 7 月,国家发展改革委发布的《"十四五"新型城镇化实施方案》进一步擘画了新时代新阶段城市更新的目标蓝图,要求有序推进城市更新,改造提升老旧小区、老旧厂区、老旧街区和城中村等存量片区功能,"注重改造活化既有建筑,防止大拆大建",既从宏观层面,又在具体推进的微观层面对城市更新提出了高质量发展的目标和要求。在这一背景下实施城市更新,就是要完善城市空间结构和功能布局,高效率盘活存量空间资源,推动产业结构调整升级、促进产业壮大和转型发展;支持城市提质增效,推动协同高效发展;通过补短板、强弱项,加快解决公共服务设施不完备,公共服务功能不平衡、不充分等问题,为人们美好生活提供聚居平台及良好空间,不断满足人民群众对美好生活的需求。2022 年 10 月,党的二十大进一步把城市更新列入高质量发展的重要内容和目标任务,明确了城市更新在全面建设社会主义现代化国家实践中的地位和作用。

2. 城市更新理论的研究探讨

在全球城镇化率超过 50％的大背景下,城市更新作为一项综合的愿景设想与应对城市转型发展挑战的务实举措,受到了各国学界及社会实践领域的广泛关注,形成了多元化的城市更新模式。城市更新是世界性的重要城市发展实践活动,西方发达国家作为工业化和城镇化的先发国家,其城市更新经历了从最开始满足第二次世界大战后人们对住房的需求,发展到改善城市空间环境、提升社会服务水平以解决社会问题,以及 20 世纪以来着重于满足人们对于高品质环境与良好社会关系需求的发展过程,在空间环境改善、社会服务供给以及政策制定评估方面积累了可观的经验。规划学、地理学、建筑学、社会学、美学、经济学等学科领域对城市更新展开了广泛而深入的研究和探讨,其成果在不同时期表现出不同的特征:在城市更新发端阶段,理论研究主要是对城市建设进行反思,并提出简单的改造计划,研究主要集中在物质层面,地域上以西欧个别国家为主;20 世纪初到第二次世界大战末,受战争影响,有关城市更新的研究只是在个别地区改造报告中有所体现;第二次世界大战以后,各国广泛开展城市更新实践,研究成果较为突出。舒马赫(E. F. Schumacher)发表《小的是美好的:一本把人当回事的经济学著作》,指出第二次世界大战后大规模经济发展模式的缺陷,从经济发展角度提出小规模的优势,并主张城市的发展应该采取以人为尺度的生产方式和"适宜技术",这被认为是"可持续发展"思想的起源。20 世纪 60 年代,日本建筑学家黑川纪章提出"新陈代谢"理论与"共生"理论。1978 年,柯林·罗(Colin Rowe)的《拼贴城市》对现代主义城市空间的单调和现代主义建筑的单一进行了大量批判。诺伯舒兹(Christian Norberg-Schulz)在《场所精神——迈向建筑现象学》一书中提出"场所精神",旨在描述场所形式背后的精神文化内涵。

国外城市更新模式、理论、政策是城市走向发展和进步的积极探索与文明成果的积累。尽管囿于理念、制度及国情等因素,在持续推进过程中,国外城市更新也出现了诸如社会排斥突出、区域不平衡加剧、社会效益不明显等问题,但其在城市更新实践中积极关注城市发展中面临的挑战与问题、促进城市功能的完善和优化,推动城市空间、经济、社会和文化综合发展,培养社区自身发展能力等方面的实践和经验,对于处于包含高质量城镇化在内的全面建设现代化历史阶段的当代中国而言,就科学把握、积极推进城市更新实践,无疑具有积极借鉴意义。

历史上的中国城镇是随着经济社会发展因市(商贸聚集)设城或因城(政治或军事功用)设市而产生,并不断发展壮大的。当代中国大规模、有计划、现代意义上的城镇化,开始于中华人民共和国成立之后的社会主义建设时期。根据城镇化发展状况,当代中国城镇化经历了波浪起伏(1950—1977 年)、稳步推进(1978—1995 年)、加速推进(1996 年至今)这几个历史阶段。历经 20 世纪 80 年代以来的飞速发展,当代中国城镇化推进过程中存在的矛盾与问题日渐显现。结合中国城镇发展实际,特别是改革开放之后快速城镇化的实践,借鉴西方城市更新理论,中国学术界展开了以城市更新推动中国城镇化迈上新台阶的学术研究和理论探索。陈占祥用城市的"新陈代谢"来定义城市更新过程。吴良镛从城市"保护与发展"角度,提出了城市"有机更新"的概念。进入新时代以来,学者们一方面对城市更新的内涵做出解释和论述,譬如张平宇的"城市再生"、阳建强的"城市更新"等;另一方面在城市更新的空间治理范式、城市更新与城市的文脉传承、城市更新与产业整合、城市更新的投融资模式等层面进行研究,譬如叶林等对城市更新中的空间治理范式进行了探讨,文军对城市更新的社会文化基础及其张力进行了探索,蔡绍洪等对城市更新中如何整合旅游产业资源群落做了深入思考,徐文舸进行了城市更新投融资模式研究。2019 年 11 月 20 日,中国城市更新(长三角)峰会在上海举行,对新时代城市更新的内涵、价值和路径作了探讨。纵观已有成果,学界从综合性和整体性视角,在新时代新阶段高质量发展背景下,对城市更新的内涵逻辑、实践路径等内容展开学术讨论的成果还不多。当前学界对城市更新的理论研讨,充分体现出人们对中国城市更新的高度关注,也说明对这一重大实践从实务推进到理论表达还处于探索阶段。

6.1.2 新时代新阶段城市更新的内涵要求与时代价值

新时代新阶段城市更新的目标要旨是推动城市空间结构优化和品质提升,实现中国特色新型城镇化高质量发展。当代中国城镇化发展自改革开放以来突飞猛进,成就令全球瞩目。2024 年 2 月 29 日,国家统计局发布的数据显示,2023 年末城镇人口占全国人口的比重(城镇化率)为 66.16%。我国城镇化发展已步入中后期,城市发展由量的快速扩张跃升至量增质升的新台阶,从大规模增量建设转向存量提质改造和增量结构调整并重,从"有没有"进入"好不好"的新阶段。新时代新阶段,蓬勃开展于中国大地上的城市更新,是在全面高质量发展大背景下进行的。高质量发展是城市更新的根本指向和目标抉择,城市更新是新时代新阶段现代化高质量发展的重要引擎和必经通途。

1. 推进中国特色新型城镇化高质量发展是城市更新的内涵要求

(1)中国式现代化的人民中心导向与高质量发展目标是城市更新的引领和依归。

城市更新实践由来已久,城市更新的理论探索成果丰厚。在中国特色社会主义建设新时代新阶段,中国式现代化建设目标和实践赋予城市更新以全新内涵与实践要求,城市更新以其新的特点和目标任务,成为中国特色新型城镇化的重要组成,以及高质量发展的基本内容。毫无疑问,高质量发展是新时代新阶段城市更新的内在本质及逻辑。

中国式现代化是全体人民共同富裕的现代化,实现全体人民共同富裕,是中国式现代化的本质要求和重要目标,坚持以人民为中心的发展思想是中国式现代化实践中必须牢牢把握的重大原则。新型城镇化坚持以人为核心,积极推动人的全面发展,坚持新型工业化、信息化和农业现代化协同推进,构建和打造四化(即中国特色新型工业化、信息化、城镇化、农业现代化)同步的发展载体及联结平台,既是全面建设社会主义现代化的奋斗目标,又是实现现代化发展目标的重要通途,是中国式现代化的必然选择。坚持把实现人民对美好生活的向往作为新型城镇化建设的出发点和落脚点,着力维护与促进社会公平正义,着力促进全体人民共同富裕,坚决防止两极分化,是新型城镇化实践的内在要求。城市更新以现代化目标为引领,是新型城镇化在新时代新阶段的有机组成和重要内容,服务于全面建设现代化事业,积极增进民生福祉,坚持秉承城市由人民所有、人民建设城市、人民享有城市这一根本依归,以城市更新的全新实践实现发展为了人民、发展依靠人民、发展成果由人民共享的现代化发展目标,使现代化建设成果以城市更新成就的形式,更多更公平地惠及全体人民。

中国式现代化是实现高质量发展的现代化,高质量发展是全面建设社会主义现代化国家的首要任务。中国特色社会主义事业进入新时代的全面建设现代化,是在中国发展由速度规模型转入质量效益型背景下的现代化,是全方位、多层次和各领域的高质量发展的现代化。完整、准确、全面贯彻新发展理念,提升全要素生产率,推动产业基础高级化、产业链现代化,厚植发展基础、促进产业进步。实现城乡发展一体化,推动经济实现质的有效提升与量的合理增长。协调推进物质文明和精神文明,实现人与自然和谐共生。新型城镇化既是高质量发展的基本目标,又是经济社会全面实现现代化的重要引擎。高质量发展是新型城镇化的首要前提和根本任务,城市更新谋求化解城镇化过程中的不充分、不平衡等诸多矛盾和问题,对城市中已不适应现代化城市生活的区域和功能,进行旨在满足人民不断增长的美好生活需求的有计划的改造再建,是新时代新型城镇化迈向高质量台阶的重要路径,是推动城市全面现代化的重要必由之路。

(2)新型城镇化以人为核心的宗旨和质量效益发展模式是城市更新的重要内涵。

随着经济社会发展进入全面建设现代化高质量发展阶段,城市更新坚持新型城镇化以人为本、人民至上的理念,秉承人本逻辑,始终把人的需要、人的福祉、人的发展置于中心地位,落实到各方面。以人为本确立城市更新政策目标要素、规划城市更新设计目标内容、科学定位城市功能职能、积极推动城市健康发展,努力建设宜居城市、绿色城市、韧性城市、智慧城市、人文城市,切实提升城市人居环境质量、人民生活质量、城市竞争力,不断满足城市居民对美好生活的需求。

新型城镇化的质量效益要求是确定城市更新发展模式的依据。所谓质量效益,是对经济活动合规性(产品和服务符合技术、服务标准的程度)和合意性(产品和服务符合需求的程度),即绩效和成果的价值判断。坚持质量效益模式,把新发展理念体现于城市更新的全过程及各领域,使创新成为第一动力、协调成为内生特点、绿色成为普遍形态、开放成为必由之路、共享成为根本目的,推动城市更新以合规性和合意性为标准实现结构优化、供需平衡、生态良好、资源配置高效、经济效益提升、经济关系合理、财富分配公平、居民生活及社会福利改善等系列目标,实现城市更新量的合理增长和质的持续提升。统筹经济发展和社会效益,实现二者的相向和统一。不断提升质量和效益,培育壮大城镇、改造提升农村,为城镇居民以及农业转移人口构建安居乐业的生活生产空间,推动以人为本、集约智能、绿色低碳、城乡一体、四化同步的新型城镇化实现高质量发展,逐步迈向全面协调共享的现代化新境界。

(3) 高质量发展基本内容中的质量、效率和动力变革是城市更新的内在动力。

以质量、效率和动力变革不断推动城市更新,积极消除人民群众日益增长的城市美好生活需求与城市发展不平衡、不充分之间的诸多矛盾和差距。当代中国城镇化创造了震惊寰宇的辉煌业绩,2011 年,中国城镇化率突破 50% 的关口,城镇常住人口超过乡村常住人口,标志着中国社会结构发生了历史性变化,以乡村型社会为主体的时代宣告结束,城市经济在国家经济总量中日益占据支配地位,城镇居民生活水平持续提升。根据《中华人民共和国 2023 年国民经济和社会发展统计公报》,2023 年全国居民人均可支配收入 39218 元;按常住地分,城镇居民人均可支配收入 51821 元。但与此同时,城镇化过程中的一系列矛盾亟待解决,城镇化发展中不平衡、不充分的问题不容忽视,如注重土地城镇化而人的城镇化滞后,忽视城镇资源配置效率,生产空间、生活空间、生态空间之间不协调,城乡分割,城镇缺乏特色,形成了高投入、高消耗、高排放、高扩张,低水平、低和谐度、低包容性、低可持续性等城镇化低质量发展的景象。新时代新阶段的城镇化,应坚持高质量发展的大逻辑,将新发展理念贯穿始终,直面城镇化过程中存在的矛盾与不足,化解城镇发展难题。新时代新阶段的城市更新,是对传统城镇化中的诸多矛盾和问题的化解,是对既往城镇建设中由发展方略局限、发展水平约束、发展目标偏颇所铸就的种种缺陷及不足的匡正与补偿,是对既有城镇建设中存在的城乡分离、先生产后生活、大拆大建、重经济增长轻人文宜居及生态环保等所有与高质量发展要求不相适应的发展倾向的不断调适与积极调整。

质量变革是城市更新高质量发展的关键点。城市发展质量体现于促进和保障产业发展、人口聚集、服务业繁荣层面。质量变革推动城市更新的成果高水平服务于包括农业转移人口在内的全体城市居民,在促进城市产业兴旺、保障城市居民安居乐业方面迈上新台阶(就业保障、公共服务供给大力提升和持续改善,把城市构建成满足全体居民生活和发展需求的美好家园),加快农业转移人口市民化,促进城市经济不断发展,推动城市居民生活水平持续跃升。效率变革是城市更新高质量发展的核心。效率变革要求在城市更新过程中,一则努力提高全要素生产率,合理配置资源,实现效益最大化;二则统筹协调经济发展与社会效益、生态效益，做到人口、资源、环境与发展相协调，人与自然相和谐；三则不断提升城市发展成果造福城市居民的效率和水平。动力变革是城市更新高质量发展的基础。城市更新中的动力变革体现在：转变城市更新的驱动方式，由以大拆大建、土地城镇化为主，转变为城市的增容扩能与城市服务功能提质增效相结合，土地城镇化与人的城镇化相协调。积极推动创新驱动发展战略，大力发展数字经济，建设智慧城市，改善和增强城市服务功能，为城市经济繁荣与社会进步创造增长空间、培育发展动能。

（4）完善、优化城市功能和提升城市品质是城市更新的实现途径。

新时代新阶段城市更新的高质量发展，要通过城市的基础设施完善、市政功用优化、公共服务水平提升，实现城市品质提升、功能强化。城市是现代社会人口和产业聚集，并实现生产力跃升、社会进步、人民安居乐业的空间载体，是人类社会发展进步的既有文明成果，以及继续迈上更高文明境界的坚实台阶。城市所蕴含的功效作用与价值意义，也就是城市所具备的职能，以城市的功能（提供为产业发展和居民生活服务的基础设施、公共服务及其他功能保障）和城市的品质（保障与改善居民安居乐业的水平和层次）等城市固有的天然属性来承载与实现。城市更新是将城市中已经不适应现代化发展（包含经济发展和社会进步双重层面）的部分做必要的、有计划的改建活动。城市发展中的城市更新目标，是城市功能不断完善和城市品质持续提升。

历史地看，城市自出现以后就处于不断更新的过程中。城市更新的目标取决于城市发展要求，与城市发展的历史背景、发展前景，特别是特定社会条件、前进目标方向相契合。人民城市服务人民，是城市更新的价值依归。当前是中国特色社会主义现代化建设新时代新阶段，实施城市更新的目标任务，就是要坚持人民至上的原则，贯彻落实新发展理念，在新型城镇化进程中，转变城市开发建设方式，以质量效益发展模式推动城市区域再造与设施重构，实现人民城市为人民的高质量发展。一则，统筹城市规划建设，优化城市空间结构。按照资源环境承载能力，合理确定空间结构、街区布局，统筹安排基础设施、公共服务，推行功能复合、立体开发、公交导向的集约紧凑型发展模式；统筹地上地下空间利用，推行城市设计和风貌管控，强化城市防涝排洪体系；科学规划和实施城市绿化、生态修复，建设低碳城市；保护和延续城市文脉，修旧如旧、建新如故。二则，健全丰富城市功能，提升城市生活品质。厚植优势、力补短板、加强弱项，对于历史欠账，或者落后于时代、已无法满足经济建设、日常生活及社会发展要求的市政设施和服务功能，予以健全完善，对缺乏和短少的水、电、路、讯等基础设施，住房等生活设施，生态园林、市政公用设施、科教文卫等公共服务功能，增量提质、升维提能、提档升级；通过城市结构优化和功能完善，全力构筑城市综合承载能力，不断提升城市的宜业宜居优良品质，提升城市智能化水平,高质量地彰显集聚高效、方便快捷、生态美好的城市功效;助力城镇居民生活提质、农业转移人口进城落户,加快农业转移人口市民化。三则,完善城市治理机制,推动城市走向善治。新时代新阶段的城市更新,是从大规模增量扩张转向以存量提质改造为主、从速度规模型迈向质量效益型的城市发展,涉及多元主体利益关系和利益矛盾。推动高质量的城市更新,通过协调城市社会多个主体的利益关系、社会资源,从而解决公共问题与社会矛盾,加强社会治理,全面统筹和综合协调城市经济、社会、环境、文化的可持续发展;以政府主导、市场参与为基础,调动城市居民加入治理体系,构建多元主体相互合作治理模式,实现公共目标和维护公共利益,保障群众利益,以城市善治进一步提升城市发展质量,完善服务效能,促进经济社会持续健康发展,不断满足人民群众日益增长的美好生活需要。

2. 打造新时代新阶段高质量发展的新动能是城市更新的时代价值

(1) 城市更新是促进经济发展方式转变的重要引擎。

城市更新是经济发展方式实现转变的重要动能。中国特色社会主义现代化进入新时代新阶段,中国经济发展由速度规模型转为质量效益型,迈上高质量发展新台阶。既往城镇化中风行的大拆大建、高能耗和过度房地产化的开发模式已难以为继。《国家新型城镇化规划(2014—2020 年)》根据世界城镇化发展普遍规律和中国发展现状,指出城市更新是"城镇化必须进入以提升质量为主的转型发展新阶段"。《中华人民共和国国民经济和社会发展第十四个五年规划和 2035 年远景目标纲要》进一步强调,新时代城镇化要"坚持走中国特色新型城镇化道路,深入推进以人为核心的新型城镇化战略",加快转变城市发展方式,使更多人民享有更高品质的城市生活。城市更新由大规模增量建设转为存量提质改造和增量结构调整并重,解决城镇化过程中的问题及城市发展本身的问题,推动城市开发建设方式从粗放型外延式向集约型内涵式嬗变,将建设重点由房地产主导的增量建设逐步向以提升城市品质为主的存量提质改造转变,生产要素进一步优化再配置,为城市发展培育新动能,实现城市发展量的合理增长与质的持续提升,推动城市结构调整优化,提升城市品位品质,从源头上推动城市开发方式转型,进而带动经济发展迈上高质量发展新台阶。

(2) 城市更新是构建新发展格局的重要支点。

城市更新是增强国内大循环内生动力和可靠性,提升国际循环质量及水平的重要支点。新时代新阶段构建新发展格局,要大力实施扩大内需战略。城市是扩内需补短板、增投资促消费、建设构造广阔而富有活力的国内统一大市场,以及保障和改善民生、提升人民福祉的重要场域。实施城市更新,优化城市内部空间结构、促进城市紧凑发展和提高国土空间利用效率,加大城市民生领域工程及项目开发力度,强化基础设施与公共服务功能,有助于增加城镇居民收入,为城市培育新动能,优化服务功能,充分释放发展潜力,培育壮大新的增长点,推进城市建设,助力构建以国内大循环为主体、国内国际双循环相互促进的新发展格局。

(3)城市更新是满足人民群众日益增长的美好生活需要的有效途径。

城市更新是为了使城市变得更美好,满足人民群众日益增长的美好生活需要的有效途径。城市更新是促进城市持续健康发展,实现城市宜业宜居发展目标的重要保障。在经济高速发展和城镇化快速推进的过程中,一些城市在发展中过度追求速度与规模,片面追求土地城镇化,城市建设"碎片化"特征突出,城市的整体性、系统性、宜居性、包容性和生长性不足,人居环境质量不高,"城市病"严重。城市更新是对既往城镇化模式的重大革新,是以新型城镇化推动城市结构品质优化,转变开发建设方式,提升发展质量,及时回应群众关切问题,补齐基础设施和公共服务设施功能,解决城市发展中的突出问题,推动城市产业兴旺、商业繁荣、低碳绿色、生活舒适、便利宜居、治理现代高效,城市社会生活美好,最终臻于文明家园的境界,不断提升人民群众的获得感、幸福感和安全感。

6.2 "双碳"目标下的城市更新价值转变与内容

6.2.1 传统城市更新中的"非低碳化"现象

城市更新作为调控存量空间资源的一种政策工具与治理手段,对城市空间布局优化、社区建设运营、建筑全过程利用等方面产生直接作用,从而影响地区的碳汇及碳排结果。过去,以大规模居住区改造、"三旧"改造为代表的大拆大建式的城市更新在带来经济增长及城市形象提升的同时,也引发了一系列"非低碳化"现象,增加了社会的碳成本。

从城市层面看,传统城市更新的"非低碳化"体现在以下三个方面。

(1)碳汇端。由于受开发利益驱使,更新过程对城市自然山水及生态环境造成破坏,引发城市碳汇规模的大幅下降。

(2)空间供给端。在更新过程中,由于对空间资源的再分配有失公平,公园绿地等公共空间缺失,引发空间供给端的"非低碳化"问题。

(3)消费需求端。更新后产生产城不融合及"大马路大街区"等问题,改变人的交通出行及生活方式,间接引发消费需求端的"非低碳化"问题。

从社区层面看,传统城市更新的"非低碳化"集中体现在建筑拆除和建造、社区运行与维护、交通出行三大领域。具体如下。

（1）建筑拆除和建造过程会产生大量碳排放。相关研究通过对比拆除重建与综合整治两类更新模式，发现碳排放差异主要产生于拆除和建造环节，尤其是建筑拆除和建造中产生的建筑垃圾需要进行转移、处理，额外增加了大量碳排放。据统计，深圳在"十三五"期间拆除重建类更新项目的碳排放量相当于 7000 km^2 森林的碳汇。

（2）大拆大建催生的大量高层社区普遍存在高耗能问题。其中，电梯运行与超高层供水是两大电力消耗领域。

（3）城中村的拆除打破了职住平衡，大量增加城市交通碳排放压力。随着拆除重建的不断推进，原先位于城市中心地区的低成本居住生活空间被大量拆除，职住平衡逐渐被打破，越来越多的居民需长距离机动化通勤，间接增加了交通碳排放。

从建筑使用看，建筑建造及使用全过程的碳排放量占全国碳排放总量的比重超过 50%。其中，在建筑材料生产阶段碳排放占比为 28%，在建筑运行阶段碳排放占比为 22%，在建筑施工阶段碳排放占比为 1%。传统大拆大建式的城市更新未考虑建筑节能减排与能源高效利用等因素，在拆除重建过程中破坏了原有的建筑风格和肌理，并滥用高耗能建筑材料，导致建筑热环境、风环境等发生较大变化，相比原建筑额外增加了电气设备运行成本，导致更新后的建筑能耗和碳排放大幅增加。

6.2.2 城市更新的价值转向

自中华人民共和国成立至今，我国的城市更新经历了政府主导下的基本民生改善、政企合作下的以增长为核心的快速更新迭代、多元共治下的以人为核心的高质量更新三大阶段。"十四五"期间，中共中央明确提出实施城市更新行动，推动城市高质量发展，提升人民群众的获得感、幸福感、安全感。依据新时期城市更新的政策导向，以及北京、深圳、杭州等城市的更新实践情况，此处总结出"双碳"目标下高质量城市更新的三大价值转向。

1. 从"大拆大建"转向"品质提升"的有机更新模式

在"双碳"目标下，城市更新要转变过去大规模拆除、大规模增建、大规模搬迁的模式，坚持"留改拆"并举，以保留、利用、提升为主，加强修缮改造，补齐城市短板，提升城市品质，增强城市活力。例如，北京采取小规模、渐进式、可持续的更新方式，开展"小空间大生活——百姓身边微空间改造行动计划"，拓展优化群众身边的小设施微空间；杭州探索城市全要素有机更新模式，先后实施了危房改造、背街小巷改造、西湖"景中村改造"与"西湖西进"、"一纵三横"道路整治、京杭运河保护与治理、历史街区改造等 20 多项重大工程，由点到面、由线到片，打造"生活品质之城"。

2. 从"单一减碳"转向"多维减碳"的更新规划技术

城市更新是一项系统工程,通过城市更新规划设计,促进空间格局、基础设施、交通运输、碳汇空间的优化组合,有利于发挥多维度减碳的耦合效应,以较低的成本实现系统高效的减碳效果。在宏观层面,应构建生态优先的城镇格局,鼓励公交导向的低碳出行,完善绿色韧性的市政基础设施等。在中观层面,应积极探索生态低碳的城市更新单元规划,通过构建碳汇网络、优化微气候、高效利用资源能源、倡导绿色交通出行等推动社区层面的绿色低碳转型。在微观层面,应在建筑设计、施工、运营环节中集成应用绿色建造、智慧建造、智慧运营技术,有效降低建筑全寿命周期的能耗和碳排放总量。

3. 从"政府主导"转向"多元共治"的综合治理路径

城市更新作为一种空间经营与城市治理手段,不仅应关注物质空间层面的修补,而且应积极推动社会公平的实现,并从政府主导向"多元共治"的综合治理路径转变。例如,北京积极推动"保护性更新""功能性更新""保障性更新""社会性更新",使城市更新成为推动城市可持续发展、高质量发展、高水平治理的系统工程;深圳通过控制土地无偿移交比例、保障房配建比例等一系列配套政策和制度保障公共利益,并通过多元共治、共建、共享的"微更新"手段,建设了福田水围柠盟人才公寓等一批标杆项目。

6.2.3 城市更新的价值导向

"人民城市人民建、人民城市为人民"是全面建设现代化背景下新型城镇化高质量发展的根本指向和内涵逻辑,是以高质量发展目标维护和实现群众利益、不断满足人民群众对美好生活的向往与需求的价值选择及实践导向。

1. 以人为本,包容多元

现阶段,中国的城市更新,要明确"发展为了谁"和"发展依靠谁"的价值旨归,坚持人民群众的幸福生活既是发展的根本目的,也是发展的内在动力这一以人为核心的发展理念,创新推进机制,持续完善制度体系,推动城市更新高效长效高质量发展。坚持以人民为中心的价值导向,秉持城市和公共利益优先,及时回应群众关心的问题,调整优化城市结构,改善提升城市品位。城市更新项目涉及的群众安置,严格按照最好地段、最好规划、最好质量、最好配套等标准加以实施。健全城市管理治理体系、风险防控体系,提升城市运行水平和抵御风险的韧性,提高城市更新行动的平衡性及协调性。

城市更新要注重包容性,最大限度地满足群众在城市中生存与发展的现实需求,促进人的全面发展,促进社会公平正义。要以人为本地进行城市产业布局和结构调整,从产业发展转型升级、业态取舍选择到就业形式培育鼓励,要多元并存,既要积极发展大工业、大商业,又要注重便民、利民,对传统产业、低端产业、小而杂的业态,以及劳动密集型、容易进入型的产业和行业,要许可其存在,并逐步规范。以包容多元的导向优化产业结构与业态选择,促进城市经济平稳向好运行,推动城镇群众共同就业乐业,在共同富裕的道路上迈出坚实步伐。包容性城市更新要强化对群众利益的关心关照,城建项目坚持改造前"问需于民"、进行中"问计于民"、完成后"问效于民",科学而民主地推进城市更新,使其真正成为民生所系、民心所向的为民工程。构建社区现代化治理体系,提升治理水平,建设宜居、绿色、韧性、创新、智慧、人文城市,实现城市共建、共治、共享目标,最大限度地让在城市中生活的每一个人都充分享受现代化城市的福祉和美好的生活。

2. 促进人的全面发展

新时代新阶段高质量的新型城镇化必须秉持以人民为中心的原则。促进人的全面发展,是城市更新的核心价值导向。以人民群众对美好生活的向往作为城市更新全部工作的重心和目标,各个方面都考虑人的基本需求、社会需求和精神需求,提升基础设施,改进公共服务,发展壮大产业,弥补城镇发展不平衡、不充分的方方面面,增加城镇居民收入,提升人们的获得感和幸福感。注重以人为核心的城市更新理念引领,日益强调城市功能健全完善,更加着眼于全面满足人的需求,注重针对人的起居行为和生活细节的服务功能营造,改造完善城市物质空间、精神空间和社会空间,达到有机统一,引导城市空间品质和生活质量的共同提升。在城市公共服务设施建设和功能完善方面,细致入微地精雕细琢,在城市的生态宜居、健康舒适、安全韧性、交通便捷、风貌特色、整洁有序、多元包容、创新活力的构建上,苦下功夫,以城市更新推动城市高质量发展。

新型城镇化高质量发展落实于城市更新之中,体现在切实提高市民生活质量,促进农业转移人口落户并全面融入城市,使全体居民共享城市发展成果方面。在尊重意愿、存量优先、循环渐进的基础上,深化户籍制度改革,完善人口管理制度,持续拓宽农业转移人口在城市落户的通道,推进农业转移人口落户城市;积极推进城镇基础设施常住人口全覆盖,努力实现同城居民享有均等化的基本公共服务;塑造开放包容的城市文化,健全农业转移人口参与机制,增强农业转移人口的城市认同感和归属感。

3. 推动城乡发展一体化

新时代新阶段实施城市更新,协同推进新型城镇化和乡村振兴战略。建成城乡一体的基础设施网络与公共服务体系,聚焦城市建成区存量空间资源提质增效,培育壮大以城带乡、以工促农的产业发展模式。推进以县城为重要载体的城镇化,加强县城基础设施和公共服务功能建设,发展特色产业,改善人居环境,提升治理效能,以统筹城乡的发展、服务、治理体系建设,实现城乡和谐共荣、一体化发展。与此同时,城市更新中要注重推进城乡居民共同富裕。共同富裕是中国建成小康社会后摆在突出位置的社会目标,不仅意味着人均收入差距的不断缩小,而且意味着公共产品和公共服务的均等化。需要把握好推动高质量发展这一重大机遇,扩大有效投资、释放消费潜力、拓展市场纵深,扎实推进共同富裕。逐步打破户籍障碍和土地交易障碍,城市要逐步接纳乡村流出人口,为其提供公共产品及服务。健全完善城镇新增建设用地规模及旧城改造腾退土地与农业转移人口市民化挂钩的政策体系。城市的繁荣是乡村人口与资源流入的结果,享受了规模经济和集聚效益的城市更新应当对乡村地区进行补给,加强对乡村地区农业现代化的补偿和人力资本的培育。

4. 构建产城融合模式

以促进产业基础高级化和生活服务现代化为目标,在城市更新中推动产业发展与城市空间拓展良性互动,实现产城融合。坚持"人-产-城"三者和谐相适,科学配置要素,精准把控资源,深入研判人口增长、产业发展与城市空间拓展的互动关系,统筹各功能板块发展重点与资源要素配置,将有限的资源精准投放到潜力发展地区。加强分区差异化引导,锁定中心城区规模总量,推动城市中心区合理控制人口规模,推动生活服务区坚持以人定地,加快产业承载分散片区向综合型经济转型,提升功能复合度,优化功能业态配置。突出创新驱动与枢纽功能、统筹产业空间布局,构筑现代综合交通体系,以重大交通设施带动城市发展,突出轨道交通对外围组团发展的引领带动作用,提升外围组团的综合承载能力。促进城市功能混合,疏解老城区过密的城市功能,引导城市功能和品质提升,使城市不断增强发展动能、改善服务效能,实现宜居的城市发展目标。

5. 彰显文化特色与赓续文化根脉

文化是人类文明的积淀和留存,城市文化是城市发展的历史记忆与现实出发地。保护历史文化、传承街区文脉,实现城镇文化赓续传承,是城市持续健康发展的重要内容。高质量推动城市更新,处理好当代文化彰显与历史文化记忆存留的关系,保护开发城市历史资源,赓续文化根脉,在城市更新的开发利用中实现历史文化的传承保护,加强城改涉及项目的文化文物评估和历史文化资源调查。按照应划尽划、应保尽保原则,及时查漏补缺,强化城市历史文化街区划定和历史建筑认定。坚持"原址保护、原貌修缮、活化利用"原则,对历史文化街区下绣花功夫进行修补式更新,坚持整体保护,保留原有建筑格局和传统街巷肌理。积极塑造城市历史文化风貌,弘扬和赓续城市街区文脉,加强历史文化街区、优秀近现代建筑、工业遗存等的保护传承和活化利用。在城市历史传统和特色文化保护与利用上,提炼凝结代表性地域文化元素,于修旧建新工程和项目中体现。尊重历史风貌特征,整合与重构历史文化资源,在城市建设的当代表达中赓续文脉,将现代功能合理融入传统历史建筑,增加传统街区和老旧城区的公共空间,降低片区人口密度,激发片区活力,既传承历史文化底蕴,又改善生活环境和服务功能,促进片区活力再生。推进历史建筑本体以及工业遗产的合理改造和创意利用,优化产业发展空间,植入新经济新动能,植入新消费业态、多元社区商业、文化创意产业,提升产业能级,使文化资源和历史文脉在城市更新中得到保护,在加强保护中实现开发利用。

6. 推进生态文明建设

绿色是新时代新阶段高质量发展的底色。城市更新必须践行绿色生态理念,坚持生态保护优先和以环境立市,提升城市人居环境质量与城市竞争力,建设绿色文明家园。推进城市生态文明建设,推进形成绿色低碳循环的城市生产方式及建设运营模式。坚持生态环境建设优先,从源头防范生态破坏,实施城市生态修复和功能完善工程,给城市建设"治未病"。优化城市生态系统功能,对城市更新涉及区域,因地因资源制宜,制定建筑密度、人口密度、污染处理指标,完善绿地系统、休闲系统,健全和保障生态系统的服务功能。科学确定产业定位及发展方向,区分居住区和工业区,加强居住区生活服务功能、工业区生产服务功能,化解"邻避效应"。保护和恢复生态与自我修复能力,如资源型缺水城市应坚持"以水定城、以水定地、以水定人、以水定产",发展力度和人口密度与水资源承载力相适应。构建绿色城市更新模式,加强绿色低碳建设,支持碳中和先锋城市建设,打造低碳的新型城市底色。统筹城市防洪和内涝治理,系统建设城市排水防涝工程体系,持续强化城市内涝整治,彻底消除城市更新区"观湖看海"景象。

6.2.4 新时代新阶段城市更新的主要内容

新时代新阶段城市更新涉及城市功能结构调整、城市中心区完善、老旧小区改造、棚户区改造、城中村改造、危旧房改造、社区建设与微更新、历史街区保护与再生、老工业区更新改造、工业园区更新,以及城市基础设施加强改进、公共服务功能健全提升等多项内容。城市更新方式应由传统城镇化中粗暴、急剧、单一的大拆大建式改造重构,向稳妥、渐进、多元的有机更新转变。更新目标与推进路径由多方面因素所决定,针对不同更新类型因地制宜、因势利导,运用整治、改善、修补、修复、保存、保护以及再生等多元模式加以综合性更新改造,实现城市经济、社会、文化、生态等多维价值的协调统一。

1. 建成区提升改造

建成区提升改造是城市更新的重点内容和主要构成。历史街区多由土木建筑组成,基础设施薄弱、短板弱项突出,市政设施和公共服务不平衡、不充分缺点明显,亟须改造再建。在城市更新中,住宅小区改造提升任务巨大,城镇老旧住宅需要"再复活",工业建筑需要改造重建。由于土地成本高,加之房地产公司单一的开发-建设-销售供给体制,城市住宅建设出现了高层化和超高层化现象,对城镇的居住形态造成诸多负面影响:一是大部分地面商业街巷消失,实体工商业创业、就业机会减少,人际交往被立体割裂,楼高且密集,阳光采集不均匀,消费模式趋于在线化,生活有远离大地之虞;二是高层和超高层建筑存在外墙层脱落、电梯老化、消防难度较大等问题,给居住安全带来隐患。因此,需要及时对城区建筑和构筑物进行加固与改建,重构街区业态,唯有此才能方便居民日常生活。与此同时,城市建成区的传统社区和老旧街巷,亦需积极改造与有机重构。

(1)推动产业发展。

老工业区需要重点关注工业遗产开发利用与产业转型升级。在传统城镇化过程中,城市建成区布局了一批制造业企业,或围绕工厂和企业生产厂区构建了城市街区。推动高质量发展,工厂企业搬离城市建成区势在必行。如何开发利用工厂搬迁后的城市空间,是城市更新的又一重大课题。要从城市高质量发展的全局出发,坚持产城融合、环境友好、保护工业遗产,留住城市"乡愁",科学规划、高水平建设、高效能治理。支持既有影响环境或低效的老旧企业搬离城区,利用老旧厂房构建新型基础设施,完善市政基础设施和服务功能。因势利导、因企制宜,积极开发和再利用企业原有工业遗产。充分挖掘工业遗存的历史文化和时代价值,聚集创新资源、培育新兴产业,或壮大新产业新业态,或以企业车间、工厂设备为依托,开发打造文化创意产业以及旅游文化产业。发展包括生产性、生活性服务业在内,传统式和现代性服务业并举的产业业态,发展壮大旅游、文娱、康养等新型服务业态。中心城区以外的企业老旧厂房改造和原有厂区开发利用,要优先健全公共服务设施及功能;主城区以外和城市副中心的老旧厂房区域,积极引入符合城市发展要求的产业项目。大力培育特色优势产业,包容性发展劳动力吸纳量大、就业技能要求较低的劳动密集型产业。植入新兴文创产业,开发利用工业遗产,实现产业兴旺聚集、市政服务功能提升,使城市的"工业锈带"演化为"商业金带"和"生活秀带"。

老商业街区注重服务业振兴重构。老商业街区是城市发展的历史产物,在城市更新中要积极面对、慎重改造和科学重构。要从城市的发展历史、商业文化特色、街区风貌、服务业水平等诸多特征出发,既突显现代化的风貌和产业发展要求,又赓续既有传统与文化街区原有特色,构建起当代与既往、商业与人文、地方与外来文化相互交融的新街区。探索改造老旧厂区,融入商贸街区,推动片区整体更新,发展工业文化旅游。因地制宜改造城中村为城市社区,打造商业贸易新区。促进城市复兴(注重物质丰富、经济发展和城市中心区繁荣)和街区更新(注重社区功能提升、内城区昌盛和周边社会事业进步)两大更新框架结合,注重将物质环境更新与街区就业、公共服务提升联动起来,软硬环境同步更新。

（2）完善与提升城市功能。

拓展与完善基础设施。立足新发展阶段,坚持宜居、绿色理念,实现绿色发展,着力补短板、强弱项、优布局、提品质,全面提高城镇环境基础设施供给质量和运营效率,推进环境基础设施一体化、智能化、绿色化,推动减污降碳协同增效,促进生态环境质量持续提升。积极构建由城市向建制镇和乡村延伸的环境基础设施网络,构建集污水、垃圾、废物处理处置设施和监测监管为一体的城镇环境基础设施体系,实现城镇环境基础设施供给能力和水平显著提升。提升城市抵御冲击的能力,聚焦重大风险防控薄弱环节,完善体制机制和救灾设施体系,建设安全灵敏的韧性城市。实施排涝工程升级改造,构建通畅高效的排涝通道管网,加强城市内涝防治,建设海绵城市。加强城市应急管理,提高公众避灾意识和自救互救能力,增强防灾减灾能力,提高公共卫生防控救治能力。积极开展城市管廊建设,与传统的市政管线直埋模式相比较,综合管廊具有安全系数高和维护简便、避免反复开挖给居民生活和交通带来不便,以及建设运营成本低于分头建设管理模式等明显优势,在城市更新中应将综合管廊建设列为重要内容并切实加以推进。

健全与提升市政服务。市政设施是城市基础设施的重要组成和城市公共服务的基本载体。城市更新要通过对市政设施的丰富与提升,进一步健全城市服务功能,不断提高服务水平。其一,优化城市市政服务功能和效能。以人性化、便捷化为导向,合理配置城市公共资源,不断改善市政公用设施服务水平,努力提高公共服务能力。以舒适、便利、宜居的城市建设,进一步使城市功能更好地满足居民生活需求。推进公共服务设施布局合理化、服务质量高效化,增强公共服务功能。在基础设施更新方面,健全和完善水电、道路、通信、燃气、热力、园林绿化、环境卫生、道路照明等诸多市政公用设施;实施城市垃圾分类,推动垃圾处理减量化、无害化、资源化;改进和完善城市公共交通,构建城市现代化综合交通体系。优化并提升公共设施布局,适应和满足城市居民多元化需求。其二,推进运行高效的智慧城市建设。推动数字技术集群与城市建设的深度融合,充分运用新一代信息技术,以新基建为基础构建数字基座,大力发展数字经济,积极构建数字城市,推动数字产业化和产业数字化,优化城市运营,打造高价值产业。加快构建融合高效的智慧交通基础设施网络,结合人工智能、增强现实等技术和 5G 商用部署,统筹利用光纤网、车联网、物联网等,加强交通基础设施与公共信息基础设施的协调建设。以数字政府、数字社会建设为重点,以公共数据开放共享为突破口,构建 CIM(city information modeling,城市信息模型)应用平台。推动政务服务和城市管理更加科学化、精细化、智能化,提升城市运行效能。

强化与改进公共服务功能。安居乐业是城市这一人类聚集性现代生存平台实现发展的首要前提,科教文卫特别是现代化的医疗和教育等优质方便的公共服务,是现代城市的独有及基本功能。推动不断满足民众需求的城市公共服务运行系统的革命性再造和供给侧结构性改革,在城市更新中占有极其重要的地位。要将技术优势与城市发展深度结合,提升和优化城市公共服务功能。以智能化、便捷化、人性化为引领,加大市政公用设施、公共服务设施、新型基础设施建设力度,构建并完善城市公共卫生体系,健全城市公共文化服务功能,加强城市公办教育设施建设,提升教育水平,创办人民满意的教育,实现教育公平发展。坚持租售并举,不断提高城镇住房保障水平,着力解决市民住房问题。

(3)持续改造老旧小区。

坚持尽力而为和量力而行,改造提升老旧小区,是城市更新的核心内容。老旧小区改造要坚持分类指导,重在提升品质、完善功能。做到"好住"提功能,解决居民实际难题;"好看"美环境,提升小区整体品位;"好管"优服务,提高小区治理水平;"商量"纳民意,发动群众积极参与。健全和完善城镇老旧小区基础设施,对老旧小区市政公用设施查漏补缺、提档升级。补短板、填空白,全面排查和完善燃气、电力、给排水、供热等配套基础设施;重点补齐养老、托育、停车、充电桩等便民设施。将建设老年友好型社区作为城市更新的重要方向,建造设立、改良提升适应老龄化大趋势的公共设施和服务功能,小区改造时加装电梯、完善无障碍设施;增加社区养老服务设施,建立托老组织、社区老龄餐厅,服务居家养老;依托智慧技术设立社区救护机构,健全养老医疗服务,不断满足老年人日常需求。推动街区和老旧厂区通过业态更新,构建城市系统的新业态和新功能。坚持自愿原则,充分调动居民参与小区改造的积极性。强化老旧小区社区治理,建立健全长效管理机制,提高城市共建、共治、共享水平。

(4)提升再建老旧街区。

城市中的老旧街区是城镇化的历史积累和文化遗存,老旧街区改造是新型城镇化实现高质量发展的重大课题。再建老旧街区、实现老城旧貌换新颜,改造城中村、推动旧村蝶变成新城,是新时代新阶段城市更新的重要内容和任务场域。在城市更新中重构老旧街区,必须深入挖掘老旧城镇的特色文化,切实加强文化传承。实现既改造老城镇、建设新街区,又保护历史资源和传承文化特色的目标。秉承保护与再生的科学理念,坚持最大限度保护、最大限度提升、最小影响拆除,尊重历史遗存,促进老城新生。积极挖掘城市历史和文化资源、全面概括城市文化特质与资源特色、再现城市风格风貌,以老旧街区的街、坊、巷、院为基础,在街区格局规划、建筑物构造再建、街道门面风貌营造等诸多方面,采用色同形异、新旧交融的构建技法,延续老街肌理,穿插现代元素,综合体现城市历史、文化特色、地域风貌,并实现现代表达,实现传承历史、老城新生的双赢目标。

2. 城市新区构建拓展

(1)推动城市新区建设。

城市建成区的拓展和新区建设是城市更新的又一重要内容。它涉及城市社会进步、经济发展和物质空间环境拓展再构等方面,是一项综合性、全局性、政策性很强的系统工程。以城市更新理念推动新区构建,不能局限于"增长""效率""产出"等单一价值导向,要切实摒弃传统城镇化中重物(土地城镇化)轻人(人的城镇化)的弊端,应遵循新发展理念,坚持以人为核心,以人民对美好生活的向往为目标,将城区拓展置于城市社会、经济、文化发展的战略格局中,从整体关联的视角加以综合协调。处理好新老城区空间布局,既注重城区各组团的相对独立,又突出整个城区连通的快捷方便;在市政设施、公共服务功能建设方面,既要自成一体,又必须联结互通;在产业培育和发展中,一方面体现与既有产业业态的差异化,另一方面构成与既有产业业态互补共兴的产业链乃至产业集群;在城市的功能设置方面,要特别突出城与业的互补协调及相融共生,实现产城融合。

(2)城中村改造融入。

城中村是传统城镇化进程中的产物。虽然城中村地理位置优越、发展禀赋独特,但基础设施缺失、公共服务不完善、产业发展落后、人居环境问题突出,严重影响居民生活质量和城市整体形象。实施城中村改造,推动城中村融入城市建成区,是新时代新阶段城市更新必须迈过的巨大沟坎。城中村改造要坚持统筹规划和安置先行,切实保障群众利益。科学规划和合理开发土地资源,优先保障公共设施构建和村民生活就业安置,补齐配优基础设施、完善提升公共服务,使建成区与城中村设施、服务功能融为一体。大力发展城中村非农产业,促进产业结构调整和转型升级,培育壮大特色产业,促使城中村居民就地非农化就业。推动城中村整体融入城市,实现区域均衡发展,人们安居乐业。

3. 促进高效能治理

推动城市的高效能治理,是中国特色社会主义实现治理体系和治理效能现代化的重要途径,城市更新理应将治理效能的不断提升置于重要位置。其一,强化空间治理。树立"精明紧凑"的城市发展理念,强化国土空间规划约束作用,优化城市空间,促进土地节约集约利用。其二,强化社区治理。城市更新要加强社区治理,健全和完善城市基层社会治理机制;增强便民服务,推行"一网通"等现代治理模式。其三,提升治理效能。加强社会保障和公共服务供给,强化社区等基层组织建设,努力构建全过程人民民主,实现城市社会和社区治理共建、共治、共享,切实提高人们的获得感和幸福感。

4. 推动城市生态修复与保护

坚持生态优先、绿色发展,让城市再现绿水青山,改善城市人居环境,是新时代新阶段城市更新的基础要求。城市更新中要不断加强城市生态系统修复和生态保护,完善城市生态绿地系统,构建生态缓冲带,建设绿色城市。加强城市环境保护,因地制宜推动垃圾有效处置及科学处理,推动污水收集处理和污泥处置设施建设。推动绿色低碳的新型城镇建设,促进城市生活低碳化。在城市更新中不断提升绿色建筑占比,鼓励使用绿色环保材料装配。合理采用光伏发电、节水器具和废水处理等绿色技术与产品,科学利用新技术、新能源、新工艺,大幅提高既有建筑物和生活方式的绿色化水平。发展太阳能和风能等分布式能源,提升能源安全保障能力。实现城市低碳建设和运行,推动城市更新高质量发展。

6.3 基于"双碳"目标的城市更新实施路径体系

基于"双碳"目标的城市更新实施路径体系由目标体系、技术体系、标准体系和政策体系构成。四个子体系相辅相成。其中,目标体系决定实践方向,技术体系与标准体系是其基础支撑,政策体系的意义在于结合城市更新的目标、原则、任务和措施形成公共政策,用以引导社会,形成规模效应。

1. 建构基于"双碳"目标的城市更新目标体系

目标体系提供绿色低碳城市发展的指引方向。"双碳"目标下的城市更新的核心目标是通过绿色低碳的高质量发展建设绿色低碳城市,即在城市这个载体上通过经济建设、政治建设、文化建设、社会建设、生态文明建设"五位一体"的发展方式,采取人与自然、社会、经济和谐共存的可持续发展模式,实现"生产空间集约高效、生活空间宜居适度、生态空间山清水秀"的发展范式。构建能调动自然、社会、经济等"全要素",在城镇、农业和生态"全空间",实现过去、现在、未来"全过程"绿色化发展的绿色低碳城市。目标体系的构建需要强调以人为本,将"双碳"的理念融入城市规划、建设、治理之中。一方面,将目标指标化,构建一套包含二氧化碳排放量、能源使用结构、资源节约、环境友好等一系列核心指标的体系,见表 6.1;另一方面将指标空间化,在规划、建设中衔接"绿色建筑-绿色社区-绿色低碳城市"等城市空间扩展单元,在城市社区治理中明确社区生活圈的概念与要求,在城市生态治理中明确"开门见绿"的口袋公园建设标准等。

表 6.1 绿色低碳城市建设目标指标化示例

目标	指标	指标赋值参考
低碳	人均二氧化碳排放量	$2\sim4$ t/(人·年)
	可再生能源使用率	$\geqslant15\%$
	非传统水源利用率	$\geqslant30\%$
	建筑节能率	$\geqslant65\%$
	绿色建筑比例	100%
	垃圾资源化率	$\geqslant70\%$
	绿色建材使用比例	$\geqslant50\%$
	交通分担率	$\geqslant80\%$
	慢行路网密度	6 km/km²
生态	绿化覆盖率	$\geqslant30\%$
	蓝绿空间比率	$\geqslant70\%$
	本地植物指数	$\geqslant90\%$
	年径流总量控制率	$\geqslant70\%$
韧性	居民人均可支配收入平均值	—
	每千人公园、娱乐中心、博物馆、图书馆数量	—
	应急避难场所的可达性和使用效率	良好
	就业率	$\geqslant80\%$
适老	15 min 生活圈覆盖率	100%
	500 m 范围内公交站点覆盖率	100%
	500 m 范围内社区医疗覆盖率	100%
	500 m 范围内公园覆盖率	$\geqslant50\%$
	无障碍设计比例	100%
	社区照料服务覆盖率	100%
未来	碳排放管理体系和碳排放信息管理系统	有
	低碳宣传教育活动	$\geqslant3$ 次/年
	低碳生活指南	有
	智慧健康管理	100%

2. 建构基于"双碳"目标的全要素囊括的城市更新技术体系

技术体系增添绿色低碳城市发展的动力。基于"双碳"目标的技术体系应该实现全要素覆盖、全过程把控。

基于"双碳"目标的技术体系需要全要素囊括城市的规划、建设、治理工作。可以衔接城市更新行动的 8 条路径,包括城镇格局优化、城市生态修复、基础设施完善、完整社区建设、老旧小区改造、历史文化保护、城市智慧运营、社会综合治理,从而提出 12 大技术领域,包括土地利用、生态环境、绿色交通、绿色能源、水资源、固废利用、绿色建筑、生态社区、绿色产业、智能信息化、文化遗产保护和绿色人文。在具体的城市规划工作中,应衔接国土空间总体规划、控制性详细规划等,形成涵盖 12 大技术领域、对接 8 条更新路径的集成体系,见表 6.2。需要特别指出的是,随着规划技术标准向社会治理方面延伸,更加需要以新技术推动城市治理体系和治理能力的现代化。尤其是随着大数据、元宇宙等信息化技术的快速迭代,低碳技术领域中的智能信息化(即数字技术与数字驱动)尤为重要。在城市治理中,信息技术的运用能够有效提高能源使用效率,降低能源总消耗,进而减少碳排放。

表 6.2   全要素覆盖的 12 大绿色低碳技术领域

技术领域	相关技术
土地利用	集约紧凑、功能混合、街区尺度、公共服务配置、棕地修复
生态环境	生态安全格局构建、水环境、绿地系统、生物多样性、物理环境
绿色交通	交通预测、公交先导、自行车步行系统、道路体系、管理措施
绿色能源	需求预测、可再生能源利用、能源供应方式、建筑用能效率
水资源	供需平衡分析、优化配置、非传统水源利用、节水器具
固废利用	垃圾减量化、垃圾收运系统、垃圾无害化处理、垃圾资源化利用
绿色建筑	适宜性分析、适宜性绿色建筑技术、建筑改造
生态社区	社区能源与资源、社区环境、社区交通、社区服务设施
绿色产业	新兴产业、智慧产业、R&D(research and experimental development,研究与试验发展,简称"研发")投入
智能信息化	无线城区、数字城区、智慧城区
文化遗产保护	保护内容与范围、保护利用方式、保护机制
绿色人文	绿色宣传教育、绿色行动指南、生态价值认同

3. 建构基于"双碳"目标的全空间覆盖的城市更新标准体系

标准体系是绿色低碳城市发展的规范标尺。基于"双碳"目标的不同空间尺度的碳排放结构不同,减碳策略侧重点也不同,评价标准也应分层次构建。2021 年 10 月,中共中央印发《国家标准化发展纲要》,提出要建立健全"双碳"标准,将碳达峰、碳中和的标准化工作提升到了党和国家发展的全局与战略高度。目前我国也亟须强约束力的指标体系,将减碳目标从国家向地方分解。当下从技术角度、生产角度、消费角度、统计角度等,对碳计算都有着不同的标准,因此得出的结果也大不相同,不同的碳认知将导致建立的标准不同。低碳评价标准的空间尺度要全覆盖,横向到边,纵向到底。

从空间上看,亟须建立"区域-城市-城区-社区"四级尺度的碳核算与低碳发展指引。评价标准需要包括建筑单体、道路交通、绿地、水面、广场等用地要素,以及学校、医院、商店、写字楼等不同的建筑类型,形成从社区、街区、城区、城市到城乡一体化地区的由小到大、由点到面的低碳细胞单元,同时,衔接直接减排标准、间接减排标准、协同减排标准、管理评估标准、市场化机制标准五大方面的标准系统。

城市更新标准体系如图 6.1 所示。

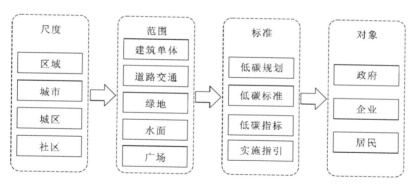

图 6.1 城市更新标准体系

4. 建构基于"双碳"目标的全过程把控的城市更新政策体系

政策体系是绿色低碳城市发展的法律保障。基于"双碳"目标的城市更新政策体系,需要覆盖城市更新活动的全过程与所有相关的利益主体,实现全过程透明化。城市更新的各个阶段均应有法可依、有据可循。2021 年 9 月 22 日,《中共中央 国务院关于完整准确全面贯彻新发展理念做好碳达峰碳中和工作的意见》发布,2021 年 10 月 24 日,《2030 年前碳达峰行动方案》(国发〔2021〕23 号)发布,两者共同完成了我国"双碳"目标政策体系的顶层设计。在国家"双碳"目标政策体系不断完善的同时,作为重要相关专项的城市更新政策体系,需要做好各方面的衔接,包括规划立法、管理体制机制、约束性制度、激励性政策、科技创新政策等政策框架。在建立支持城市更新的政策体系和实施细则时,将"双碳"目标分解、分类、分步,并纳入国家中长期科学和技术发展规划,见图6.2。

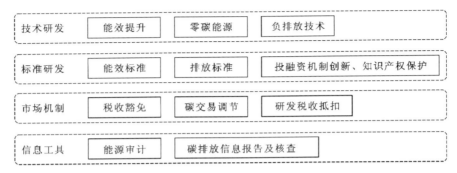

图 6.2　城市更新政策体系的重点关注方面

城市更新政策体系的建设具体包含以下方面。

(1)在国家层面,推动城市更新专项立法并强化"双碳"目标的刚性约束;持续推进国家碳交易制度建设;将创新性低碳和负排放技术(例如自然减碳,碳捕集利用和封存,氢能、核能等利用)纳入关键技术发展战略,支持研发创新。

(2)在地方层面,建立指导地方城市更新行动的更新条例和更新办法,分单元、分地区构建具体行动的实施细则;在国家政策的基础上根据各地的资源禀赋、发展阶段、产业结构等方面特点探索合适的转型路径;制定城市碳中和战略;探索实施碳排放总量控制、行业碳排放标准、项目碳排放评价、碳排放准入与退出等相关制度、标准和机制;对"双碳"目标下的城市更新工作可能会遇到的关键难点在组织协调、实施管理、存量用地、财税金融等方面给予政策支持。

(3)在公众层面,通过低碳消费带动消费市场和生产链将碳中和的行动传递至更多行业、企业。可以出台各种奖励政策,运用市场机制,引导个人选择低碳生活方式,如实施阶梯电价、对低碳产品给予直接补贴等。

6.4　"双碳"目标下的城市更新路径与行动

6.4.1　城市更新路径

坚持高质量发展的新时代新阶段的城市更新,要以新发展理念为引领,立足实际,因地因市制宜,开拓创新,通过改造重构城市衰落区,健全完善城市功能,推动城镇相关区域和领域从基础设施健全到功能功用完善,实现质的有效提升和量的合理增长,使现代化发展成果惠及广大群众,切实提升人民群众的获得感、幸福感和安全感。

1. 融入都市圈与建设城市群

建设都市圈和区域中心城市,是新时代现代化建设中推动区域优势互补、协同共兴,实现高质量发展的重要方略。城市更新要确立以大城市为引领的新型城镇化战略,加快中心城市都市圈及城市群的区域规划和发展方式创新,促进要素、资源优化配置,推动区域城市积极融入都市圈和城市体系建设大格局。在城市发展中坚持分类指导,促进城市群优化发展,培育发展现代化都市圈。促进城市群与产业集群、创新集群耦合交融,打造高质量发展动力源和增长极。明确区域城市在城市群中的发展定位,促进区域城市积极融入城市群。优化城市空间布局,一体化健全城市功能、提升城市品质,增强城市综合承载能力。差异化推动产业结构调整,积极构建区域都市圈、培育区域中心城市。优化超大、特大中心城市功能,提升大中城市功能品质,增强小城市发展活力,分类引领小城镇发展。区域城市要立足特色资源和产业基础,主动承接符合自身功能定位、发展方向的大城市转移产业和疏解功能,推动制造业规模化、服务业优质化,提升城市服务功能及生活品质。

2. 以一体规划推动统筹发展

以新发展理念统领城市更新,坚持顶层设计、宏观统筹,不断提升规划水平,切实增强规划引领作用。新时代新阶段城市更新的重点是提质改造,不是大拆大建,要通过存量优化提升功能及水平,按照城市空间布局和不同圈层功能定位、资源禀赋,坚持目标导向、问题导向、结果导向,注重分类引导、一体发展。城市更新规划要以人民为中心,集产城融合、绿色低碳、安全健康、人文传承等发展理念于一体,统筹规划。综合考虑资源环境承载能力和国土空间开发要求、人口变动趋势及产业发展前景等,合理确定城市更新功能定位、规模体量、空间格局、开发强度。强调产业支撑强化、基础设施提升、公共服务完善、配套服务健全、魅力特色彰显,坚持国土空间规划引领,坚持多位一体、多规融合,通盘运筹、平台运作。在生产(基本农田)、生活(城镇)、生态(资源环境)三界规划方面,融合统一、步调一致。推动城市发展专项规划与国民经济和社会发展规划充分衔接,全面统筹区域重要基础设施,协调产业发展、城镇边界、生态环境保护,建立部门协作机制,全面统一底图底数、规划期限,编制城市发展和城市更新总体规划。坚持统筹指导,实施城市更新源头管控,严格项目立项审批,一张蓝图绘到底。

3. 创新驱动与扩大开放相结合

首先,建设富有活力的创新城市。创新是现代化建设的根本动力。新时代新阶段的城市更新必须深入实施创新驱动发展战略,坚持创新发展,建设富有活力的创新城市。

在城市更新中,优化提升创新创业生态。持续改善城市营商环境,大力培育市场主体,营造城市创新创业氛围。建设城市创新创业载体,打造城市区域创新中心,增强城市创新辐射带动能力。积极发展特色小镇等创新创业特征突出的微型产业聚集区,推动城市产业转型升级,改造提升传统产业,培育壮大新兴产业,不断发展创新产业。积极培育和大力发展数字产业,推动数字化赋能,加快数字产业化、产业数字化步伐。推动新一代信息技术与传统产业转型深度融合,实现传统产业智能化、高端化、服务化。促进城市生产性服务业融合化发展、生活性服务业品质化发展,实现城市产业核心竞争力和吸纳就业能力双跃升。

其次,学习借鉴国外城市更新成果。不断扩大开放,深入学习和积极借鉴国外城市更新成果、科学途径与成功经验。加强对国外城市更新理论成果的学习吸收,对于经实践证明富有成效的城市更新理念,诸如城市改造提升中要突出特色、彰显宜人宜居的城市文化特质、突出人与自然协调的可持续发展理论等成果,要积极汲取、多方借鉴。深入学习国际城市更新计划综合多元的目标设定经验,以空间环境改善为切入点,为社会经济发展寻求新的发展空间,吸引、带动社会各方投资,丰富完善新时代城市更新实践,推动城市更新实现更好更快发展。

最后,加强理论创新,服务城市更新。新时代新阶段的城市更新,既是影响广泛的系统社会活动,又是关乎众多学科门类和技术领域的城市建设工程。城市更新需要化解的矛盾、破解的难题、完成的任务艰巨且繁多,实践的难题需要在实践中解决,需要我们深入实际积极调查研究,汲取前人经验、开拓创新、探索发展规律。通过经济、政治、社会、管理,以及城乡规划、建筑、地理、园林等诸多学科相互融通、协同合作,多角度全方位地系统全面总结城市更新在当代实践中的内在机理和科学路径,为城市更新高质量推进提供理论支撑与实践路径。

4. 政府主导与市场开发相结合

首先,坚持政府主导与各方协同相结合。城市更新是广泛涉及社会各个层面和利益群体的综合性事业,在现代化建设中,支撑经济发展和社会进步的众多资源,会因宏观发展方略、法规控制和目标管理等诸多因素影响,加速向城市聚合。新技术革命兴起,新产业飞速发展,生产生活方式持续演进,将是城市发展的重要常态。在城市更新进程中,要实现城市巨系统的精细化治理,需要"人民城市"的价值驱动与"智慧城市"的技术驱动相融合,必须坚持政府主导,坚持政府、企业、市民通力合作,共同塑造城市经济社会的发展形态。在这个过程中,人仍然是社会发展的主体。城市更新要秉持人民中心理念,为人民谋福祉。坚持市场规律,科学协调市场、开发商、产权人、公众和政府之间的关系,建立健全职责明确、任务细化的高效运行机制和调控机制。

其次,坚持有为政府与有效市场相结合。随着中国城镇化从增量扩张进入存量变更的新阶段,改革开放以来驱动城镇化高歌猛进的土地财政机制边际效益日趋减少,单纯依靠财政投入或企业投资已不能平衡投入及产出。城市更新需要有为政府和有效市场多重发力,科学引入城市更新运营机制,构建一个基于政府和城市更新运营商双主体的城市更新双引擎。构建完善政策、维护公平,以及行使决策者与监督者职责的管理框架,与开展社会动员、重建社区关系、完善社区服务体系、优化配置城市资源的科学运营机制。保障性安居工程所需资金要按规定使用,城市中具有盈利空间的准公共服务设施的建设运营,允许社会资本投入,鼓励居民积极参与,形成政府、市场和社会力量共同参与推进的城市更新投入体制机制。充分发挥政府统筹引导作用,全面激发市场活力,使市场在资源配置中起决定性作用和更好发挥政府作用,探索形成多渠道投资模式,多种方式引入社会资本,注重构建多方合力的全社会共同参与的更新体系。

5. 依法多元筹措资金

在城市更新中政府要加强顶层设计和宏观统筹,重在健全完善城市更新的政策引领、创新组织机制,建立多元化、可持续的资金筹措机制,强化资金保障力度。地方政府设立支持各方参与的城市更新基金,分类引导,积极筹划。政府投资重点保障民生项目,积极引导社会资本投向涉及国计民生和符合发展趋势的产业领域,专业经营单位负责搭建项目融资平台,多渠道筹措建设资金。着力引导社会力量在城市更新过程中深度参与,把财政资金投向引导和保障民生等托底方面。同时,实施城市更新要坚决遏制新增隐性债务。加强城市更新债务的风险监测和预警,及时及早发现资金的异常情况与风险,适时对相关方面进行提醒,前移监管关口,化解风险隐患。控制和压缩债务总量的同时,积极探索对城市更新进程中债务的科学有效监管模式,在严守安全底线的前提下留出城市更新更大发展空间。加强多元筹措资金和遏制债务的立法工作,加快国家层面相关立法,不断健全完善相关政策、技术标准、操作指引,切实保障城市更新工作公开、公正、公平和高效,促进城市实现持续、包容、多元、健康、安全与和谐的高质量发展。

6.4.2　城市更新行动

城市更新工作是一项系统工程,需要统筹协调,这也是城市更新行动的难点所在。就如第四次中央城市工作会议上所指出的,要统筹空间、规模、产业三大结构,提高城市工作全局性;统筹规划、建设、管理三大环节,提高城市工作的系统性;统筹改革、科技、文化三大动力,提高城市发展持续性;统筹生产、生活、生态三大布局,提高城市发展的宜居性;统筹政府、社会、市民三大主体,提高各方推动城市发展的积极性。城市更新工作同样需要做好"五个统筹"。城市更新行动可以在从区域到城市的生态安全格局(城镇格局优化)、山水文化修复的城市发展基底(城市生态修复)、安全韧性保障的城市基础设施(生态基础设施建设)、公共交通导向的绿色低碳出行(完整社区建设)、低碳生态指导的老旧小区改造(老旧小区改造)、基因格局延续的历史文化传承(历史文化保护)、智慧互联管理的城市运营体系(城市智慧运营)、多元价值激活的社会综合治理(社会综合治理)这八个维度进行系统谋划。

1. 构建从区域到城市的生态安全格局

构建涵盖"国家-省域-城市"多层级的生态安全格局,优化城镇布局。

在国家层面,在保障国土空间生态安全格局的刚性前提下,促进国土空间的均衡开发,以生态空间格局优化城镇空间布局,并与国家自然地理格局相适应、与国家总体安全战略相呼应、与国家交通运输通道相契合。

在省域层面,以协同、共享的理念形成生态共保、环境共治、设施共享、产业共兴的区域协同体制机制,构建城市群分工协作的绿色高效运转模式;依托良好的都市圈建设,实现职住平衡,推进设施共享,提升城市的运行效率。

在城市层面,控制城市的无序蔓延,倡导组团化的集约高效空间建设模式。每个组团面积不超过 50 km²,组团内平均人口密度原则上不超过 1 万人/km²,个别地段最高不超过 1.5 万人/km²;强化生态廊道、景观视廊、通风廊道、滨水空间和城市绿道的统筹布局,以保障城市生态斑块、廊道的完整和连通,组团间的生态廊道的净宽应不少于 100 m。

2. 夯实山水文化修复的城市发展基底

大力修复城市的山水生态文脉,保障碳汇端的城市绿色发展基底。

一方面,坚持治山、治水、治城的一体化推进,整体修复山水林田湖草沙。具体而言,首先,要合理划定保护分区范围,构建完整的生态廊道体系,修复城市生态系统;其次,要保护城市山体的自然风貌,运用技术修复破损山体、废弃矿坑、采煤沉陷区等已遭到破坏区域的生态环境,消除山体的安全隐患;再次,保护和修复河、湖、湿地等水体和岸线,将其打造成功能复合的滨水生态岸线;最后,加强绿色生态网络建设,保护生物多样性。

另一方面,推进公园城市建设,完善城市公园体系。以"园中建城"的理念规划和建设城市。推进绿道网络建设,推行城市第五立面立体绿化建设,到 2030 年城市建成区绿地率达到 38.9%,城市建成区拥有绿道长度超过 1 km/万人。绿化注重本地物种的运用,降低后期维护成本。生态修复的实施流程见图 6.3。

3. 健全安全韧性保障的城市基础设施

推进城市基础设施的体系化、智能化、绿色化建设和稳定运行,有效节能、减碳、固

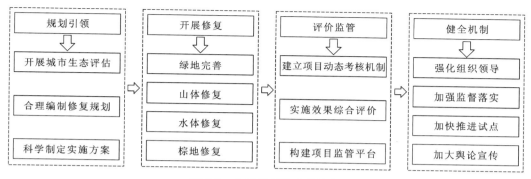

图 6.3　生态修复的实施流程

废,为城市的运行提供安全韧性保障。

　　首先,对高能耗、高排放的老旧基础设施进行更新,提高运行效率,减少碳源端排放。例如,实施 30 年以上老旧供热管网更新改造工程,加强供热管网保温材料更换,推进供热场站、管网智能化改造,到 2030 年城市供热管网热损失比 2020 年下降 5 个百分点;推进节水型城市建设,实施城市老旧供水管网更新改造,推进管网分区计量,提升供水管网智能化管理水平,力争到 2030 年将城市公共供水管网漏损率控制在 8% 以内;推进城市绿色照明,控制过度亮化和光污染,到 2030 年 LED 等高效节能灯具使用占比超过 80%。

　　其次,建设连续完整、高效固废、绿色智慧的生态基础设施,提升设施的碳汇能力。例如,加强城市设施与原有河流、湖泊等生态本底的有效衔接,全域推进海绵城市建设,加大雨水蓄滞与利用力度,到 2030 年全国城市建成区平均可渗透面积占比达到 45%;实施污水收集处理设施改造,开展城镇污水资源化利用行动,到 2030 年全国城市平均再生水利用率达到 30%;全面推行垃圾分类和减量化、资源化,完善生活垃圾分类投放、分类收集、分类运输、分类处理系统,到 2030 年城市生活垃圾资源化利用率达到 65%。

　　最后,适度超前布局能源基础设施,优化城市的建设用能结构。例如,推进建筑太阳能光伏一体化建设,到 2025 年新建公共机构建筑、新建厂房屋顶光伏覆盖率力争达到 50%;到 2025 年城镇建筑可再生能源替代率达到 8%。引导建筑电气化发展,到 2030 年建筑用电占建筑能耗的比例超过 65% 等。

4. 实施公共交通导向的绿色低碳出行

　　首先,以完整社区建设为抓手,建设满足群众衣食住行、安居乐业需求的 15 min 生活圈,减少空间上的通行距离,在步行范围内满足业主基本生活需求。具体而言,需要聚焦社区居民日常基本生活需要,完善近距离社区服务,覆盖不同人群多元化的需求,建设 15 min 生活圈、10 min 老人圈、5 min 幼儿圈,到 2030 年地级及以上城市的完整居住社区覆盖率提高到 60% 以上。

其次,推行"小街区、密路网"的模式。合理确定路网密度,布局城市快速干线交通、生活性集散交通和绿色慢行交通设施,主城区路网密度应大于 8 km/km²。

再次,倡导布局绿色低碳的交通设施。一方面,按清洁能源交通工具的使用情况,布局相应的充电站、加气站等绿色交通设施,并配置多种共享停车设施;另一方面,布局建设便捷可达、多元换乘、高效衔接的公共交通体系。

最后,建设连续舒适的绿道系统,开展多种公众参与的活动,促进居民树立绿色出行观念。以哥本哈根为例,在其交通规划优先级排序中由高到低依次为自行车、公交、小汽车,并且现已实现 49% 的自行车出行。

5. 开展低碳生态指导的老旧小区改造

在"双碳"目标的导向下,结合改造技术的绿色低碳、改造标准的低碳考核、改造内容的菜单选择推进老旧小区的改造工作。"十四五"期间将改造 21.6 万个老旧小区,惠及数亿人,拉动数万亿元的投资。因此老旧小区低碳绿色化改造既是存量发展阶段稳投资、保就业、促民生的需要,也是实现"双碳"目标的重要抓手。

首先,在改造技术的绿色低碳方面,建立地区低碳发展技术体系,取代单纯关注单体建筑节能的改造措施。推广智能建造,到 2030 年培育 100 个国家级智能建造产业基地,打造一批建筑产业互联网平台,形成一系列建筑机器人标志性产品;推广建筑材料工厂化精准加工、精细化管理,到 2030 年施工现场建筑材料损耗率比 2020 年下降 20%;加强施工现场建筑垃圾管控,到 2030 年新建建筑施工现场建筑垃圾排放量不高于 300 t/万 m²。

其次,在改造标准的低碳考核方面,探索构建老旧小区低碳绿色改造标准。建立系统指导老旧小区低碳绿色改造的相关标准,建设包含约束性指标和引导性指标的指标体系。以低碳绿色为出发点,融合先进理念和前沿科技,将老旧小区改造的重点和方向从拆建、修补、整治转变为以"综合改造"和"服务提升"为重点的有机更新,打造有归属感、舒适感和未来感的绿色社区和新型城市功能单元。

最后,在改造内容的菜单选择方面,加快建立适应绿色低碳、城市更新、社区共治发展的数据库和项目库,形成可供居民选择的改造清单,合理确定改造内容,并协同优化小区周边用地规划和基础设施,协同促进老旧小区-街区-城市的协调可持续发展。

6. 实施基因格局延续的历史文化传承

首先,在改造中做到应保尽保,避免大拆大建。2021 年,中共中央办公厅、国务院办公厅印发了《关于在城乡建设中加强历史文化保护传承的意见》,进一步对历史文化的保护提出要求。在此背景下需要我们进一步转变改造方式,由"拆、改、留"转变为"留、改、拆",坚持保护规划先行,明确保护范围、保护更新原则和具体的保护要求。其中"留、改、拆"并不等于不能拆,而是要在经济社会发展的大局之中,充分融入历史文化保护的工作,以最精准、最科学的方式实现历史文化的保护。

其次,将历史文化的保护传承与绿色低碳技术相结合。例如,将历史文化空间修复与公共空间绿色更新相结合,在更新与保护的过程中实现固碳、减碳;将历史文化水系修复与海绵城市建设相结合,在历史文化的保护过程中,推进绿色基础设施的更新。

最后,应该通过绿色低碳技术的发展,营造历史环境保护的氛围。在探索新的城市发展理念过程中,要建立历史建筑保护清单。例如,首钢转型赋能首先结合了北京冬奥组委办公场地和冬奥会比赛项目训练场地。连续两届中国国际服务贸易交易会(以下简称"服贸会")的举办,也让首钢园区获得了各方面的高度关注,专业展馆跟工业遗存完美结合,令大家同时感受到了服贸会的创新气息和工业遗存的壮观。将多元文化充分融合,形成首钢的文化传承性。在物质空间系统上,营造舒适宜人的人居环境,为首钢打造创新环境,通过城市设计手段,完善基础设施建设,对城市空间进行重构,为经济发展提供支撑。在社会活力系统方面,结合优势资源、增强创新活力,创造首钢高品质的消费场景,加快首钢国际人才社区建设,创造"以人为中心"生生不息的社会生活场景,延续首钢记忆。随着科学技术、经济和社会的发展,城市更新将借助物联网、数字孪生等技术,提供崭新的城市发展模式。京西首钢园区被称为"首都城市复兴新地标",它是对城市更新的生动实践和阐述,也是首钢功能深度转型的诠释。十余年间,相关技术人员伴随式参与首钢规划设计工作,在首钢园区的转型过程中提供了有力的技术支撑。

7. 建立智慧互联管理的城市运营体系

以运行平台和管理平台支撑城市智慧互联的运营管理,智慧高效地提升城市运转效率。

一方面,城市的智慧运营涉及智慧平台、智慧能源、智慧出行和智慧建筑等方面,其中需要以智慧平台的建设为基础,通过大数据、IOT(internet of things,物联网)、人工智能、5G、BIM、高分遥感、倾斜摄影等技术的支撑,加快推进 CIM 基础平台的建设,构建城市三维数字底板。未来可以进一步推动对孪生城市、镜像城市等技术的探索,管理国土空间规划信息、多规合一、智慧交通等方面的内容,辅助事前的规划决策、事中的协同管理、事后的运行维护,形成更加科学、高效、便捷的规划决策。

另一方面,需要建设更加精细化的城市管理平台,加强规划、建设、运营、维护等的全过程管理,有机融合多源数据。

8. 开展多元价值激活的社会综合治理

运用完善参与机制、拓宽参与渠道、规范参与要求、保障公平正义和充分高效的理念与方法,通过政府引导、市场主导、居民参与激活多元价值,实现"双碳"目标。

首先,在政府工作的层面,将"双碳"目标融入政府的建设和发展计划之中,提升政府的财政支持力度,并实施城市更新工作的奖惩考核,形成政府统筹、市区协同、部门联动的工作机制。在政府统筹的重点工作上,一方面做好碳排放清单统计工作,将二氧化碳排放清单作为城市重要的统计指标,包括单位 GDP 的二氧化碳排放量、人均二氧化碳排放量、年度地区的二氧化碳排放总量、历史累计的二氧化碳排放总量;另一方面做好碳金融市场开发,包括直接投融资、碳指标交易和银行贷款等减碳市场化平台的建立。

其次,在市场的参与上,依据"双碳"目标建立相关城市更新绿色技术在研发、转化、消费等方面的补偿和激励政策,吸引市场力量的主动参与,推进企业参与导向从利益价值最大化向社会价值最大化转变。

最后,建立鼓励公众参与的绿色减碳的体制机制,以媒体传播、激励措施、共同参与等手段,构建居民绿色低碳价值观,形成绿色饮食、绿色出行、绿色消费的生活方式。

第 7 章
"双碳"目标下的
绿色市政项目设计与实践

7.1 城市桥隧建筑设计、绿色设计与实践

7.1.1 概述

桥梁与隧道建筑是城市中必不可少的交通设施,其投资大、体量大,是城市中人们常常使用的重要设施。随着社会进步,无论是跨江跨河桥梁、山区大跨度桥梁,还是高架桥、人行天桥,都不再是简单地作为交通设施,而是与构成城市空间环境的其他建筑物一样,不但要确保安全,也要进行人性化设计、与环境协调,并越来越强调美观性,或进一步要求其具有艺术性。因此,桥梁与隧道建筑设计要更注重地标性、个性以及城市人文景观内涵的表达。具体来说,桥梁建筑除了要满足通行这一基本的功能要求,还要满足不可忽视的审美要求,要集材料技术、力学形体与美学法则于一体。

同时,随着我国基础设施建设的推进,城市桥梁和隧道建筑建设飞速发展,为缓解日益增加的交通压力和建设便捷的交通网奠定了基础,同时给环境带来了极大的污染和破坏。鉴于此情况,全国交通运输工作会议提出"综合交通、智慧交通、绿色交通、平安交通"发展战略决策。此外,"双碳"目标的提出也让各行各业开始注重绿色低碳设计、降低能源消耗以及保护环境。而城市桥梁和隧道建筑作为城市交通的重要组成部分,其节能环保、循环利用、减少污染等要求也受到重点关注。如今桥梁和隧道建筑设计与建设在满足安全要求与经济可行的情况下,更要兼顾绿色、低碳与环保。

总体来说,随着时代的发展、科学技术的进步、人们审美及环保意识的增强,城市桥梁和隧道建筑的设计需要朝着美观、绿色、低碳、生态等方向发展,在设计中,应以创新、协调、绿色、开放、共享为发展理念,融入美学理念,最大限度地控制资源占用、降低能源消耗、减少污染排放、保护生态环境,注重建设品质的提升与运行效率的提高,设计和建设出美观、与自然和谐共生的城市交通设施,为人们提供安全、舒适、便捷的出行环境。

7.1.2 城市桥梁建筑设计与实践

1. 桥梁建筑设计的概念与特点

桥梁建筑设计需要综合考虑安全、环境、结构、材料、心理、美学、文化和可持续设计理念等方面。从现代城市发展角度看,城市桥梁建筑具有方便交通和缓解交通压力的功能,很多人经常使用它、面对它,它是城市的重要节点。随着人们生活水平的提高,城市建设的关注点已不局限于功能性,而是向着更有人文特色和文化特色的方向延伸。桥梁

建筑作为城市的重要组成部分,在担负交通职能的同时,也能体现城市品质。设计新颖、造型独特的桥梁建筑还可能成为城市地标。故在设计桥梁建筑时,需充分融合该城市的地理特色、文化特色,给出行者及游客更好的视觉享受。

在建造桥梁建筑时,为了让使用者和业主更容易理解桥梁建筑的设计理念,其设计主题应具有明确的指向性,可以与当地的文化及传统相呼应,或与当地独具一格的地理环境相呼应。在明确桥梁建筑的整体艺术风格后,选择合适的材料和建造工艺,可适当地展现主题元素。一般桥梁建筑设计要建立在实用性的基础上,并要保证美观性。

桥梁建筑设计的特点在于将桥梁建筑视为城市的重要景观,注重与周围环境的协调与融合,体现当地的文化符号和历史传统。桥梁建筑设计将美学与可持续发展理念相结合。采用低碳绿色材料、节能设计和生态保护措施,提升桥梁建筑的环保性,并通过绿色景观设计和推广可持续交通方式,增加城市绿化和减少碳排放。应打造具有独特魅力的桥梁建筑,以提升城市形象,吸引游客和投资,推动城市的经济社会发展。这种设计理念旨在促进城市的可持续发展,提高居民的生活品质,塑造宜居宜业的城市环境,为城市的繁荣与进步贡献力量。

2. 桥梁建筑设计要点

(1)环境分析。

人、建筑、环境和谐发展是当今城市建设中的重要目标。作为大型人工设施的桥梁建筑,注定要发展为与自然和人文密切联系的绿色桥梁建筑。桥梁建筑设计可以参照建筑设计中的生态建筑理念,即根据当地自然生态环境,运用生态学原理,采用现代科学手段,合理地安排并组织建筑与其他领域相关因素之间的关系,使桥梁建筑与环境有机融合。

在桥梁建筑设计时,必须将其与所在地的环境、景观或城市风景相结合,特别是在涉及尺寸关系和比例的场合,桥梁建筑应与其所处环境互补并与环境和谐。桥梁建筑和周边条件的协调涉及很多方面,如其他建筑、历史、环境、地形、结构、几何、地质、社会、文化等,都要仔细考虑。相互关联范围愈大,愈能有效地控制桥梁建筑及其周围环境的特性。设计中要把桥梁建筑及其周围环境的所有元素视为互相联系的部分。如图 7.1 所示的东京跨海大桥彩虹大桥,将长长的引桥设计成优美的曲线。

桥梁建筑建设会对其所处的自然和文化环境产生巨大的影响,要尽量与之协调,相互呼应。具有鲜明时代和文化特征、与环境相结合的桥梁建筑更能体现环境氛围,也更具有代表性。

(2)桥梁建筑选型。

桥梁建筑选型即结构选型。桥梁建筑的结构是其骨骼系统,对桥梁建筑的体量、比例和美感有非常重要的影响。首先,桥梁建筑选型涉及桥梁建筑的跨度、当地的地理和

图 7.1　东京跨海大桥彩虹大桥

地质条件、通航高度和通航量、桥梁建筑的经济性等要求;其次,桥梁建筑选型涉及桥梁建筑的体量,大体量会对视觉产生巨大的冲击,容易成为地标,但是大体量会削弱周边元素的效果,甚至产生破坏性的影响,大型桥梁建筑选型不当会成为城市中长期存在的败笔,设计时要反复分析;再次,桥梁建筑选型涉及其外观形象,桥型有梁桥、桁架桥、拱桥、斜拉桥、悬索桥以及由以上桥型衍生出来的各种组合结构桥,桥型要和跨度及体量综合考虑,如图 7.2 所示的盖茨亥德千禧桥,恰当的选型让桥梁建筑成为城市展示形象的窗口。

图 7.2　盖茨亥德千禧桥

以上选型中往往涉及形式和功能之争。在桥梁建筑设计中,形式从属于功能通常被理解为:结构性能、工程造价为主要考虑因素,视觉上的美感为次要考虑因素。这种思想具有一定的局限性,因为这容易让设计者依据与美学关系不大的因素来决定桥梁建筑的表现形式。但在经典、美观的桥梁建筑设计中,人们可以清晰看到结构性能和美学意义的重要联系。桥梁建筑的功能应该是明显的,但功能无法决定桥梁建筑的形式。对此,应根据实际情况确定桥梁建筑的结构类型。

（3）桥梁建筑细部设计。

现代桥梁建筑的细部设计包括以下内容。①功能使用上的细部设计。桥梁建筑设计应该结合桥型,在满足人们日常行为和生理尺寸需求的基础上进行人性化设计,如栏杆和台阶。②桥梁建筑的肌理材质和其他细部设计。结合桥梁建筑结构的体、面、线、点等因素,利用材质的肌理和颜色来创造韵律感,增加细部的观赏性。③桥梁建筑的颜色和灯光细部设计。由于城市的夜景是构成城市文化的重要一环,灯光对桥梁建筑体、面、线、点的表现力很强,夜色也给桥梁建筑提供了深邃的极易表现自我的背景,加上水面虚幻的倒影,灯光照射下的桥梁建筑显得特别有魅力。在设计时,应注意利用不同灯光来体现桥梁建筑的桥型、体量及其结构美(见图 7.3)。

图 7.3 广州市海心沙人行桥设计方案

3. 城市桥梁建筑设计实践

（1）项目背景。

二沙涌人行桥位于广州市二沙岛北侧,跨越二沙涌。北岸为东湖-五羊新城片区,南岸为二沙岛片区。桥位如图 7.4 所示。人行桥将两岸片区融为一体,成为联络南北经济和旅游休闲产业发展的纽带。考虑到本桥的重要作用,二沙涌人行桥的设计在美观性和实用性方面要求较高,同时要注重保护生态环境。

（2）二沙涌人行桥的功能定位及设计原则。

首先,二沙涌人行桥连接二沙涌北岸和南岸,在东西向约 3.5 km 长珠江岸线的中部,增加了一条过江慢行通道,融入珠江两岸的步行系统,成为南北两岸的联系纽带,提升了人们的慢行舒适性和体验感;其次,二沙涌人行桥与两岸步行系统融为一体,平坦的

图 7.4　二沙涌人行桥桥位

桥面与周边环境、建筑物和谐共处,为旅游休闲增加了新的观景视点。

基于二沙涌人行桥的功能定位,在设计时,项目提倡融入桥梁建筑设计理念,并遵循以下五项原则。

① 安全、耐久、适用、环保、经济、美观。桥梁建筑结构采用安全耐久的结构形式和设计方案,减小对珠江堤岸的影响,从桥梁建筑平立面、构件造型、精细化设计和品质化设施各方面提升景观效果。

② 选择合理的结构形式。选择结构形式时应考虑以下几点:施工方便快捷,方便桥梁建筑日后运营管理及维护,节省全寿命周期成本,获取最大的社会效益和经济效益。

③ 与周围环境融合及协调。珠江两岸滨江步道视野开阔,步行和观景体验好,桥梁建筑注重平面和立面造型设计,与沿江景观融为一体,相得益彰。

④ 结构造型协调统一。桥梁建筑上部梁体和下部墩柱、珠江堤岸整体造型协调,平面上生动活泼,立面上有张力。

⑤ 体现自然景观、人文景观的内涵。桥梁建筑总体和构件设计,应与珠江两岸自然环境融为一体,桥梁建筑不应破坏沿江风貌,而应该丰富滨江景观。

(3)二沙涌人行桥设计构思。

二沙涌人行桥设计过程中采用了以下设计策略。首先,通过桥形变化,在视线通廊上形成起伏跃动的视觉效果,体现桥梁建筑结构简洁且具有韵律的美;其次,结合当地的自然生态、水乡文化、风土人情,塑造独特的地域风貌形象;再次,通过创造桥上漫游、娱乐休闲条件,打造舒适轻松的生活宜居氛围;最后,通过在扶手栏杆、铺装材质、景观细部、色彩灯光等方面进行细节处理,体现以人为本的理念。

下面从桥形、梁的造型、墩的造型、品质化设施和景观照明五个方面介绍二沙涌人行桥的设计构思。

① 桥形。

项目共设计了八种桥形,如图 7.5 所示。

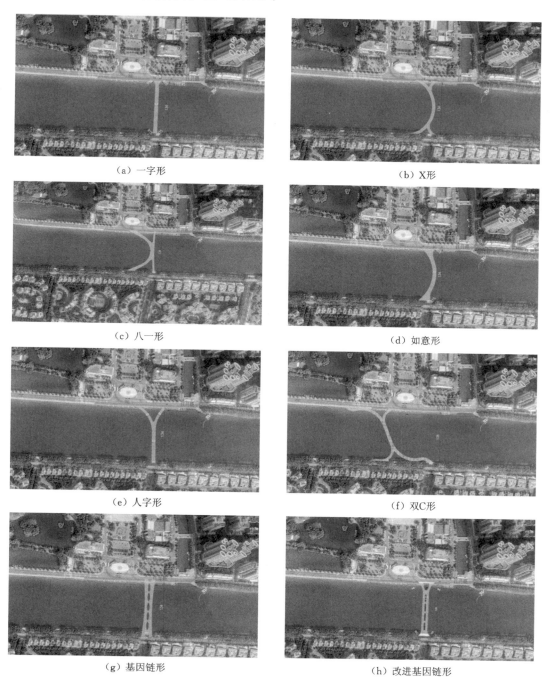

(a) 一字形

(b) X形

(c) 八一形

(d) 如意形

(e) 人字形

(f) 双C形

(g) 基因链形

(h) 改进基因链形

图 7.5 八种桥形(单位:cm)

② 梁的造型。

项目共设计了三款梁的造型,如图 7.6 所示。

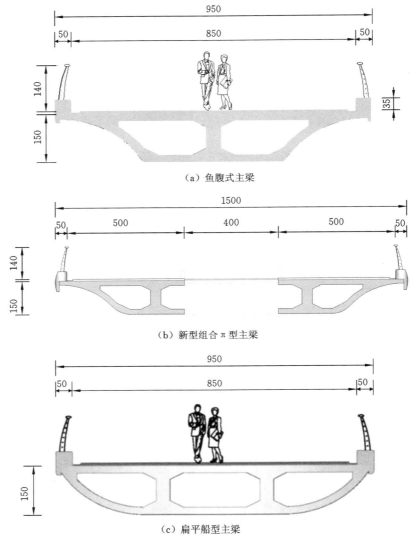

（a）鱼腹式主梁

（b）新型组合 π 型主梁

（c）扁平船型主梁

图 7.6　梁的造型（单位：cm）

造型一：鱼腹式主梁。设计灵感来自南朝宋鲍照《代淮南王》中的诗句："朱城九门门九闺,愿逐明月入君怀。"本造型上部结构线型优美、舒展。

造型二：新型组合 π 型主梁。设计灵感来自新型材料与混凝土的结合,本造型新旧结合、刚中带柔、推陈出新、充满新意。

造型三：扁平船型主梁。设计灵感来自唐朝王维的诗作《周庄河》："清风拂绿柳,白水映红桃。舟行碧波上,人在画中游。"本造型主梁结构线型圆润、刚毅厚实。

③ 墩的造型。

项目共设计了四款墩的造型,如图 7.7 所示。

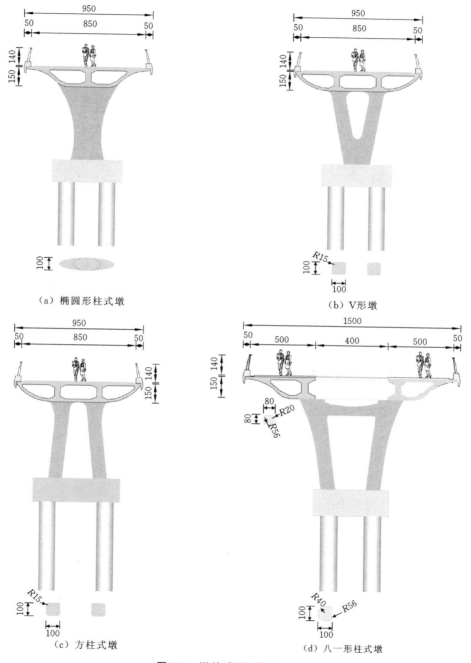

图 7.7 墩的造型(单位:cm)

造型一：椭圆形柱式墩。本造型下部结构采用椭圆形变截面柱式墩，立面通过刻槽美化细部，墩柱上宽下窄，利用曲线过渡，与上部结构外形保持一致，整体效果大气沉稳、刚柔并济。

造型二：V形墩。设计灵感来源于人们常用的胜利手势，代表着积极向上，下部结构墩柱合二为一，从上到下由宽变窄，整体效果平稳顺直、厚重有力。

造型三：方柱式墩。本造型下部结构采用方柱式墩，立面通过刻槽美化细部，双柱往上微收后加宽，与上部结构外形呼应，整体效果平直方正。

造型四：八一形柱式墩。本造型下部结构采用八字形柱式墩，顶部通过一字形横梁联系，紧紧托举上部主梁。墩柱及系梁采用凹型弧面，曲线柔和，总体效果刚劲有力。

④ 品质化设施。

为提升城市精细化、品质化水平，打造方便、舒适的城市空间和环境，项目通过设计栏杆、铺装、绿化、建筑、景观照明、文化宣传等品质化设施，让桥梁建筑和滨江绿道及周边环境融为一体，提升珠江两岸整体景观的品质化水平。此外，桥体栏杆、铺装等构件经过仔细选择，比例及尺度设计人性化。公共空间的人性化设施考虑得比较周详，将功能性与美观性很好地融合在一起。

⑤ 景观照明。

建议景观灯光设计多种控制模式：平日模式、节日模式、自动节能模式（无人时自动降低亮度或转为深夜模式）。其中，平日模式以经典静态灯光为主；节日模式适当引入动态灯光；自动节能模式能减少灯光对动植物的生理和生态系统的影响，并能节能减排，减少能源消耗；深夜模式则主要凸显桥梁建筑轮廓，可以借助创新技术，精准逐点调节色温，使材质肌理可以淋漓尽致地展现。

（4）二沙涌人行桥整体设计方案。

如图 7.8 所示，项目共设计了三种整体方案，具体介绍如下。

方案一：该区域未来以居住、休闲为主要功能，兼顾生活服务功能，因此桥形简洁顺直，烘托舒适轻松的宜居生活氛围，体现悠闲自得的生活意境。概念方案以"鱼水情"为设计主题，玻璃桥面镶嵌在厚实的混凝土桥面中间，刚中带柔，犹似生命之源，五珠联璧，明亮透彻，梦幻珠江，表达了"滴水之恩，涌泉相报，上善若水，达道在桥"等美好愿景。桥面中间设置 4 m 宽玻璃桥面，与混凝土桥面分隔开，设计圆端形的玻璃观景平台，桥梁建筑两端与道路用圆弧相接。桥梁建筑整体平面为直线形，桥梁建筑总宽 15 m。桥面布置为 5 m（混凝土桥面，人行道＋车行道）＋4 m（玻璃桥面，人行观光平台）＋5 m（混凝土桥面，人行道＋车行道）＋1 m（两侧栏杆各 0.5 m 宽）。

（a）方案一

（b）方案二

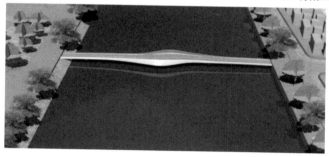
（c）方案三

图 7.8　桥梁建筑设计方案

方案二：桥梁建筑整体平面布置呈圆弧微弯，桥梁建筑与两岸道路采用圆弧顺接，整体造型呈如意形。桥梁建筑总宽度为 9.5 m。

方案三：以"团结友谊"为设计主题，桥梁建筑地理位置特殊，连接珠江北面与南面，桥梁建筑整体呈一字形，但在中间设置放大景观节点，形态似玉带连接两岸，表达了珠联璧合、一衣带水、团结融合、强国富民的美好意象。

三种设计方案的比选如表 7.1 所示。从景观效果方面来说，方案一的景观效果好，桥体线形流畅，总体评价较好，因此业主最终选择方案一。

表 7.1　桥梁建筑设计方案比选

比选项目	设计方案		
	方案一	方案二	方案三
主题	鱼水情：生命之源，五珠联璧，明亮透彻，梦幻珠江，滴水之恩，涌泉相报，上善若水，达道在桥	吉祥如意：平静柔和，曲径通幽，政通人和，国泰民安，安居乐业	团结友谊：桥梁连接两岸，合二为一，团结融合，强国富民

续表

比选 项目	设计方案		
	方案一	方案二	方案三
造价	4100 万元	3950 万元	3830 万元
工期	技术成熟,施工快捷,9 个月	技术成熟,施工快捷,9 个月	技术成熟,施工快捷,9 个月
建议	推荐	—	—

7.1.3 城市隧道建筑设计与实践

1. 城市隧道建筑设计要求

城市隧道建筑作为重要的交通基础设施,在城市发展中起着至关重要的作用。随着时代的发展,在"双碳"目标下,隧道建筑设计在满足适用性与安全性这些传统要求的情况下,更要兼顾可持续性、美观性、智能化。

(1) 适用性。隧道建筑设计应符合城市交通需求,确保交通通畅。考虑车辆和行人的流量、车速、车道宽度等因素,合理规划隧道建筑的布局和通行能力。

(2) 安全性。安全性是隧道建筑设计的重要考虑因素。应考虑防火、排烟、紧急疏散等安全设施的设置,以及地震、洪水等自然灾害的防范措施。

(3) 可持续性。隧道建筑设计应符合节能减排的要求,采用环保材料和节能技术,减少能源消耗和环境污染。同时,考虑隧道建筑的维护管理和长期运营成本,确保其可持续发展,与国家"双碳"目标要求一致。

(4) 美观性。隧道建筑作为城市的重要景观之一,其设计也应注重美观性,可以通过艺术装饰、照明设计等手段增强隧道建筑的视觉效果,提升城市形象。

(5) 智能化。随着科技的发展,隧道建筑设计也应考虑智能化技术的应用,如智能照明系统、智能监控系统等,提升隧道建筑的管理效率和服务水平。

2. 隧道建筑设计要点

(1) 隧道建筑出入口及减光设计。

① 隧道建筑出入口造型宜简约美观,有一定的导流性,有利于驾驶引导、防灾应急引导、慢行引导,不宜设计复杂和奇特的造型,以免分散司机注意力。出入口要有一定的标识性,建筑造型最好能达到不用标识牌也能被识别的效果。

② 出入口要根据隧道建筑的长度设计避免隧道建筑废气串气的导风墙或相关设施,导风墙应与出入口建筑造型一并考虑。

③ 隧道建筑出入口可结合配套的设备用房、管理用房、通风排烟建筑进行设计,注意规划、环保、水务等主管部门对敏感地带的特别要求。同时,为方便管理人员检修维护,在条件容许的情况下,出入口要考虑人员的通行,平时作为维管人员出入通道,应急时作为人员安全疏散通道。

④ 隧道建筑出入口光过渡长度要根据行车限速计算,如果自然光过渡不能满足需求,应通过人工照明过渡。自然光过渡要研究不同季节、不同时段太阳光在地面形成的光影情况,避免光影过乱,影响司机对车道线的判断。如广州市车陂南隧道(见图 7.9)采用智慧灯光技术,根据黑夜、白天,以及不同季节与天气情况进行分级,通过 6 个挡位对照明进行调整控制,以减小照明分段实测照度与期望值的偏差,既保证照度符合安全行车要求,又能最大限度地减少能耗,达到节能的效果,并尽量避免车主因隧道建筑内外的光线变化大而产生视觉偏差。

图 7.9 广州市车陂南隧道

⑤ 如果隧道建筑出入口位于对噪声敏感的城市居住区,应进行降噪设计。除地面沥青降噪外,还要考虑天花、侧墙降噪设计(装修材料降噪、植被降噪、反射方向降噪)。

⑥ 隧道建筑出入口结构及装修要满足安全抗风的要求,装修材料应耐久,不易脱落,易于管养维护。特别要避免顶部材料脱落与高速行驶的汽车相碰撞。

⑦ 减光建筑应避免驾驶员在与水平线呈 20°夹角的视野范围内出现眩光。

(2)运营管理用房建筑设计。

应根据隧道建筑的长度及实际使用需求布置相应的控制中心、设备用房、管理用房、隧道建筑维护用房、仓库及停车场。

隧道建筑运营管理用房不宜与其他非隧道建筑项目共建。如需与其他建筑合建,要设置独立的进出口通道。选址要便于管理、养护、防灾救援,必须保证管理人员检修巡查的步行路径、应急车辆出入的车行路径便捷顺畅。外观形象要美观大方,与环境相协调,并满足政府主管部门的要求。

(3)设备用房、工作井及风塔建筑。

设备用房要满足防洪防淹要求,确保可靠性。变电房应有可靠的场地标高和排水条件,不得设置在隧道建筑的最低点。开关房要布置在地面。通风机房应根据通风专业要求布置,尽量接近主体隧道建筑。

如是盾构隧道建筑,要尽量利用施工工作井布置设备用房及安全疏散口。同时,隧道建筑可利用工作井布置人员安全疏散楼梯,且人员安全疏散楼梯上下层之间不宜改变位置。

风塔的造型设计要美观大方,与周边环境相协调。与风塔及通风机房比邻且对噪声敏感的房间要考虑减震降噪设计。

(4)内装饰及内构造。

① 任何隧道建筑装饰都不得侵入隧道建筑限界。

② 隧道建筑侧墙装修材料、防火内衬耐久年限宜不小于 25 年。隧道建筑内装修材料在日常使用及高温条件下不得分解有毒、有害气体。隧道建筑的内装饰应选择绿色环保、防火防潮、耐腐蚀、耐清洗、易清洗维护、碎片不易伤人的装修材料,装修材料表面漫反射系数宜不小于 0.65。

③ 隧道建筑断面设计要考虑装饰层的厚度,一般不少于 10 cm,采用干挂石材、搪瓷玻璃时不少于 12 cm,采用垂直绿化时不少于 30 cm。

④ 隧道建筑内装修效果宜有引导性,不宜采用变化过多的设计,不应采用有频闪等会引起司机驾驶疲劳的设计。

⑤ 预埋件、预埋孔要系统化统一布置,要仔细检查所有专业的综合效果,要协调所有专业,避免重叠、遮挡、杂乱无章。

⑥ 隧道建筑装饰要根据使用情况考虑风压、隧道建筑机械冲洗压力要求;内装修要综合考虑无眩光照明、装饰性照明与引导性照明设计。

(5)隧道建筑防火设计。

① 隧道建筑内的地下设备用房、风井和消防救援出入口的耐火等级应为一级,地面的设备用房、运营管理中心及其他地面附属用房的耐火等级应不低于二级。

② 通行机动车的双孔隧道建筑,其车行横道或车行疏散通道的设置应符合下列

规定。

a. 水底隧道建筑宜设置车行横通道或车行疏散通道,非水底隧道建筑应设置车行横通道或车行疏散通道。车行横通道的间隔、隧道建筑与车行疏散通道入口的间隔分别宜为 500～1000 m,200～1000 m。

b. 车行横通道应沿隧道建筑宽度方向布置,通向相邻隧道建筑;车行疏散通道应沿隧道建筑长度方向布置在双孔中间,并直通隧道建筑外。

c. 车行横通道和车行疏散通道的净宽度应不小于 4.0 m,净高度不低于 4.5 m,并不低于隧道建筑限界高度。

d. 隧道建筑与车行横通道或车行疏散通道的连通处,应采取防火分隔措施。

③ 隧道建筑的人员安全疏散设计应符合以下规定。

a. 一、二、三类通行机动车的双孔地下隧道建筑应设置人行横通道或人行疏散通道。人行横通道间距及地下道路与人行疏散通道入口的间距宜为 250～300 m。

b. 双层车行隧道孔之间、不同层的车行隧道与人行疏散通道之间,宜设置封闭楼梯间,楼梯净宽度应不小于 0.8 m,坡度不大于 60°。当人行疏散通道仅用于安全疏散时,净宽度应不小于 1.2 m,净高度不小于 2.1 m。

c. 地下道路与人行横通道或人行疏散通道的连通处应采取防火分隔措施。当人行疏散通道兼作救援通道时,宜根据救援流线、救援车辆类型确定空间尺寸。

d. 下滑逃生口可作为辅助疏散设施,滑道净高应不小于 1.5 m。

④ 除嵌缝材料外,隧道建筑的内部装修应采用不燃材料。

⑤ 单孔隧道建筑应设置直通室外的人员疏散出口或独立避难所等避难设施。

⑥ 隧道建筑内地下设备用房的每个防火分区的最大允许建筑面积应不大于 1500 m²,每个防火分区的安全出口数量不少于 2 个,与车道或其他防火分区相通的出口可作为第二安全出口,但必须至少设置 1 个直通室外的安全出口;建筑面积不大于 500 m² 且无人值守的设备用房可设置 1 个直通室外的安全出口。

⑦ 隧道建筑内的变电站、管廊、专用疏散通道、通风机房及其他辅助用房等,采用耐火极限不低于 2 h 的防火隔墙和乙级防火门等分隔设施与车行隧道分隔。

(6)隧道建筑绿色设计。

城市隧道建筑设计应朝着绿色化方向发展,具体可从安全耐久、资源节约、环境舒适等方面着手。

① 隧道建筑的建筑及装饰构件应满足承载力和使用要求,力学性能和耐久性符合现行规范和相应产品的规定,尽可能采用安全环保、耐久性好、易维护、可重复利用的装饰装修材料。

② 隧道建筑的地面附属建筑设计应满足现行国家标准《民用建筑热工设计规范》(GB 50176—2016)、《公共建筑节能设计标准》(GB 50189—2015)的要求。

③ 隧道建筑总体设计方案应协调好隧道建筑与地面及地下建(构)筑物、各种管线的关系,减少沿线征地及拆迁安置,统筹利用通道资源,如工作井利用为设备用房、干坞利用为地下公共停车库、管理用房与隧道建筑合建、隧道建筑地面附属建(构)筑物与周边建(构)筑物合建、利用基坑非隧道建筑空间、开发隧道建筑上盖用地等。

④ 要注重人性化设计,注重人文关怀,建设环境友好、功能完善的城市隧道建筑。城市隧道建筑出入口应采取合理的洞外视野减光措施。隧道建筑出入口处采取与自然气候联动的出入口照明技术,改善出入口光环境。设置有效的隔声棚、声屏障、隔声墙等,隧道建筑出入口顶面、侧墙装饰材料采用易清洗、耐磨损的吸声材料,减少对周边环境的干扰。

⑤ 混凝土应采用预拌混凝土,建筑砂浆采用预拌砂浆。不得采用国家和地方明令禁止和限制使用的建筑材料及制品。合理应用绿色建材,尽可能使用本地生产的建筑材料。

⑥ 短隧道建筑设计宜考虑慢行系统,较长隧道建筑可考虑电动自行车的通行。

3. 城市隧道建筑设计实践

(1) 工程概况。

洲头咀隧道位于广州市白鹅潭南端约 800 m 处的珠江主航道,是广州市建设规模较大的过江隧道工程。工程起于荔湾区花蕾路与花地大道交点,穿越珠江后止于海珠区厚德路与工业大道交叉口,主线全长为 2256 m,其中隧道长 1287 m。在珠江 340 m 长的水中段采用沉管隧道形式,该隧道是变截面较大的过江沉管隧道。

该隧道在设计和施工过程中充分遵循绿色、生态、低碳、节地等理念,获得了 AAA 级安全文明标准化诚信工地、广州市建设工程优质奖、国家优质工程奖等奖项。

(2) 总体方案设计的绿色生态理念。

① 采用桥改隧方案,减少对周边环境的影响。

洲头咀隧道原规划为桥梁方案,但洲头咀地处广州西南部三江交汇处,是珠江沿线重要的景观节点,其中沙面地区为近代历史保护区。根据以往工程实例,跨珠江无论是建桥梁还是修隧道在技术上均是可行的,关键是方案需要在满足两岸交通衔接要求的基础上,更好地满足两岸的城市规划要求,并与周围环境相协调,保持甚至提升珠江两岸的生态景观效果。

采用的隧道方案中,隧道的江中航道覆土仅 2 m,埋深浅,较桥梁方案更容易与两岸衔接。另外,由于车行道主要位于闭合的箱体内,隧道内的汽车尾气及交通噪声对隧道外周边环境的影响较小。经过分析论证,最终采用沉管隧道方案,与周围环境协调,保持珠江两岸的生态景观。

② 调整总体线位,减少大规模拆迁。

根据场地周围建筑物的分布情况,本工程线路的施工拆迁量大,社会影响大,时间长。为了节约投资和增加方案的可实施性,综合考虑征地拆迁、施工难度、设计线形及规划用地等诸多因素,在满足线路建设经济合理、使用安全、美观等前提下,对线路走向进行多方案比较(见图 7.10)。

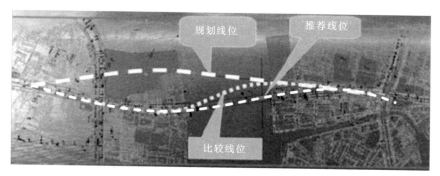

图 7.10 线位比较示意图

洲头咀隧道属于大型工程,其使用功能及线形标准是首要考虑因素,比较线位的线形标准低不可取。尽管规划线位的线形标准高,与规划用地不存在矛盾,但由于其拆迁面广,拆迁时间长,社会影响大,需协调的工作较多,存在不确定的因素,经综合分析也不可取。

综上所述,经比选后(见表 7.2),选择推荐线位作为设计线位,以避免大规模征地拆迁。

表 7.2 线位比较表

线位	拆除重要建筑物情况以及拆迁费用									
	芳村端				海珠端					
	金珠江化工厂	德国教堂	芳村建设局	备注	冷冻厂	4 栋 A9	洪德球场	球场前的古树	厚菜市场	备注
规划线位	需要整体搬迁	不相碰	不拆迁	拆迁量大	局部拆迁	拆迁	拆除一部分	迁移	局部拆迁	拆迁量大

续表

线位	拆除重要建筑物情况以及拆迁费用									
	芳村端				海珠端					
	金珠江化工厂	德国教堂	芳村建设局	备注	冷冻厂	4栋A9	洪德球场	球场前的古树	厚菜市场	备注
推荐线位	不拆迁	平移保护	不拆迁	拆迁量小	拆迁	不拆迁	不拆迁	不迁移	局部拆迁	拆迁量小
比较线位	不拆迁	平移保护	不拆迁	沉管段在曲线上，标准低	不拆迁	拆迁	拆除大部分	迁移	局部拆迁	沉管段在曲线上，标准低

③ 洪德立交采用盘旋绕圈形式，节约用地。

洲头咀隧道在海珠端需与内环路衔接，在总体方案设计时主要遵循以下原则：第一，尽量减少拆迁量、减少环境影响、节约投资；第二，尽量利用预留的内环路匝道口；第三，注意与自然景观融为一体，不影响城市景观。

洪德立交采用盘旋绕圈形式，交通设计合理，而且用地紧凑，造型简洁美观，对周边环境影响较小，同时可在圈内设置管理用房，并进行景观绿化，增加城市景观节点。

④ 采用变截面管段，减少对岸上环境的影响。

根据线路总体布置，考虑现场接线条件的限制，洲头咀隧道在国内首次采用水下变截面管段连接。隧道水中沉管段的第一节（连接海珠区）及最后一节（连接荔湾区芳村）均为两端截面大小不同的变截面管段，最大宽度为 39.36 m，比标准段宽度 31.4 m 大 7.96 m。水下变截面管段设计解决了城市复杂环境下岸上展线困难的技术难题，但大大增加了设计和施工的难度。需精确计算管段浮心，对管节的制作、浮运、沉放及对接均提出更高的技术要求。在施工中，通过变截面沉管段水中浮运、沉放施工工艺模拟，以及变截面管段基础处理和沉降变形试验研究，建立变截面管段实体模拟场景，利用全球定位系统和全站仪对沉管浮运、沉放及安装过程进行实时监测，辅助进行变截面沉管段在浮运及沉放过程中的受力分析和施工控制。

⑤ 采用轴线干坞，减少征地及房屋拆迁。

芳村端隧道轴线干坞位于芳村暗埋段靠珠江处，干坞场地低矮民房密集，一般为1~3层，大部分民房较为破旧。一方面，由于坞址位于芳村暗埋段和敞开段隧道入珠江范围内，该地段利用了因隧道建设所必须拆迁的部分征地，因此不需要额外征地，从而降低了施工成本,缩短了征地时间,而且可以减少围护结构的数量,降低造价。采用轴线干坞较采用其他地方作为干坞场地,节约拆迁费用约 1.6 亿元,节约工程费用约 0.53 亿元,合计节约 2.13 亿元。另一方面,控制沉管预制的方位与隧道轴线一致,则沉管管节完成后一节一节按次序浮运出坞,并可直接沿隧道开挖的基槽浮运至沉放位置,无须再开挖清疏浮运航道。

（3）设计阶段充分考虑生态环保。

① 管理用房设计采用绿色建筑设计理念。

管理用房选址于洪德立交转盘绿地内,节约了建设用地。外观设计采用岭南建筑风格,与周边"旧西关"的建筑风格相协调,地面采用植草透水砖,周边绿树环绕,屋顶辅以盆景绿化,充分体现生态绿色理念。

② 历史遗迹芳村德国教堂平移保护。

芳村段隧道主线上的德国教堂是广州市市级登记保护文物单位,属德国哥特式建筑,建于清光绪年间。为避免隧道建设时毁坏教堂,要求对其进行平移保护。于 2008 年对百年德国老教堂进行"整体打包",向东南方向斜向平移 26.3 m,在新址对教堂进行维护保养。2014 年 11 月 30 日起至 2014 年 12 月 2 日,德国教堂顺利完成第二次平移工作,按原路平移 26.3 m 回迁原址,位于洲头咀隧道顶。

③ 洲头咀隧道环保措施。

建设单位根据环保部门批复的环保措施,开展环保工程专项设计和施工。在工程影响范围内的住宅区共安装隔声窗 11122 m²,安装隔声屏 300 m,该项环保工程与主体隧道工程同步设计、施工并投入使用。除了采用以上环保措施,道路路面采用 SMA[stone mastic（matrix）asphalt,沥青玛琋脂碎石混合料]路面。SMA 是由沥青玛琋脂结合料填充于间断级配的矿料骨架中形成的密实结构混合料。它除了具有稳定性高、抗变形能力强、抗车辙性能好、耐久性好等特性之外,在降噪方面也有着良好的作用。另外,SMA 的空隙结构还能吸附汽车尾气,改善大气环境。

④ 采用水下爆破,保证安全和保护环境。

隧道水下基槽岩石较多,爆破工程量约 10468 m³。施工区周围环境比较复杂,爆破区离教堂、封门、围堰和两侧的堤岸比较近,对爆破控制的要求较高。为满足环境保护、安全要求及减少对城市环境的影响,经精心研究和设计,对教堂、封门、围堰、水中沉箱、堤岸等构筑物采取了微差爆破、不耦合装药、布设减震孔、气泡帷幕设计、加强位移观测等多项保护措施,降低爆破地震波对附近建（构）筑物的影响,最大限度保证爆破安全和满足环境保护要求。

⑤ 建筑废弃物处理后循环利用。

根据《广州市建筑废弃物再生建材产品推广使用方法》，本着促进建筑废弃物再生利用，支持广州生态文明建设的思想，在洲头咀隧道(土建二标)芳村道路段基层利用广钢新城建筑废弃物循环利用处理示范项目生产出来的骨料作为路面基层摊铺材料，共分0～10 mm 集料、10～16 mm 粗集料、16～32 mm 粗集料三类规格，经过精心设计，并加强再生骨料的原材料检验，以及配合比、强度等指标检测。在路面基层后续质量检测中，强度、弯沉、水稳性等指标均符合设计规范要求，实现了绿色环保施工。

7.2　市政基础设施绿色、低碳设计与实践

7.2.1　概述

2022 年 4 月，国务院办公厅印发《"十四五"国民健康规划》，其中提出："改善城乡环境卫生。完善城乡环境卫生治理长效机制，提高基础设施现代化水平，统筹推进城乡环境卫生整治。加强城市垃圾和污水处理设施建设，推进城市生活垃圾分类和资源回收利用。"党的二十大报告强调，坚持人民城市人民建、人民城市为人民，加快转变超大特大城市发展方式，打造宜居、韧性、智慧城市。以上都体现了国家以人为本，不断提高人民健康水平的理念和决心。

在城市规划建设中，不可避免地需要规划建设城市生活垃圾转运站。其主要处理的是人们日常生活中所产生的生活垃圾，将各种生活垃圾进行压缩处理，使垃圾体积减小，减少垃圾清运次数，最后运至垃圾填埋厂进行填埋、焚烧。传统的生活垃圾转运站，由于垃圾堆积，滋生大量蚊蝇，产生的恶臭又影响周边居民生活，因此其选址成为难题。生活垃圾转运站选址应该靠近居民生活区，使得生活垃圾能够及时收集、处置、转运，降低运输成本、方便居民生活。但垃圾产生的环境污染，又使得生活垃圾转运站成为居民排斥的对象。因此，建立绿色、低碳型生活垃圾转运站成为大势所趋。

同时，我国城镇污水处理厂的建设形式以传统地上式为主。近年来，城镇化进程加快，人们更加追求高品质的生活环境，传统地上式污水处理厂在厂址与建设模式选择、提标改造与环境影响控制等方面开始面临诸多难题。采用地下式的污水处理厂契合了新时期排放标准提升和处理能力拓展的实际需求，对周围环境的影响较小，也可较大限度地节约用地。地下式污水处理厂特别适合在土地资源高度紧张、环境要求较高的地区建设，已逐渐成为较大型城市或城市中心地区污水处理系统建设改造的新趋势。此外，地

下式污水处理厂可以与生态景观、休闲娱乐、科普教育、科技研发、湿地绿化等众多元素有机结合起来,地上空间还可以植入更多其他丰富的功能,如冰雪运动中心、特色酒店、充电桩、生态农业、生态停车场等,与社会的经济发展充分融合,这些也可为地下式污水处理厂的建设提供良好的契机。

城市生活垃圾和污水处理是市政环境卫生工作的重要内容。随着"双碳"目标的提出,人们对城市环境卫生提出了新的要求,有了新的期待。对此,在市政工程设计中,必须加快转变城市生活垃圾转运站和污水处理厂的规划设计理念,在满足基础功能需求的前提下,不仅要做到绿色、低碳、环保,而且要勇于创新,设计出美观、高品质的市政基础设施,为创建"无废城市"提供有力的保障。

7.2.2　绿色低碳型全地下生活垃圾转运站规划与实践

1. 生活垃圾转运站规划和运行现状

生活垃圾转运站作为连接垃圾产生源头和末端处置系统的节点,是生活垃圾处置全链条的枢纽。城市的高速发展和城市环境的不断优化,对生活垃圾转运站的规划建设也提出了新的挑战。

目前,我国的生活垃圾转运站在规划和运行中存在以下几个问题。

(1)生活垃圾转运站选址难、建设难。生活垃圾转运站作为城市建设中必不可少的配套公共设施,综合考虑其服务区域、转运能力、运输距离、交通条件等因素,一般建设在人口居住密集区。同时,生活垃圾转运站建设要符合用地面积的要求和防止二次污染等,因此,在城市规划中生活垃圾转运站的选址难度大。生活垃圾转运站建设运行会涉及对居住环境的影响,因此常常出现"环卫服务人人需要,环卫设施却人人避之"的现象,许多城市面临着垃圾转运站建设协调难、使用难等各种问题,严重制约了城市环境卫生设施的规划布点与建设。

(2)旧城改造拆除易、回建难。在旧城拆迁改造工作中,生活垃圾转运站被拆掉,但在重新布局城市功能和考虑新城区功能规划时,对生活垃圾转运站等公共设施会有所取舍,很多生活垃圾转运站规划建设存在拆除易、回建难的现象,导致生活垃圾转运站数量进一步减少。

(3)环保措施不到位,运营投诉多。虽然传统生活垃圾转运站建有负压抽风除臭系统、喷淋降尘系统等,但由于无法保证工作期间生活垃圾转运站的密闭性,加上工作人员操作熟练度不够、设备运行不够智能化等原因,时常发生臭气外泄、渗沥液暴露等现象,影响周边环境。同时由于垃圾收集与转运工作的特殊性,垃圾车外出收运时间往往在深夜或者凌晨,收集车辆与外运车辆频繁进出生活垃圾转运站,影响周围居民的生活,引起居民投诉。

(4)传统生活垃圾转运站难以满足分类需求。2021年5月,国家发展改革委、住房城乡建设部联合印发《"十四五"城镇生活垃圾分类和处理设施发展规划》,其中提出主要任务之一是加快完善垃圾分类设施体系。而现有的生活垃圾转运站多数为一个压缩间,同时受场地限制无法改扩建,导致很多生活垃圾转运站无法实现从收集点到转运站的分类收集对接,严重制约了生活垃圾分类体系的构建。

(5)配套收运模式难以满足绿色低碳发展需求。随着国家生态文明建设的持续深入推进,垃圾分类、无废城市建设、城市综合环境治理等工作全面开展,传统的生活垃圾转运站在规划设计、环保设施、建设标准、功能布局和管理运营等方面都已不能满足新阶段环境治理工作的要求,加快布局、发展绿色低碳型转运站迫在眉睫。

2. 绿色低碳型转运站的概念和规划思路

(1)绿色低碳型转运站的概念。

绿色低碳型转运站是指环境污染小、碳减排效果好、绿色环保技术深度应用的环境友好型生活垃圾转运站。与传统生活垃圾转运站相比,绿色低碳型转运站具有污染物排放量低、环境毒性小、温室气体减排明显、对人体健康影响小、与周围环境和谐相处等特点。

(2)绿色低碳型转运站的规划思路。

绿色低碳型转运站的规划,应符合上位规划和国家现行标准要求,在综合考虑服务区域、服务人口、转运能力、转运模式、运输距离、污染控制、配套条件等因素的基础上,利用使用价值低、环境敏感度低、基础条件好的存量土地或空间,高标准建设绿色低碳型转运站,以达到更高的环保要求和实现碳减排目标。绿色低碳型转运站的总体规划思路主要有以下四个方面。

① 充分发掘地下空间,建设集约型市政综合体。为有效解决生活垃圾转运站选址难、落地难问题,一是考虑使用地下空间,降低用地成本,减小环境影响,避免扰民问题;二是考虑使用市政设施综合体,运用已开发使用的土地资源,依托完善的市政配套设施,低阻力、高标准开展规划建设工作;三是考虑使用高效、集约化混合用地,盘活存量土地,放大协同效应,打造多功能综合体。

② 满足垃圾分类需求,拓展"两网融合"功能。在大力推行垃圾分类的背景下,生活垃圾转运站建设应满足分类投放、分类收集、分类运输、分类处置的全过程全体系垃圾分类需求。针对运营范围所包括的可回收物、有害垃圾、餐厨垃圾、其他垃圾等不同种类垃

圾,分别设置与其收运特点相匹配的压缩、转运功能单元和基础设施,深度融入垃圾分类体系建设。城市环境卫生系统与再生资源系统的有效衔接、融合发展是环境卫生行业面向未来的必由之路。绿色低碳型转运站建设应融入"两网融合"发展趋势,根据可回收物资源化回收利用要求,合理选择压缩、转运技术,精准对接下游回收利用企业,形成经济效益、环境效益、社会效益共赢局面。

③ 配齐绿色环保设施,突出绿色低碳设计。生活垃圾转运站对运营过程中可能产生的恶臭气体、垃圾渗沥液、作业噪声、垃圾外溢等问题提前采取应对措施,采用先进有效的环保技术、环保设施提前预防或应急处置,确保将环境污染、人居环境影响降到最低。同时在生活垃圾转运站运行中的各环节、各部位充分考虑绿色低碳技术的应用,尤其是在节能减排、废气处理等重要方面,强化对最新绿色环保技术成果的实践转化和前瞻布局,如预留新能源收集车充电车位、高效密闭处理作业恶臭气体、实时监测周边空气和水体质量指标等,最大限度实现绿色低碳设计、建设、运营目标。

④ 强化宣传教育功能,协同市政规划建设。以绿色低碳环保理念、最新科研技术成果和科学常识为重点,将生活垃圾转运站打造成为环保示范教育基地,向大中小学生、各类志愿者、机关事业单位干部、热心市民等社会各界普及环保知识,加强环保教育,宣传"垃圾分类就是新时尚""绿水青山就是金山银山"等环保理念,营造保护环境人人有责的良好氛围。此外,强化转运站规划建设的系统性、整体性、协同性,将污水处理厂、公共厕所等市政基础设施协同规划,使地域空间的城市功能最大化。

3. 绿色低碳型转运站建设实践

（1）全地下景观式转运站项目简介。

崂山湾国际生态健康城全地下景观式转运站位于青岛市崂山区王哥庄街道,距离中心城区约 20 km,北接蓝色硅谷核心区,西北与城阳区惜福镇街道相连,东邻黄海,西部、西南部为崂山风景区核心区。转运站设计日处理能力为 100 t,是地下两层建筑,总占地面积 5300 m²,分为转运车间、压缩车间、渗沥液处理车间、离子送风车间、自控中心等。

结合项目所在区域城市规划特点,景观的建设规划是片区建设的重要组成部分,地面部分打造具备文化地标、低碳示范、环境保护科普教育等多种功能的绿地。景观的建造也能推动区域的发展与进步,提升周边土地的价值及地区的综合竞争力。崂山湾国际生态健康城全地下景观式转运站模块如图 7.11 所示。

（2）全地下景观式转运站设计特点。

① 新能源低碳生活垃圾分类收运系统。

以转运站建设为契机,推动该区域生活垃圾分类收集和收运系统构建,逐步建立和

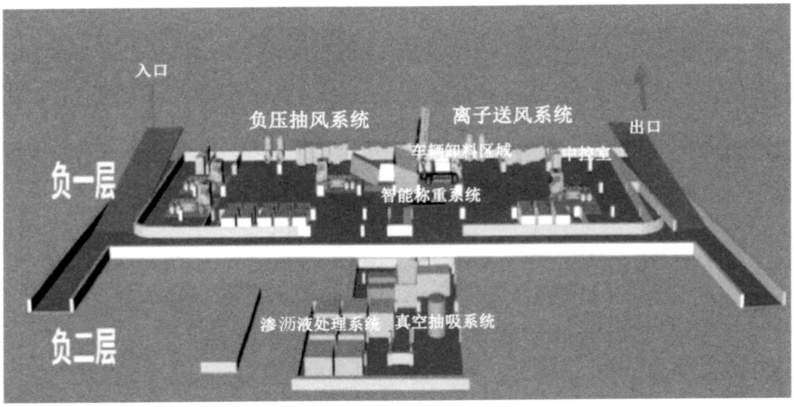

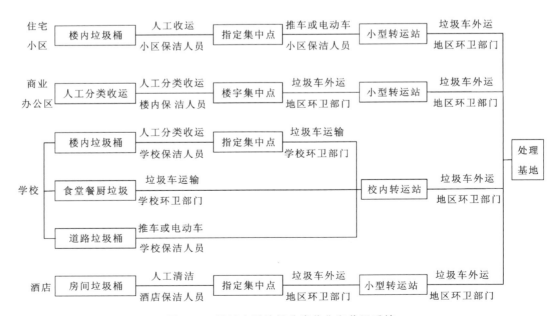

图 7.11　崂山湾国际生态健康城全地下景观式转运站模块

完善由小区保洁员、居民、物业管理公司和生态城环卫部门共同参与的"四位一体"的垃圾分类回收体系,实现全社会参与垃圾分类收集和综合利用目标。

转运站配套 10 辆新能源垃圾收集车,站内配备 10 座新能源充电桩,满足新能源车辆的充电需求。据项目运行经验统计,相比于燃油车辆,新能源垃圾收集车每年约减少 7000 L 燃油消耗,在减少碳排放的同时节约了环卫运营成本。生活垃圾从前端收集到站内中转全部使用可再生能源,优化垃圾收转运体系的能源结构,实现了垃圾收转运低碳化、清洁化。区域生活垃圾分类收集和收运系统见图 7.12。

图 7.12　区域生活垃圾分类收集和收运系统

② 智能化自控系统。

采用智能化自控系统,实现各单元设备之间的智能化联动,垃圾收集车辆、交通指挥系统、地感式快速卷帘门、负压抽风系统联动控制,垃圾收集车需根据交通指挥系统的绿灯提示才能使地感线圈感应到车辆进入,卷帘门与负压抽风系统开启,车辆进入卸料位。如果交通指挥系统为红灯,则地感线圈不工作,保证卸料车间的密闭性,防止二次污染。垃圾收集车辆与各单元设备之间的智能化联动见图 7.13。

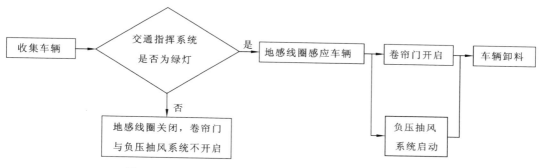

图 7.13 垃圾收集车辆与各单元设备之间的智能化联动

转运车辆、交通指挥系统、地感式快速卷帘门、声光报警器与负压抽风系统联动控制。转运车辆同样需根据交通指挥系统的绿灯提示才能使地感线圈感应到车辆进入,卷帘门与负压抽风系统开启的同时,声光警报器开启,车辆进入装箱位。如果交通指挥系统为红灯,则地感线圈不工作。转运车辆与各单元设备之间的智能化联动见图 7.14。

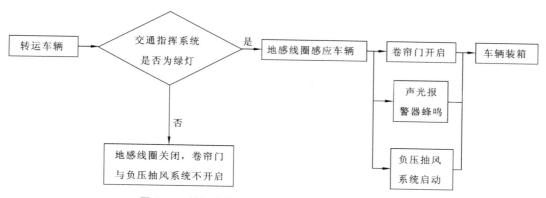

图 7.14 转运车辆与各单元设备之间的智能化联动

智能化自控系统集合式管理全地下转运站与垃圾收集车辆、垃圾转运车辆、工作人员,打通传统转运站的信息屏障,实现垃圾收转运各个子系统设备运行状况与垃圾处理过程的实时把控,在逻辑上保证作业安全与作业车间的密闭性,提高管理人员的工作效率与信息获取能力。

③ 真空抽吸系统。

真空抽吸系统与垃圾压缩设备连锁控制,在压缩设备作业时,同步负压抽吸收集其产生的垃圾渗沥液,整个流程在密闭的环境中进行,防止垃圾渗沥液暴露、挥发、产生异味。收集起来的渗沥液采用预沉淀＋稀释＋好氧氧化＋MBR(membrane bio-reactor,膜生物反应器)技术＋芬顿(Fenton)氧化＋膜分离除氨氮模式的渗沥液处理设备进行处理,达标后排放,切断异味产生源。

④ 离子送风系统。

为保证全地下景观式转运站的空气流动性,配备离子送风系统,转运站工作时实时开启,每小时换气可达10次以上,确保工作人员的工作环境良好。

⑤ 地下空间设计。

相比于传统转运站设计,全地下景观式转运站充分考虑公共绿地的价值。一方面,充分利用城市绿地公园的地下空间,将转运站部分功能置于地下,隐藏建筑体量,与周边环境有机协调,整体绿化率可以达到70%,既能提高土地利用率,又能保持良好的视觉效果;另一方面,全地下景观式转运站的作业空间皆在地下,空间密闭,杜绝臭气、噪声等二次污染,可以离居民区等生活垃圾源头更近,以提高垃圾收转运效率。

⑥ 地面景观化设计。

全地下景观式转运站采用全密闭地下设计,可降噪、除臭,更加环保,能做到居民看不到场所、闻不到异味、听不到噪声。地面可布置为绿化景观公园,在提升绿化覆盖率的同时,改变居民对垃圾转运站的传统印象,助力垃圾分类绿色理念传播,潜移默化地提升居民的环保意识。

(3)项目亮点。

① 更高质量的宜居环境。全地下景观式转运站采用全密闭地下设计,能做到看不到场所、闻不到异味、听不到噪声,在解决环境问题的同时,进一步缩小了垃圾收转运距离,减少了垃圾转运时间,避免垃圾滞留而对环境造成二次污染。相似案例还有成都市武侯区地下垃圾转运站,见图7.15。

② 节约土地面积。将转运站的作业设施设置于地下,充分利用地下空间,同时地上部分仍保持为城市绿地,绿化率可以达到70%。地面层进行堆坡绿化,外观就像街边的公园。

③ 除臭降噪,更环保。转运站采用水平压缩转运系统,地下工作区实现全自动化控制,先进设备及工艺能有效防止臭气散溢及液体溢出,还能降低作业过程中的噪声。

图 7.15 成都市武侯区地下垃圾转运站

绿色低碳型全地下景观式转运站的收运设施配套充足、分类收运、绿色低碳、对环境友好。相较于传统转运站,其对二次污染的控制效果更好、转运效率更高,对居民的宣教意义更大,可实现转运站的景观化、自动化、智能化发展。充分利用城市绿地公园的地下空间,将转运站设置于地下,隐藏建筑体量,并与周围环境有机协调,可实现土地集约化利用,破解转运站选址难、落地难、运营难问题。

7.2.3 生态型园林式地下式污水处理厂设计与实践

1. 地下式污水处理厂的概念、分类及优势

地下式污水处理厂又称"下沉式污水处理厂""地埋式污水处理厂",是指污水处理建(构)筑物合建在一个或若干个箱体内,箱体上部加设建(构)筑物,将操作层封闭在室内的污水处理厂。地下式污水处理厂分为全地下式污水处理厂和半地下式污水处理厂。

全地下式污水处理厂地下一般有两层,地下一层为设备操作层,按照工艺流程布置相关的处理车间、设备操作及检修平台,工作人员可以经常进入地下空间进行巡查、维护等工作。地下二层为水处理构筑物层,主要布置污水处理水池和所需管道线路。全地下式污水处理厂的地面可以规划设计成公园、运动场、景观园林等向市民开放。

半地下式污水处理厂分为地下和地面两部分。地下部分为水处理构筑物层,用于布置污水处理水池和所需管道线路。地面部分为设备操作区,按照工艺流程布置相关的处

理设施,并留有检修观察口,便于工作人员进行日常巡查和检修维护。地面层的屋顶可以通过种植植物、设置水体和小品等方式设计为文体公园或绿化景观,使厂区与周边景观更加协调。

传统的地上式污水处理厂会产生噪声、臭味等污染,且建筑景观较差,因此被纳入城市中的灰色基础设施,而地下式污水处理厂可以很好地解决这一问题,其具有以下优势。

(1)节约土地面积。地下式污水处理厂常采用 AAO(anaerobic-anoxic-oxic,厌氧-缺氧-好氧法,也称"A2O 工艺")和 MBR 等技术,相关设施具有占地面积小的特点。同时,地下式污水处理厂将功能空间在三维方向上立体叠加,大大减少了建(构)筑物的占地面积。此外,由于传统地上式污水处理厂存在污染,厂区必须设置卫生防护绿化隔离带,但地下式污水处理厂的结构形式在很大程度上削弱了这些污染对周边的影响,不需要再建设隔离带,从而也减小了厂区的占地面积。

(2)减少噪声、臭气污染。地下式污水处理厂将主体处理建(构)筑物布置在地下空间,其双层叠加的结构形式使得污水处理过程中产生的臭气和噪声被隔离在地下空间。在地下空间产生的臭气经管道收集后进行统一除臭,处理后的气体再经排气设施排放至空气中。因此,处于地面的人们不会受到处理厂噪声和臭气的影响。

(3)受外界环境影响小。地面是地下式污水处理厂的天然屏障。地下式污水处理厂可以使污水处理的效果更加稳定,同时为工作人员提供更加舒适的工作环境。在夏季日晒较强的时候,地下式污水处理厂具有遮阴的作用,更有利于工作人员作业;在冬季温度较低的时候,传统地上式污水处理厂经常遇到污水处理难度加大的情况,而地下式污水处理厂具有很好的保温作用,受外界温度的影响较小。地下空间受外界天气变化的影响也较小,即使遇雨雪天气,仍可以为工作人员提供较为舒适的工作环境。

(4)与周边环境和谐。传统地上式污水处理厂地面布置与污水处理相关的建(构)筑物,水池会暴露在地面,导致地面绿化面积小,景观环境较差。地下式污水处理厂可以在顶部覆土,建成地面或屋顶公园、景观园林、运动场等设施,在增加绿化景观的同时为周边人群提供公共空间,实现向环境友好型城市基础设施的转变。

(5)提升周边土地价值。地面景观的不断优化使得污水处理厂的环境价值升高。地下式污水处理厂上盖公园成为周边环境的公共景观,为周边人群带来了良好的视觉感受,也使得厂区与城市环境更加和谐。环境品质的提高大大增加了厂区的亲和力,对厂区周边环境的改善也起到了良好的促进作用。同时,随着厂区环境的改变,人们对污水处理厂的态度从排斥逐渐转向接受,也能促进厂区周边土地价值的提升。

2. 地下式污水处理厂的设计要点

（1）建筑空间布置形式。

目前,国内地下式污水处理厂中全地下式污水处理厂与半地下式污水处理厂的数量大致相当。全地下式污水处理厂将主体处理建(构)筑物全部置于地下,地上可视情况规划为不同形式的景观公园等以满足周边的需求。但由于其埋设深度较深,故投资较大,且工作环境相对较差,对消防等环节要求较高。半地下式污水处理厂有部分露出地面,可实现一定的自然通风及自然采光,竖向被水淹风险更小,但其顶层的利用受高度的限制,相对困难。

全地下或半地下形式的选择应视周边的具体情况而定。从工程建设和运行管理的角度看,半地下式形式具有更大的优点。部分半地下式污水处理厂通过合理利用周边地形条件,配合竖向绿化措施和景观措施,也能起到良好的景观效果。如果实际可用地非常狭小,且希望建成后能够整体对外开放,则更适宜选择全地下式的布置形式,以保证高投入可以获得更高的环境产出。

（2）建筑空间布局。

从总体结构来看,国内地下式污水处理厂建筑主要由地下污水提升泵房、集水池、沉砂池、投药间和加氯间组成。在地下式污水处理厂建筑空间布局中,应结合标准要求,着重优化上述建筑的设计,做好以下 5 项工作。

① 地下污水提升泵房设计。在该项工作中,设计人员应根据平均每天所处理的污水量来界定潜水泵站的具体规模,确保泵站的流量与进水管的设计流量相符,并为地下污水提升泵房配置可靠的防水墙。

② 集水池设计。根据工作量来确定集水池的容积,确保集水池的容积满足安装吸水管与格栅的具体要求。

③ 沉砂池设计。沉砂池通常被设置在建筑细格栅后,这样能够除去污水中的砂和煤渣等颗粒,保护管道和水泵的叶轮不受到严重的磨损,同时避免砂粒占据处理构筑物的有效容积,确保污水处理工作正常开展。沉砂池有三种形式:曝气沉砂池、竖流式沉砂池和平流式沉砂池。不同形式的沉砂池的具体设计方法不同,因此,在设计沉砂池的过程中,应根据具体形式选用最合适的设计方法。

④ 投药间设计。在设计投药间的过程中,设计人员应将其与药库合并布设,尽量确保投药间靠近投加点,保证投药间具备良好的通风条件,其内部的加药管不能少于 2 根。要为投药间和投加点分别设置可靠的切换阀门,在投药间的药液池旁边设置工作台,一般将工作台的宽度控制在 1～1.5 m。

⑤ 加氯间设计。加氯间和氯库之间具有密不可分的关系,可以将两者合建,并设计独立的门(门需要向外打开),以便于运输药剂。同时,注意确保氯库的储药量能达到平均每天 15～30 kg。为加氯间配备 2 套或 2 套以上加氯机,各套加氯机之间的距离不得小于 0.7 m。

(3)交通设计。

地下式污水处理厂的交通布置关系厂内的运行安全性、方便性,以及设备安装、检修等的便利性。目前,大部分地下式污水处理厂设置了贯穿整个厂房的车行通道。该通道主要作为厂内设备安装、检修及管理道路,也可满足消防车的通行要求。除主通道外,设计应重点考虑以下方面。

① 视地下式污水处理厂的处理单元布置及各单元的设备安装情况设置单独的安装通道,安装通道内避免设计障碍物。

② 规划单独的参观通道及巡视通道。参观通道应确保参观人员安全,巡视通道应方便巡视人员掌握主要处理单元的运行情况。

③ 规划方便的疏散通道。该疏散通道除满足消防要求外,还应将管廊层和操作层整体考虑,方便各层之间的交通。

④ 地上部分通道与地下部分通道应整体规划。部分地下式污水处理厂的顶板部分对外开放,设计应确保操作区和对外开放区有明确界限,避免无关人员进入操作区。

⑤ 按照功能类型,地面道路可分为人行道路和车行道路。根据道路级别确定道路的宽度,并为行人和车辆的顺利通行提供便利。不同用途的道路应采用不同材质铺装。人行道路对铺装的防滑性、美观性等要求较高,可采用木材、混凝土等材料铺装。车行道路应采用明显的标志或通过色彩、图案的变化提醒使用者注意行驶安全。

(4)绿地功能空间设计。

① 满足不同行为需求的设计策略。

绿地功能空间包括社区公园、体育公园等公园绿地和城市广场。绿地功能空间的设计应满足使用者不同的游憩行为和心理感受对空间的需求,并进行完善的无障碍设计,从而实现空间设计的人性化。

目前,我国部分已建地下式污水处理厂顶部绿地多设置水体景观、运动设施、活动广场、休闲步道等,为人们提供亲近自然、运动健身、学习交流、休闲娱乐等场所。

具体来说,人们在绿地中的主要行为可分为散步通行、社会交往、娱乐活动和静态休闲四类,绿地空间的设计应与不同行为的特征相结合。散步通行行为主要发生在公园广场的出入口、园区道路、台阶等场所,道路的宽度应满足行走要求,同时采用防滑的材质保证行走的安全性。结合节点空间或沿道路两侧设置座椅等设施,为人们提供停留休息场所。不同类型的社会交往活动对私密性和空间大小的要求不同,可利用植物、景观小品、座椅等要素分隔或围合空间,满足不同的需求。娱乐活动的种类较多,包括运动健身、亲子活动、科普展示等,需要为其提供专门的空间或设施,如运动场、健身器材、舞台。由于此类行为需要聚集较多的人员,应将其设置在交通便利、空间开敞的场所。承载静态休闲类行为的空间应具有良好的视觉景观,并应设置座椅、遮阳设施等。

② 满足心理需求的设计策略。

进行不同游憩活动的人员心理需求也不同,对于需要人员聚集、进行公共活动的场所,应尽量开敞,避免空间拥挤使人产生不适心理。而对于观赏、休息、交谈等行为,其对应的空间应具有一定的私密性,需要与相邻空间分隔,以满足使用者对安全感和领域感的需求。在公园绿地和广场中,可以通过构筑物、自然景观、景观小品、场地高差、色彩或材质分隔不同空间。

不同地区的气候条件、地理环境、文化特征等方面的差异使绿地空间具有地域性特征,具体设计应当与当地的社会活动、文化特征相结合,营造场所感。种植具有当地特色的植物,提取本土建筑符号并运用到建筑物、构筑物的设计中,结合当地文化活动布置景观小品、环境设施等均可以向人们展示区域环境特色,增强人们的文化认同感和归属感。

③ 无障碍设计策略。

城市绿地的使用者年龄跨度较大,身体状况也不相同。为了使所有有需求的人能安全方便地在城市绿地空间中进行游憩活动,在城市地下式污水处理厂绿地空间的规划设计中,应采取建设无障碍坡道、设置无障碍停车位、布置安全防护设施、铺设盲道等措施。无障碍游憩场所内的道路应尽量避免高差,存在高差时采用较缓的坡道进行连接,道路表面应满足平整、防滑、牢固的要求。

(5) 科普功能空间设计。

城市地下式污水处理厂的运行不能脱离群众,要让群众更多地参与进来,让群众知道污水处理厂的存在,可以改变人们对污水处理厂的固有印象。因此,城市地下式污水处理厂应充分利用自身的功能特点,担负起科普教育功能,增加人们对水环境知识的了解。采取布置科普馆或科普展示区和结合污水处理流程设置参观流线的方式,充分发挥城市地下式污水处理厂的科普功能。

在空间形式方面,可通过设置科普馆或科普展示区丰富人们的体验感。科普馆或科普展示区具有教育功能,可通过文字、图片、视频、景观等方式向人们介绍水环境知识。科普展示区的设计应清晰明了,具有一定的逻辑性。科普馆的展示空间位于室内,结合不同主题采用不同的空间色彩、灯光、音乐等激发参观者的兴趣,增加参观者与空间的互动。室外展示区多利用展板、电子显示屏向人们介绍水环境相关知识,展板或屏幕的尺寸应与空间尺度相协调,并将水元素融入展板的设计中。举办水环境知识讲座等可以提高人们了解水环境知识的积极性,因此应在科普馆或科普展示区的设计中预留活动空间。

在参观流线方面,结合污水处理厂的功能设置相应的参观环节,让人们对污水处理的过程有更加直观的了解。污水处理厂应在一定程度上向社会公众开放,为不同的群体提供不同的参观方式,如通过相关试验向人们展示污水处理效果,或者结合工艺流程向人们展示处理过程。考虑到安全性,应避免地下式污水处理厂生产环节与科普空间之间相互干扰,对于危险性较高的区域,可通过玻璃窗、格栅等设施分隔参观空间与生产空间。此外,科普展示的方式也要与时俱进,可结合整体参观流线,通过设置展板、电子显示屏、互动投影、VR体验项目等多种途径介绍污水处理、水环境整治的相关知识,增加参观者与展示空间的互动。

3. 生态型园林式地下式污水处理厂设计实践

(1)项目概况。

沥滘污水处理系统总服务面积 115.5 km²。服务范围包括广州市海珠区(除洪德分区污水西调至西朗污水处理系统外)、番禺区的小谷围地区和黄浦区的长洲岛等。

下面主要介绍沥滘污水处理厂三期工程、沥滘污水处理厂提标改造工程的建设内容。

① 沥滘污水处理厂三期工程。三期工程为扩建工程,污水处理规模为 25 万 m³/d,建成后沥滘污水处理厂总处理规模达到 75 万 m³/d。出水常规指标执行《城镇污水处理厂污染物排放标准》(GB 18918—2002)一级 A 标准及《地表水环境质量标准》(GB 3838—2002)地表水 V 类标准的较严值。

② 沥滘污水处理厂提标改造工程。对既有沥滘污水处理厂一期、二期工程进行提标改造,提高出水标准,提标改造规模为 50 万 m³/d。

③ 建设污泥处理设施,将污水处理厂污泥干化至含水率为 30%～40%后外运进行最终处置。

下面主要对工程中的建筑设计和景观设计进行阐述。

(2)建筑设计。

① 建筑形式比选。

半地下式污水处理厂与全地下式污水处理厂的主要差异在于前者将部分厂房及检修层置于地上,基坑开挖深度较全地下式污水处理厂小,工程费用较低。但因为半地下式污水处理厂也是采用全覆盖式布置,提升条件和通风条件与全地下式污水处理厂相同,所以其运行管理费用与全地下式污水处理厂相当。同时,全地下式污水处理厂与半地下式污水处理厂相比有如下优势。第一,与周边规划衔接好。全地下式污水处理厂厂房完成覆土后标高与周边地块标高相同,可与周边地块有效衔接。第二,土地利用率高。全地下式污水处理厂上方覆土后地面空间可利用,无高差,土地可利用率高。第三,对周边环境影响小,对周边地块开发带动性强。全地下式污水处理厂建成后地面上覆土建设成景观公园,与普通景观公园无异,对周边开发建设带动性较强。

虽然半地下式污水处理厂占地面积与全地下式污水处理厂相同,但半地下式污水处理厂的部分检修层布置在地上,覆土后与周边地块高差较大,难以与周边地块衔接。同时,根据《广州市水务局关于市政污水处理厂建设模式及出水标准的通知》(穗水规划〔2017〕135 号),中心城区内新建市政污水处理厂原则上按地埋生态型污水处理厂的模式建设。因此,为了保持厂区的协调性及满足周边居民对景观环境的高要求,沥滘污水处理厂三期工程采用全地下式建设模式。

② 建筑设计理念与思路。

该污水处理厂三期工程以集约、便捷、绿色、亲民为设计理念,在满足生产工艺要求的前提下进行创新,在特定的环境中力求建筑新颖美观、简洁大方。整个污水处理厂的建筑形式结合工艺、使用功能及周围环境,统一中有变化,利用各建筑物平面空间组合、墙面的延伸,有效地组织视线,发挥空间的引导作用,使整个污水处理厂建筑群体空间延续、舒展、互相连贯。因周边有原一、二期已建建筑,新建建筑在建筑体量控制和材质选择上尽量贴近原厂区风貌,与原有的建筑环境相融合,达到一种和谐的效果,使整个污水处理厂既有自身特色,同时具有新型市政环保工业建筑的风貌(见图 7.16)。

图 7.16 沥滘污水处理厂三期鸟瞰图

沥滘污水处理厂通过优化的空间、实体、场地构成整个建筑环境,占地面积小、工业建筑序列流畅、噪声小、废气排放少,把地面绿地留给市民。具体来说,在建筑空间与用地尺度配置适宜的前提下,与自然景观融合,使整个污水处理厂围绕于绿色植被和涓涓细流之中。地面厂区设计为大型景观湿地公园,结合现代岭南建筑的特点,地面建筑与周边环境自然融合。在建筑空间、交通组织、入口、广场及室外绿化等方面仔细推敲,从丰富人的空间体验与感知的角度入手,力图在节约用地的基础上使整个污水处理厂给人留下深刻的印象。地下厂区采用"全流程-全地埋-全封闭"的方式处理污水。污水处理设施全部转移到平均 17 m 深的地下空间,全封闭完成全部污水处理过程,杜绝污水暴露,最大限度减少对周边环境的影响,保证厂区及周边空气清爽。

此外,由于污水处理厂本身是具有环保性质的生产建(构)筑物群,因此在整体设计中充分考虑其建筑属性,在服从生产工艺流程的基础上着重考虑生态氛围营造,在建筑空间与用地尺度配置适宜的前提下还原自然环境,使整个污水处理厂围绕于绿色之中,形成优美、宁静的空间。

本项目的建筑设计内容主要包括:地下处理中心及地面楼梯间、深度处理提升泵房及配电房、V 形滤池、V 形滤池反冲洗泵房、生物滤池、生活设施用房及管理用房、仓库、机修和污泥干化车间(一期改造)、门卫房、风塔等,其中污泥干化车间属于一期用地内的改造内容。

③ 总体布置综述。

本项目用地地势平坦,视野开阔。在总体布置时,充分考虑同一、二期相协调。在布局上,结合道路、环境绿化,构成生态型花园式地下式污水处理厂环境空间。在满足规划要求的条件下,污水处理厂尽量压缩占地,在地面创造出优美的景观和生态公园。受用地条件所限,根据工艺要求在现有的用地红线内,尽可能将占地较少的办公管理建筑和无二次污染的建(构)筑物放在地面上,将无二次污染的污水处理中心建(构)筑物埋于地下,上面覆土 1.6~2.5 m,设计成绿化景观公园。在设计上将可能产生二次污染的建筑布置在地下,并设置多重空气净化装置。

根据工艺特点,考虑远期规划,将厂内道路沿各功能分区布置成各自独立的环状,使厂内各部分相互联系方便,既对交通运输及消防有利,又便于人流、货流的组织,同时避免干扰,利于工程技术管理。二期主要利用一期的道路来组织生产,其余部分设计成绿化公园。

建筑空间设计运用建筑造型、体量、材质和细部处理等手法,体现内涵丰富的环保建筑特色,创造出流动、通透、亲近自然的空间。污水处理厂通过若干内部空间的序列组合,以及不同建筑物、构筑物所具有的范围、形状、大小、高低、色彩气氛等特征营造出环保建筑印象。建筑造型洁净明朗,既体现污水处理厂自身的特点,又营造出富有时代气息的花园式生态型现代化建筑风貌。

④ 厂区交通组织。

根据主要工艺构筑物位于地下的特点,进出地下及地面厂区的道路分别设置,互不干扰,并使厂内各部分相互联系方便。

在地上部分交通组织中,厂区交通和地下处理中心交通分别布置,互不干扰。厂区主入口一期工程已经建设,二期工程地面道路与一期工程地面道路顺接,形成环形交通,方便一期工程和三期扩建工程的生产管理。二期工程在完善一期工程道路的基础上,主要设置景观路、休闲人行道,并与生产区分开,互不干扰。

厂区车行道分为两级,包括 7 m 宽的双车道及 4 m 宽的单车道,均为沥青混凝土路面。主要道路转弯半径不小于 9 m。整个厂区为了减少硬化地面,尽可能地减少地面道路的面积,以达到环保的效果,与环保建筑的功能相契合。

在地下部分交通组织中,二期工程为了减少占地面积,地下空间不新增车道出入口,与一期工程合用出入口,一期工程负一层预留的两个通道口与二期工程地下空间连接。

⑤ 环境绿化及道路。

在设计污水处理厂时,既充分尊重原有设计,又提高设计标准,使环境更加亮丽。种种设计手法的应用,使工程成为园林式生态型的污水处理厂。

道路采用混凝土路面,主要道路宽 7 m,次要道路宽 4 m,转弯半径为 6~9 m,全厂贯通,人、货分流,消防通道通顺,确保消防车畅通无阻。

(3)景观设计。

① 设计概况。

本项目工地面积约为 143078 m²,其中绿化面积为 111494 m²,设计内容包括场地内的绿化景观和园林设计。厂区的景观设计能够体现以人为本和可持续发展的理念,力求工程与环境协调,以确保工程与环境和谐统一。

② 设计原则及总体构思。

本项目的设计遵循以下四项原则:第一,以人为本,生态优先的原则;第二,功能优先,生态平衡的原则;第三,提升污水处理厂环境以及生活品质的原则;第四,降低污水处理厂对环境的污染以及对环境重塑的原则。

本项目的景观设计根据现场的用地条件,将整个设计地块分为入口区、生态游憩区、康体健身区 3 个区域。其中:厂区景观合理连接地面设施,保证厂区内各工作区域合理畅通,以功能为先,在维持厂区正常运转的前提下,运用绿化造景手法获得生态自然的景观效果;结合污水处理厂的特点,以净化后的水形成景观湖泊,在营造景观环境的同时,可以向人们展示污水处理厂的净化效果;结合水系设置科普教育和文化宣传场地。具体如图 7.17 所示。

图 7.17　沥滘污水处理厂三期工程

③ 整体布局。

在入口区,采取简洁、大方的设计原则。入口中心采用镜面水池,结合标志性雕塑打造入口广场的视觉焦点;入口处先收窄随后打开,展现出开阔的草坪和湖面,达到先抑后扬的效果。合理采用景观小品、特色廊架等现代化景观构件丰富景观层次,完善景观功能。

在生态游憩区,根据现场条件并结合建筑开孔的位置,利用地形合理设置水面,达到污水处理厂功能与厂区景观建设协调发展的目的。设计以水为带,通过环湖栈道连接景观,形成环湖生态公园,人性化的原则贯穿各个区域的设计,注重自然意境的营造,为人们提供返璞归真、回归自然的休闲空间和丰富的郊野活动体验。波光粼粼,至纯至美的天然环境,丰富的空间活动,以自然人文共生共存为目标,满足人们对生态环境的需求。合理设置景观元素,如铺装、座凳、亭廊等,将整个厂区有机结合起来,形成环湖生态步道,将各个湖心岛有机结合起来,形成贯通的交通流线。在湖面周边设置广场、景观眺台、亲水平台等休憩场地,给厂区内职工以及周边的居民提供休闲空间。

在康体健身区,合理利用东北侧场地设置运动场和休憩空间,满足工作人员和游客的康体健身需求。

④ 绿化设计。

绿化设计在整体环境景观构建中有着重要的作用,尤其在景观意境及文化意蕴的传递中有着独特的功能。植物素材丰富、形体语言独特,其作为塑造空间的工具,具有其他材料所不能比拟的魅力。植物材料的自然属性中蕴含着历史、文化和空间情节,在满足生态功能需求的基础上可以营造文化意境及独特的空间情调。

在生产区,应根据不同的建筑环境选择不同的植物品种,既考虑达到美观的目的,又兼顾防噪声、防污染、除臭气等功能要求。在有气味的建（构）筑物旁，选择抗污染、除臭功能强的树种，种植一些灌木及花卉，达到吸声减噪、美化环境的作用。

在植物配植上，充分考虑土壤特点以及污水处理厂具体现状，选用抗性较强的植物，保证植物生长，运用多层次的景观设计手法，以在不同的季节形成不同的景致，同时形成稳定、自然的生态植物群落。主要品种选用垂柳、黄葛树、木荷、水杉、落羽杉、短穗鱼尾葵、黄槐决明、洋蒲桃、水石榕、鸡蛋花、宫粉羊蹄甲、黄花风铃木、白蝴蝶、海芋、杜鹃、肾蕨、滇牡丹、水鬼蕉、鸢尾、千屈菜、芦苇等。

在整个厂区的绿化设计中，根据各区域的不同位置及使用功能的差异，在植物选择上也各有侧重。厂区的景观区设计流线型的小灌木组团及景石，形成立体感强、层次丰富的植物组景；设计采用充满现代感的植物造型，其流畅的线型，给人以视觉上的轻松和愉悦感受。滨水景观区采用自然式的种植方式，形成疏朗通透的绿化种植效果，结合水系合理布置水生植物，形成多层次、多群落的生态环境。

7.3 城市空间低碳转型、人性化提升设计与实践

7.3.1 概述

城市为人而建，因人而兴，脱离了人的城市建设注定是空中楼阁。回归人性本源，注入人本关怀，向以人为本的方向迈进，是城市发展的方向。因此，在市政工程设计及城市空间规划中，需要坚持以人为本，聚焦人们的需求，合理安排生产、生活、生态空间，努力扩大公共空间，让老百姓有休闲、健身、娱乐的地方，让城市成为老百姓宜业宜居的乐园。

从历史层面看，世界上所有现代意义上的城市皆因现代工业发展而成型，当中又有一些城市因资源能源枯竭、产业结构转型失败而走向凋敝。第一次工业革命中，包括柏林、伦敦、阿姆斯特丹在内的目前欧洲地区绝大多数城市完成了扩张；第二次工业革命又孕育了包括上海、纽约、香港、东京在内的亚太地区重要城市；第三次工业革命则促进了深圳、圣何塞与筑波等新兴城市的发展。在此消彼长的工业革命浪潮中，也造就了一批以鲁尔、底特律等为代表的收缩城市与以纽约苏荷艺术区、上海杨浦区滨江工业区为代表的老工业区，因此形成了大量的城市工业空间。它们占地面积广，建筑与基础设施老旧，区内居民众多，产业结构长期不合理，转型改造又多是高耗能的大工程，因此这些城市的工业空间长期被视作碳排放的"牛鼻子"。正因此，"双碳"目标在引导城市工业空间转型中意义重大，城市工业空间低碳转型成功与否，影响着能否顺利实现"双碳"目标。

　　街道空间作为城市建设用地中占比最大的公共空间之一,承担着交通、交往、游憩等综合功能,街道空间规划和建设水平是人们幸福感、获得感的重要影响因素。20 世纪,随着工业革命的深入推进,城区规模日益拓展,交通布局也由以步行为主逐步转变为以机动车为主,生态环境、人文环境和社会环境产生了前所未有的调整。进入 21 世纪,我国大城市扩张明显,大街区格局又对慢行交通方式下的传统窄路密网产生了巨大挑战。对此,国内外学者开始反思街道空间的真正意义,反对现代城市主义的功能至上理念,认为街道应该突出在城市安全和社会交往中的作用,其核心内涵是为人们提供便利的服务。城市也开始对街道空间进行提升改造,发展思路从"以车为本"向"以人为本"转变。

　　目前,城市工业空间转型的路径越来越多样化,如文旅复合空间路径、城镇住宅利用路径、社区参与修复路径、园区更新改造路径,这些转型路径都直接关系到在城市中生活的人。此外,街道空间是城市的骨架和动脉,是人们重要的生活空间,也是最能体现城市活力、特色和人文关怀的窗口。做好城市工业空间低碳转型以及街道空间的人性化提升改造,是践行"以人民为中心"的发展思想的重要举措,能够为城市高质量发展、人民幸福生活打开新的空间。

7.3.2　城市工业空间低碳转型与实践

1. "双碳"目标下的城市工业空间转型策略

　　"双碳"目标不应被简单视为一种环境保护目标,而应将其上升为一种推动城市工业空间转型的优化策略。城市工业空间转型可以构建资源再利用观念转型与产业结构转型之间的逻辑联系,可从观念、空间与产业结构三个方面("三转型")牢牢地稳定"双碳"这个城市发展的总目标。

　　(1)以资源再利用观念转型推动城市工业空间转型。

　　前面所述问题在不同城市的工业空间转型过程中普遍存在,相关研究显示,不合理的城市工业空间转型甚至还会造成绿地的消失,积压大量无法消解的碳污染。而且以土地置换为渠道的城市工业空间转型,也难以在本质上提升原有土地的人口容纳量,相反还会造成大量的资源与能源浪费。

　　目前相关研究也证明,在许多收缩型城市中,大量旧改住宅楼入住率较低,总容纳量甚至低于之前工业空间中企业住宅的容纳量,而工业空间中有相当大一部分实体建筑是工业建筑,且多为厂房、办公楼、宿舍楼、筒仓以及其他功能用楼。这些建筑大多在安全使用年限之内,其中部分建筑本体非常坚固。因此,资源再利用观念亟须转型,即从"土地再利用"转向"综合资源再利用"。

从本质上看,城市工业空间转型是一种资源再利用,只是这种再利用仅停留在土地资源上,并未将工业空间中包括土地在内的其他要素视作一个综合资源系统,即没有认识到除了土地资源,工业空间其实还包含建筑资源、绿地资源、区位资源、文化资源等其他可利用资源。可见,城市工业空间转型实际上是对综合资源系统的再利用。

在综合资源系统再利用方面,国内外皆有相对较为成功的例证可循,其成功经验在城市工业空间比重较大的收缩型城市中尤其具有可借鉴性。这是因为收缩型城市中不少街区都有大量企业社区遗留,其中有相当一部分为住宅区。对住宅楼进行建筑加固、防水施工与立面处理,并加装电梯,可以将其改造为新的公寓式住宅小区、酒店。而礼堂、球场等则可以改造为附属于小区的商业业态,通过工业遗产保护更新这一模式,尽可能地降低碳排放。再利用是实现工业空间转型的重要渠道,也是全面落实"双碳"目标的顺势之举,这对于降低城市碳排放、保护城市文脉、提升城市审美品位,也有着重要的积极意义。

(2)以城市工业空间转型促进产业结构转型。

城市工业空间转型依托资源再利用观念转型的推动,但要想行稳致远,真正地被赋予第二次生命,则必须通过自身转型推动产业结构转型,为文旅产业、服务业等新兴经济业态或高智力附加值产业提供实体发展空间,以科学、有效的"退二进三"(第二产业从市区退出,发展商业、服务业等第三产业)让城市发展在"双碳"目标下行稳致远。"退二"是对内环路以内及附近重污染、能耗大、效益差的工业企业有重点、分层次、分区域、分时段进行搬迁、改造或关闭停产。城市当中的产业结构很大程度上决定了能源结构。从逻辑上看,城市工业空间转型构建了"双碳"目标下资源再利用观念转型与产业结构转型之间的桥梁,形成了以城市工业空间转型为中心的完整逻辑链条,这种"三转型"的路径机理在于:城市工业空间保留了相对完整的综合资源系统,通过对其综合再利用,可以将工业空间转型为新的城市空间,助推城市产业结构转型。

目前,城市工业空间转型一方面是朝着城市住宅转型,另一方面则是朝着城市新兴业态空间转型,两者亦可融合共生。就目前而言,上述几种转型目标在国内外都具有较大的接受市场。

克劳斯·施瓦布(Klaus Schwab)的研究证明,在互联网技术主导的现代工商业经济下,产业结构的调整并不依赖更多的新建空间与城市基础设施,新的技术革命与产业变革最大的特征是集约型技术的发展。这与城市的"双碳"发展目标具有高度一致性。具体来看,就是通过局部空间转型促进整体空间转型,即实现第三产业、高附加值与智力密集型的高新技术产业对传统工业的"腾笼换鸟",促进城市发展方式的根本性变革,最终实现以工业空间转型带动城市产业结构转型。

2. 城市工业空间转型的路径选择

上述"三转型"优化策略说明,城市工业空间转型既需要先进的观念引导,又要合理再利用现有资源,助推城市产业结构转型。在这种优化策略下,工业遗产保护更新有着重要的实践价值,为实现目标提供了选择路径。

工业遗产是城市工业空间的重要物质组成,而城市工业空间存在的基础就是承载工业文明、延续集体记忆、具有历史价值的工业遗产。就"双碳"目标及相关策略而言,工业遗产保护更新与目前工业空间转型的一系列诉求有着多方面的契合性。

从转型目标分类来看,工业遗产保护更新介入城市工业空间转型有四种路径,在"双碳"目标之下,为城市工业空间转型提供了可资借鉴的多样选择。

(1)文旅复合空间路径。

文旅复合空间路径指的是依托工业遗产保护更新,通过文旅产业介入,将原本封闭的生产空间打开,使之成为城市开放公共空间的一部分,从而形成功能复合的公共空间。这个空间的核心就是文化与旅游有机融合。从工业遗产管理角度看,这将最大限度地保留工业遗产本体与工业文脉。

目前,世界各地都存在"文旅＋工业遗产"这类文旅复合空间,并且其中大部分取得了相对较好的经济与文化效益,如欧盟工业遗产之路(European Route of Industrial Heritage)等。而在中国,文旅复合空间主要以特色小镇的形式体现。譬如位于宜昌市夷陵区下牢溪的 809 微度假小镇就是个中代表。该小镇本是始建于 1966 年的强华机械厂旧址,军工代号"809",因此俗称"809 厂"。其离宜昌市中心城区只有十余千米路程,毗邻下牢溪度假区与 008 乡道,有得天独厚的区位优势。废弃多年之后,该旧址被改造为具有三线军工文化特色的文旅小镇,其中配套有酒店、餐厅、酒吧、电影院与儿童游乐区,以及大量的绿化区域(包括对原始山体的修复)。这既保护和更新了大量工业遗产,也实现了高碳汇、低碳源的城市工业空间转型。

文旅复合空间路径应当遵循最大限度地利用旧建筑物或构筑物原则,目标是因地制宜,通过对美术馆、博物馆以及相关公共绿地等公共空间的建设,朝着高碳汇、低碳源的方向改造。例如,西藏自治区的拉萨水泥厂改建为西藏美术馆,湖北武汉的汉阳铁厂部分建筑改造为张之洞与武汉博物馆等,就是通过旧建筑物与构筑物的再利用,以工业遗产本身的历史价值赋能、丰富整个空间的文化内涵,以空间转型保证低碳源的持久性。

但需要注意的是,文旅复合空间路径对工业空间有较高的要求:一是周围交通要较为方便,既便于游客到达,也便于遇突发事件时疏散游客;二是工业空间不宜太大,一般中型企业厂区及家属区为最优选择;三是工业空间周围要形成较为成熟的文旅项目,使之具有访客综合吸引能力。

（2）城镇住宅利用路径。

城镇住宅利用路径指的是以城镇住宅为改造目标，通过工业遗产保护更新来实现城市工业空间的转型。事实上，城市工业空间转型为城镇住宅空间在世界其他国家已有尝试，如 2000 年前后改造的奥地利维也纳煤气罐住宅，2000 年改造的瑞士苏黎世湖北岸公寓等，以及 2005 年改造的丹麦哥本哈根布拉吉群岛（Islands Brygge）粮仓住宅等。但这些都是"只拆不建"的案例。结合我国的实际人地关系，城镇住宅空间介入模式仍主要采用"拆建结合"模式，即保留一部分有历史价值或利用价值的工业建筑物与构筑物，将其他部分拆除或平整土地，并新建城镇高层住宅，实现保护与利用两不误。

城镇住宅利用路径是拆除工业空间中无法再利用或没有历史和文化价值的工业建筑、大型设备并保护利用当中的工业遗产。例如，改建高层住宅的同时保留有再利用价值的工业建筑，将其改造为附着于住宅空间的公共空间（如社区文体中心与商业体等）。在这个过程中，除了建筑本体改造，还应当重视基础设施的更新再造，如广场、水景、绿化区域、道路、停车场等公共空间，以及地下管网、交通路线、配电、安保、消防等公共设施的更新再造。一方面要控制改造过程中的碳排放；另一方面要以低碳源作为改造的方向，如采取提升绿化面积、实行垃圾分类与雨水回收等具体措施。

在中国，走城镇住宅利用路径的代表是武汉市的"华侨城·红坊"项目。这一项目位于武汉市青山区原武汉钢铁公司八街坊居民区，该区实行旧城改造之后遗留大量 20 世纪五六十年代的工业建筑。华侨城集团以地产开发的形式介入后，将其中大多数建筑保留下来，改造为书店、餐厅、体育场、绿地、会议中心与商场等公共空间，并将其余一些不具有再利用价值的建筑拆除，修建高层住宅，改造为生态友好型都市生活空间。

城镇住宅利用路径的一大特征是地产行业的介入，因此尤其要注意平衡"拆"与"建"的关系，改造之后空间的碳排放高低全在于对此平衡关系把握的好坏。依循前述，先前国内工业空间转型虽然也多走城镇住宅利用路径，但介入方式并非"拆建结合"，而是"先拆后建"，因此两者有着本质上的差异，碳排放量也差别巨大。

（3）社区参与修复路径。

社区参与修复路径指的是通过社区参与的方式，使工业空间转型为一般意义上的社区空间，主要针对收缩型城市的工业空间转型。其工业空间普遍占地面积较大，居民以低收入老年人为主且社区居民众多，难以通过搬迁、腾退等方式实现空间改造，因此，动员社区居民参与空间改造是最优策略。在这个过程中，居民通过社区参与推动社区的城市化，并逐步消除当地的贫困、治安等社会问题。

最先出现城市收缩的欧美国家率先提出"社区参与改造"概念并将其应用于城市工业遗产转型，个中代表是美国北卡罗来纳州达勒姆的美国烟草公司街区改造项目。这一项目因社区参与并取得成功而受到国内外学界广泛重视,被视作工业遗产保护的重要例证。

就国内而言,社区参与尚处于起步期,目前较有代表性的是湖南株洲石峰区田心社区改造工程。这是株洲最大的厂矿社区,之前是"三线"工程中株洲铸造厂、氮气厂与啤酒厂的所在地。当地运用市场手段,通过挖掘企业文化内涵,动员社区参与,基于工矿社区中老年居民人口数量庞大这一客观现实,以"低碳+适老"为改造导向,原本废弃的职工澡堂被改成"睦邻吧",职工食堂被建成日间照料中心、居民活动中心,将老生产设备、老物件收纳进社区博物馆,而氮气厂宿舍的苏式门楼则予以修缮和保留。

社区参与修复路径的核心在于修复,即通过人的主观能动性与日常生活的渗透来修复空间并促使其转型。它并不依赖硬件与基础设施的更新,而是关注人居环境与社区文化的优化。这个路径本身具有低碳源的特征。在社区参与修复路径中,最大的问题是如何处理当地居民与工业空间记忆之间的关系。许多社区的居民对于自己的单位普遍存在一种强烈的文化认同感,这种集体的空间记忆是工业文化的重要组成。因此,在转型过程中应当维护这种具有高度凝聚力与共同情感认同的集体记忆。这是既关系到社区治理稳定,又关系到空间未来转型的关键。

(4)园区更新改造路径。

园区更新改造路径指的是以文创园区、高科技园区为目标,实现传统工业空间向低碳城市空间的转型,是直接作用于产业结构转型的一种改造路径。它不但可以有效提升城市空间、土地的利用率,更能稳定空间转型的路径,使之在转型后具有长久的生命力。最重要的还在于,它可以从本质上改变原有空间中的产业结构,直接实现产业转型升级的低碳源目标。

目前园区更新改造路径是工业空间转型的重要路径,主要原因有二。一是工业空间的区位因素如交通运输、地形地貌、气候风向等对新兴产业的发展仍具有较大价值,有的城市工业空间因车站、码头、公路、铁路而生,当相关交通设施还在继续发挥运输作用时,这些区位因素仍是发展新兴产业的积极因素。因此,传统空间在新型产业发展中同样可以扮演重要角色,依然有着较大吸引力。二是许多城市工业空间的场所记忆铸就了城市的文脉,工业空间改造一方面是对建筑、土地本体的保护更新,另一方面也包含着对空间记忆的改写与重构。尤其是对影响深、规模大、历史悠久的大型厂矿企业的改造与重建,是一个漫长且复杂的系统工程,倘若处理不好,不但有可能引起当地居民的不满,还会在具体改造工作中举步维艰。因此,园区更新改造路径是对规模巨大、历史深厚的城市工业空间的场所记忆进行维持、丰富的最好路径。

从全球来看,园区更新改造路径也是一种被普遍采用的路径,如美国纽约曼哈顿的苏荷艺术区、英国伦敦的克勒肯维尔(Clerkenwell)园区等。国内较有代表性的是天津棉

3 创意街区。这是国内目前较为成熟的工业遗产创意街区,其前身是天津棉纺三厂旧址,该厂是国内"8 小时工作制"的起点,其中许多建筑都是有超过百年历史的重要工业建筑。目前该创意街区拥有较高的入驻率,通过原址改造,邀请艺术酒店、文创公司、新媒体企业、创业孵化总部与高科技研发中心等新兴企业入驻,产生了较大的经济与社会效益,实现了从"锈带"到"秀带"的转变,大大降低了所在城市的碳排放,并通过规模化的"复绿工程"综合提升了城市的碳汇,还有效地改变了所在区域的产业结构。

从工业空间转型的维度来看,园区更新改造路径对城市工业空间的区位因素、建筑本体的坚固程度、空间内部的路网状况以及空间的可绿化程度都提出了较高要求,因此,并非一切城市工业空间都可以转型为园区。但是,对于有可能转型为园区的工业空间来讲,这显然是具有很强可操作性且效益较高的路径。

3. 城市工业空间低碳转型实践

(1)项目背景。

广州西村水厂工业遗产保护利用规划设计项目处于荔湾区和白云区两区交界处,珠江西航道与增埗河交汇处,环市西路和东风西路汇聚处,距离西场地铁站 500 m,距广州火车站和上下九商圈 3 km,距省、市政府 4 km。

西村水厂是岭南工业文明的"活化石",处于珠江工业遗产带上,有百余年历史。西村水厂承载着广州近现代工业发展史、城市发展史、民族复兴史,是广州珠江后航道工业遗产带中历经百年仍在使用的"百年工业"唯一样本;具有清晰的历史层积性,历史、科学、社会、艺术价值高;属于区位优越的花园式厂区,位于中心城区交通便利的滨水地带,古树浓荫、环境优美,保护与更新的基础条件极佳。

(2)基地特征。

基于片区提升统筹划定范围,成片提升规划范围约 22 hm²,与周边地区统筹考虑,包括西村水厂、自由马地块及周边旧村、旧厂房等。其中,近期改造范围约 14.5 hm²,土地权属主要为广州市水务投资集团有限公司下属相关企业所有,西北侧为石井河,南侧邻内环路,东侧为工人文化宫体育馆。项目具体状况如下所述。

① 项目建设概况。厂区历史格局清晰,历史建筑保存完整,有 5 棵大树为古树名木。南侧主要有 1~2 层的旧城建筑和 9 层居民楼建筑,东侧为工人文化宫体育馆,北邻广东省冷冻厂及批发市场等。

② 土地利用权属。规划范围用地权属为广州市水务投资集团有限公司下属相关企业所有;北侧主要为冷冻厂、啤酒厂等工业用地,其南侧地块涉及多个权属,包括国有用地,建筑面积约 10 万 m²。

③ 交通情况。地块南侧毗邻广州内环路、东风西路、环市西路,周边交通复杂。地块

仅能通过水厂路对外联系,距离地铁 5 号线和 13 号线(建设中)换乘站西场地铁站 300 m,距离地铁 5 号线和 8 号线换乘站西村地铁站 600 m。

④ 历史文化资源布局。片区工业遗产资源丰富,包括原创元素创意园。规划范围及周边均分布有丰富的历史文化资源,包括工业遗产资源、历史文化资源等。

⑤ 厂区历史建筑情况。厂区历史建筑保存完整,再利用价值高。厂区内现存多处 19 世纪 30 年代、19 世纪 60—80 年代等各历史阶段的厂房、机房。其中 1、3、4、6、7、8 号建筑历史风貌保存完整,2、5 号建筑在立面上进行过一定程度的改造,风貌受到一定损伤。除 8 号建筑外,其余历史建筑的结构经修缮加固后可继续使用。厂区历史建筑情况如图 7.18 所示。

图 7.18　厂区历史建筑情况

(3) 战略价值。

① 价值一:百年广州工业发展、城市发展、民族复兴的展示窗口。

广州是华南工业中心,是我国近代民族工业重要发源地,西村工业园(硫酸厂、水厂、电厂等)是广州近现代民族工业发展的重要发源地与见证,包括:广州第一家公用自来水厂——增埗水厂(西村水厂前身,初步建成于 1908 年);广州唯一的集装箱办理站——西村站(现广州西站,建于 1907 年);广东省现存最老的火力发电厂——西村发电厂(现广州发电厂,建于 1935 年);广州的第一工业区——西村(20 世纪 30 年代)。

② 价值二:珠江治水营城工业遗产保护活化样板,展现广州"老城市新活力"。

西村水厂项目地处珠江沿岸工业遗产廊道塔尖,是活态工业遗产优秀范例。厂区建筑历史风貌、布局保存完整,工业建筑特色突显,生产工艺全流程保存,未来可争取申报国家级、世界级文化遗产。

此外,2023 年 1 月增埗水厂旧址(现西村水厂)被列入广州市首批水务遗产名录,讲好岭南水城故事非常重要。其历史发展历程如下:清光绪三十四年(1908 年),广州第一家公用自来水厂——增埗水厂初步建成,改变了居民掘井舀泉、挑担瓢饮的历史;1959年,水厂扩建并改称"西村水厂";2005 年,广州市自来水公司(现广州市自来水有限公司)将其改造成再现自来水百年历史的展示馆;2023 年 1 月,增埗水厂旧址被列入广州市首批水务遗产名录。

对此,可以将各类资源整合成工业发展历史长廊:充分梳理周边地区以西村站为核心的西村铁路工业带发展要素、开敞空间等,包括工业遗产、废弃铁路、水务遗产、生态遗产以及历史建筑等,形成文化资源特色片区,并串联打造滨水文化长廊——沿石井河、珠江打造滨水文化廊道,串联各类滨水文化资源。

③ 价值三:广州城市高质量发展、供水技术低碳提质增效的典范。

西村水厂项目是中国水务历史缩影,融合现代深度处理技术,结合智慧互联体系,展现了现代城市规划建设管理中的水务技术。

(4) 规划要求。

根据《广州市城市总体规划(2011—2020 年)》,该项目规划范围涉及总规黄线,西南侧石井河涉及蓝线和限建区。总规用地为供水设施用地和道路用地。根据《广州市生态廊道总体规划与生态廊道规划建设指引》,该项目规划范围涉及组团级生态廊道。局部建筑高度可超过 18 m,但最大应不超过 24 m。根据《广州总体城市设计》,规划范围涉及河涌边、江边地区,需满足相关要求。

同时,该项目规划存在以下难点:首先,现行控制性详细规划与项目基地情况匹配度不高;其次,规划道路与百年古树、历史建筑存在冲突,需要进一步优化;最后,南侧地块4-7 规划为二类居住用地,容积率为 3.2,总建筑面积为 10.35 万 m²。

(5) 规划方案。

西村水厂项目以水务遗产和滨水空间为特色,将"讲好水故事,激发水活力,点亮水名片"作为目标愿景。

① 用地规划。

城市、旧厂进行联动改造,提升城市整体空间形象与地区发展活力。整合南侧旧村地块,全面改造与微改造相结合,可开发净用地面积为 3.3 hm²,新建总建筑面积约为 9.7 万 m²。

地块一为供水设施兼容文化用地,用地面积约为 2.4 hm²。地块二为商业办公用地,用地面积为 19386 m²,容积率为 3.0,建筑面积约为 58158 m²。地块三、地块四为二类居住兼容供水设施用地,用地面积约为 17243 m²,容积率为 3.4,总建筑面积约为 58626 m²,其中,现状保留建筑面积为 19371 m²,规划新增建筑面积为 39255 m²。

② 空间结构与功能布局。

项目主要划分为文化创意区、历史建筑活化区和滨水活力商业区。项目打造以水为主题的魅力街区,紧扣工业主题建立文化品牌,在工业遗产中置入现代功能,促进可持续运营,呈现"一核、一带、六个主题片区"的布局。其中,"一核"指水文化核,"一带"指滨水文化长廊,"六个主题片区"指智慧水设施、水文化公园、创意水园区、活力水广场、水展览区、水社区。

在文化创意区,对自由马地块进行产业升级,将其建设成为以文化创意为特色的区域公共中心,结合西村水厂工业遗产展示,打造集商业、文化、服务设施于一体的文化创意区。引入本土高端制造业公司、品牌店等,为西村水厂片区带来科技博览元素,并融合时尚元素、娱乐设施,激发区域商业活力,带动周边经济发展。

在历史建筑活化区,活化设计,融合历史建筑场所价值链、闲置场地生态链、相关行业产业链,衍生出多层次交错的信息结构,将历史记忆再生与现代使用需求有机融合,除了满足西村水厂日常办公等使用功能需求,置入展览、婚庆、娱乐等多种产业,重新唤起这些老旧建筑的活力,同时尊重它们的历史价值,保留几代人带来的变化、美学特征以及多样的工艺。

在滨水活力商业区,采用开放的公共空间,结合滨水公园、广场和步行道,促进多样社区互动和休闲活动的开展;提供多功能的商业空间,以满足不同类型的商业活动需求,包括零售、餐饮和办公;结合广州的历史和文化,设计呼应活化区特色的建筑和景观,增强区域的文化认同感。

③ 开敞空间。

项目运用开放式设计、嵌入式参观模式呈现工业遗产层积历史。打造三类慢行游径,结合历史文化遗存与百年古树资源,打通滨河公共空间,塑造休闲文化场域。

文化漫游径(宽 4 m)打通滨河公共空间,形成东西向主轴慢行游径,贯穿整个公共开放区域。历史漫游径(宽 2 m)串联东部工业遗存,结合建筑与古树塑造历史氛围活动场所。滨水漫游径(宽 1～4 m)结合滨水区域塑造特色工业遗产商业氛围,形成悠闲的漫步休憩空间。

（6）改造方案比选。

① 方案一：局部微改造方案。

整合南侧 1.92 hm² 的用地：根据规划方案，将南侧建筑划分为计划拆除建筑和保留建筑。计划拆除建筑总量：建筑面积约为 4.49 万 m²（旧城地块建筑面积为 1.86 万 m²，自由马地块建筑面积为1.09 万 m²，水质大楼地块建筑面积为 1.54 万 m²）。

预留水厂用地＋居住用地融资开发：整合南侧旧城地块，利用层层退台式的建筑高度，衔接北侧文化地块，通过架空式连廊打通滨水区域，塑造串联的活力街区与城市文化客厅。收储面积为 16136 m²，部分作为水厂技术升级用地，部分作为补偿建设用地，可建 2 栋联排高层住宅。

方案一容积率不突破 3.4 时，居住总建筑面积为 3.97 万 m²，可融资面积为 1.3 万 m²；容积率为 4.0 时，居住总建筑面积为 4.87 万 m²，可融资面积为 2.2 万 m²。

② 方案二：整体大改造方案。

整合南侧 3.23 hm² 的用地：提升整体片区环境品质，南侧建筑基本全部拆除，权属复杂，实施难度大，拆除建筑量较大，仅保留 1.4 万 m²。

计划拆除建筑总量：占地面积为 3.23 hm²，建筑面积为 12.36 万 m²（旧城地块建筑面积为 9.73 万 m²，自由马地块建筑面积为 1.09 万 m²，水质大楼地块建筑面积为 1.54 万 m²）。居住建筑复建面积为 10.5 万 m²，居住建筑改造成本为 10.7 亿元。

此方案计划对大片区进行整体改造，打造居住建筑、商业公寓、办公空间等。整合南侧地块进行片区整体改造，可开发净用地面积为 4.2 hm²，新建总建筑面积约为 24.35 万 m²。地块一为供水设施兼容文化用地，用地面积约为 2.4 hm²。地块二为商业办公用地，用地面积为 19386 m²，容积率为 4.0，建筑面积约为 77544 m²。地块三、四、五、六为商业兼容二类居住用地，总用地面积为 27174 m²，容积率为 6.0，总建筑面积约为 16.6 万 m²（居住建筑面积为 11.8 万 m²，商业办公建筑面积为 4.8 万 m²）。

对南侧约 3.23 hm² 的土地进行整合改造，部分作为水厂技术升级用地，部分作为补偿建设用地；可建 5 栋高层住宅，1 栋高层综合体。改造前，建筑面积约为 12.36 万 m²；改造后，住宅限高150 m，建筑面积约为 21.4 万 m²，容积率为 6.86。

改造方案对比情况如表 7.3 所示。

表 7.3　改造方案对比情况

对比项目	方案一：整合南侧旧城地块＋自由马地块＋水质大楼地块		方案二：整合南侧 3.23 hm² 用地进行混合改造（需突破控制性详细规划指标）
	居住用地容积率调整为 3.4	居住用地容积率调整为 4.0	
可开发净用地面积/hm²	3.3	3.3	4.2

续表

对比项目	方案一:整合南侧旧城地块＋自由马地块＋水质大楼地块		方案二:整合南侧 3.23 hm² 用地进行混合改造(需突破控制性详细规划指标)
	居住用地容积率调整为 3.4	居住用地容积率调整为 4.0	
拆迁建筑面积/万 m²	4.49	4.49	12.36
新建总建筑面积/万 m²	9.7	10.8	24.35
其中 居住建筑面积/万 m²	3.97 (复建 2.67＋融资 1.3)	4.87 (复建 2.67＋融资 2.2)	11.8 (复建 10.5＋融资 1.3)
其中 商业办公建筑面积/万 m²	5.8 (含自有办公和配套约 2.0,融资开发 3.8)		12.5 (含自有办公和配套约 2.0, 融资开发 10.5)
水厂建设成本	19.4 亿		
开发方式	南侧旧城地块更新改造;自由马地块和水质大楼地块进行交储	自由马地块与水质大楼地块自主改造＋旧村及国有居民楼更新改造	—
整合土地的改造成本/亿元	6.5 (自由马与水质大楼 2.6＋旧城 3.9)	6.5 (自由马与水质大楼 2.6＋旧城 3.9)	13.3 (自由马与水质大楼 2.6＋居住 10.7)
土地融资收益/亿元	7.7 (自由马与水质大楼 3.8＋旧城 3.9)	10.4 (自由马与水质大楼 3.8＋旧城 6.6)	14.4 (自由马与水质大楼 5.7＋商业办公 4.8＋旧城 3.9)
优势	可实施性较强	效益较高	片区环境品质提升较大
劣势	周期较长	需突破容积率,周期较长	涉及多个权属人,拆除成本及改造实施难度高,开发强度大,对周边交通造成较大的压力

选择容积率为 4.0 的方案一,尽可能兼顾供水设施安全与城市品质提升,同时践行国家在城市更新行动中防止大拆大建的有关倡议。

7.3.3 城市街道空间人性化提升设计与实践

1. 人本视角下的城市街道空间发展诉求

（1）安全性诉求。

不同于简·雅各布斯在《美国大城市的死与生》中对人行道安全感缺失的描述"如果一个城市的街道很安全，不受野蛮行为和恐惧行为的侵扰……不会潜意识感觉受到陌生人的威胁……诸如此类的街头暴力事件用不着发生很多就会让人对街道感到恐惧"，现代城市街道的安全主要承受来自机动车交通的威胁。无论是过去还是现在，维护城市的安全一直是城市街道和人行道的根本任务。

行人是交通参与者中的弱势群体，容易受到伤害。足够安全是行人对街道空间的基本诉求，其他诉求都是基于行人在取得安全保障后才能实现的。行人在街道上自由漫步、交谈或参加社会活动时，不希望受到机动车和非机动车交通的干扰。特别是当行人过街时（尤其是单独过街），对安全的渴望更为强烈，总会左顾右盼，希望每个司机都能注意到自己，以减慢车速。一般行人过街步行速度高于平均步行速度，老年人习惯夹在人群中过街。当绿灯时间快结束时，行人会跑步加速尽快离开人行横道，且过街过程中一般不会出现交谈等行为活动。

（2）便捷性诉求。

便捷性是行人的第二大诉求。由于步行是一种消耗体力的短距离出行方式，行人有"抄近路"与走捷径的习惯，在步行出行过程中想尽可能节省时间与体力，以满足逛街、购物等其他方面的需要。研究表明，随着步行耗时的增加，居民选择步行出行的比例会大幅降低。城市居民更愿意选择步行的平均出行耗时在 15～20 min，超过 30 min 后，会选择其他交通方式。为了缩短步行距离，行人会在快速判断安全性之后，选择最便捷的方式过马路，甚至不顾自身安危强行穿过车流、跨越栏杆。行人更倾向于选择平面直接过街而非绕行的立体过街，据调查，当走人行横道需绕行 20 m 以上时，很多人会放弃走人行横道，而选择就近路段直接穿越马路。当等候过街时间超过 90 s 时，还会出现行人闯红灯、与车辆抢行等行为。

（3）交往性诉求。

交往是人作为具有社会属性的个体的另一种诉求。街道步行空间是人们见面分享经验、相互认同的地方之一。无论是问路、打招呼还是参加社交活动，行人在街道环境中总会与其他人交往和交流。"人看人"与"围观"行为也在一定程度上反映了行人对于相互间信息交流和交往的诉求。通过交往和沟通，行人希望得到他人的理解、信任、认同和帮助。随着交往次数和频率的增加,人与人之间可进一步发展成亲密的邻里关系。街道上随处可见的各种交往和参与更形成了丰富多彩的街道生活。街道设计要提供必要的公共交往场所和空间,满足行人多样交往诉求,同时诱发和引导产生更多的户外社交活动,使街道成为城市社交场所的重要组成部分。

(4)舒适性诉求。

行人对街道空间环境的舒适性追求是更高层次的诉求。街道设计应综合考虑气候和其他环境因素,因地制宜地塑造具有地方特色的步行环境(如路面铺装材料应具有可靠性和灵活性),使行人能够赏心悦目、身心愉快地完成出行。街道的舒适性难以用数字量化,行人在街道中的行为是检验街道设计舒适性的标准。如广州独具特色的骑楼街能遮阳挡雨,与广州炎热、潮湿、多雨的气候特征相适应,极大提升了街道步行环境的舒适性。

(5)其他诉求。

此外,行人对街道空间环境的诉求还包括引导性诉求、可识别性诉求及参与性诉求等。各层次的诉求相互依赖和重叠,只有当前层级的诉求得到满足后,后一层级的诉求才能显示出激励作用。诉求层次越低,可以满足的程度越大,甚至完全满足;诉求层次越高,可以满足的程度越小。因此,街道设计须优先保障行人的安全通行,满足不同年龄层次居民的多样性诉求,为所有人服务,包括儿童、妇女、老人和残疾人等。

2. 人本视角下街道空间设计的理念创新

(1)坚持以人为本,从机动车优先转变为全龄慢行友好。

街道作为城市建设用地中占比最大的公共空间之一,承担着交通、交往、游憩等综合功能,街道空间规划和建设水平是人们幸福感、获得感的重要影响因素。但长期以来,城市外延式扩张是城市规划、建设、管理的主旋律,在这一过程中,街道以提高通行效率为主要目标,慢行交通人群成为弱势群体。城市高质量发展要求走内涵式提升的道路,街道设计应充分重视人的交流和生活方式,更加关心老人、儿童、残疾人等弱势人群。街道空间尺度应坚持宜人性,在资源配置上优先保障行人和非机动车的权益,建设全龄友好的慢行系统。

(2)坚持高质量发展,从单一工程设计转变为复合场所设计。

街道现有规划设计和相关规范标准主要针对道路红线内的断面、市政工程设计等,然而街道不单是一项建设工程,更是城市生活的容器,是促进消费、增加交往、提升环境品质、激发街区活力的公共场所。一方面,要加强街道空间在平面和立体上的一体化设计与管理,从功能划分的工程思维向交往场所营造的社会思维转变;另一方面,要注重街道要素设计在促进社区生活品质提升和经济繁荣中的作用。

（3）坚持文化自信,从风貌千城一面转变为彰显文化内涵。

街道是城市空间的基本骨架,街道景观千城一面是现代突出的"城市病"之一。应弘扬街道所在城市的优秀文化传统,突出街道的人文特征,彰显街道的气质风格,有机整合市政设施、景观环境、沿街建筑、历史风貌等要素,通过设计整体空间景观环境塑造街道特色。

（4）坚持现代化治理,向多元协同共治转变。

街道治理涉及城市管理者、建设者、使用者。一方面,要破除规划、交通、城管等各部门间条块分割的观念,推动街道治理理念统一和权责明晰;另一方面,要紧紧围绕多元使用者的实际需求,优化公共资源配置,明晰多元主体在街道治理中的权责关系,建立政府、市场、社会对街道空间的协同共建、共治、共享机制。

3. 城市街道空间人本化改造设计策略

（1）街道空间优化设计策略。

① 切实转变"以车为本"的发展思路。

反思传统的规划建设理念与模式,切实转变过度依赖小汽车的发展思路。树立行人、自行车优先理念,真正实现从"以车为本"向"以人为本"的观念转变。

首先,改进主要以设计车速确定道路等级与分类的做法,适当降低路段和交叉口的设计车速与相应设计标准;提高路网密度,控制道路红线宽度与车道宽度,缓解机动车与行人、非机动车之间的冲突;对于街道而言,不能盲目照搬主次支的分类标准,要构建基于人本需求和街道本身属性的分类方式;强调空间界面围合与沿街活动功能,以满足居民日益增长的街道生活需求,适应高品质、精细化的街道设计发展新趋势。

其次,改变以往的供给策略,限制或管控道路交通设施的无限供给:限制新的道路建设,改变工程改造中一味拓宽道路与扩大交叉口的传统思维;改变现有的以小汽车为主导的道路空间配置形式,增加慢行空间,优先保障步行、自行车及公交车的时空路权;对停车位进行上限管理和控制,将配建指标与土地开发利用强度和公共交通挂钩,取消最低停车位配建要求,对促使城市出行结构的调整有着至关重要的作用。

最后,弱化道路红线分隔,实现街道空间的整体塑造:统筹道路红线内外空间,将街道设计范围拓展到红线以外的沿街空间,将关注对象从单纯的道路拓展到街道两侧界面,实现街道与周边街区在功能及形态上的互补,共同承担起城市公共交往活动,为城市增添活力;构建多方整合的专业平台,加强规划、建筑、交通、景观等各个专业的深度协调与合作,有机整合街道市政设施、绿化景观、沿街建筑、历史风貌等要素;注重公众参与,以人对街道的使用和感知为根本出发点,打造完整的街道空间。

② 积极探索和推行"窄路密网"规划模式。

2016 年 2 月,《中共中央 国务院关于进一步加强城市规划建设管理工作的若干意见》正式出台,提出"窄马路、密路网"的城市规划与建设理念。这对解决我国城市路网"主次干路间距过大、尺度过宽,支路网严重缺失"等问题,引导城市交通持续健康发展有着重要的指导意义。我们可通过提高道路网密度(尤其是支路),打造与"窄路密网"相辅相成、适宜步行的小街区形态。而小尺度街区代表着一种在一定区域内产生的街道和临街面数量最大的开发形式,街道和临街面的增加不仅能提升商业利益,还提升了城市的活力。

为了建设富有活力的街道空间,需要调整现行的技术主义的街道交通设计策略,实施城市主义的街道设计策略,也就意味着需要进行一系列有关城市设计的制度创新。"窄路密网"规划模式和小街区理念的提出,正是对城市紧凑、集约发展模式的积极探索,不仅能提高土地利用效率,还能改善交通出行结构,为塑造步行优先的街道空间创造可能条件。首先,密集路网增加了地块周边用于商业开发的临街面,能尽可能多地形成街道和广场;其次,密集路网能分散主干路相对集中的交通,为步行、自行车及公共交通提供多个可选择的平行路径,增加出行路径选择的多样性和灵活性,以此改善步行出行环境;最后,密集路网能够降低城市道路等级和减少道路红线宽度,并能通过组织单向交通保证步行的可达性与易达性。

密路网、小街区模式虽然在缓解交通拥堵、塑造公共空间、增强街道活力等方面具有重要作用,但是其并非解决城市所有问题的万能药方。密路网模式下道路交叉口数量增多,大部分道路的尺度较小,道路之间互相依赖程度大(尤其是相互配对组织的单向交通),是一个有机的整体。因此,在设计与建设时,必须明确各道路及其交叉口的功能定位与控制方法。如哪些路是单行路、步行和自行车专用道路等,哪些交叉口是有信号控制的、无信号控制的或右进右出的等,对整个道路网提出了更高、更精细化的组织运行要求。小街区本身也应当根据所处城市区位的不同而理性分析,相应变化,不能一概而论。由于街区减小,土地紧凑使用,以往地块内部可以解决的问题需要拿到街道上解决,这对景观设计也提出了新的要求。中国城市习以为常的大尺度开发方式也与小街区模式形成了对立,需要在满足开发需要的同时确保小街区的可达性、公共性。

③ 优化停车配建标准,设置停车指标上限。

要实现城市街道空间的优化,减少机动车数量,释放停车位占用的空间,将其返还给行人、自行车及公共交通,根本性的策略就是在大力发展公共交通的前提下,改变城市中心区机动车位配建标准,设置配建停车指标上限。这样,步行、自行车或公共交通等出行方式才能显现出更好的时间效益和成本效益,替代才有可能发生。

2015 年 9 月,住房城乡建设部发布了《城市停车设施规划导则》,明确"各类建筑物配建停车位标准应按照差别化原则合理设定下限与上限控制标准""轨道站点 500 米半径覆盖区域内建筑物停车配建标准比其他区域进一步降低"等。实际上,国外许多发达国家早已取消了对城市停车位进行"下限管理"的配建方式,而采取限制停车位最高数量、设置指标上限的措施。如法国巴黎不再进行最低停车位配建要求,如果建筑距离地铁站小于 500 m,就无须提供停车位(私人小汽车停车位,不含为装卸货、残疾人以及其他临时性停车需求预留的少量车位),这一规定适用于该市的大部分地区。

我国处于快速发展阶段,及时制定既科学又可操作的停车配建标准与停车位管理政策,对解决城市停车问题和优化街道空间至关重要。应当总结、参考国外城市建设经验,完善和修订我国现行的停车配建指标体系,使停车配建指标与城市发展相适应。在公共交通发达的区域(如地铁、BRT、公交首末站周边区域),可实行停车上限管理改革。引导、教育和强化公众参与,坚持公交优先,合理控制与引导小汽车发展。

④ 制定专门的精细化街道设计导则。

进入 21 世纪以来,世界各地城市(如纽约、伦敦、阿布扎比、波特兰等)纷纷制定和修正了各自的街道设计导则,指引城市道路交通基础设施的建设和街道公共空间环境的营造。街道设计总体上朝着以人为本、对步行及自行车友好的方向发展。

2009 年,纽约编制了第一版《纽约街道设计手册》,用以推动纽约更有吸引力的街道建设。该手册鼓励优先考虑步行和自行车交通,将安全性作为街道设计的首要原则,体现纽约街道设计的人本理念。伦敦分别于 2004 年和 2007 年发布《伦敦街道设计导则》和《街道设计手册》,致力于建设更加舒适、精致、利于步行和自行车通行的街道空间,也为小汽车服务。其中,《伦敦街道设计导则》作为街道建设技术指引手册,直接用来指导伦敦市各行政区的街道建设项目。2015 年,《伦敦街道设计导则》再次修订并发布了第三版。《街道设计手册》把行人排在街道设计的第一位,强调将街道设计成社交场所,并以此区别于道路。

制定专门的精细化街道设计导则对于街道的建设至关重要,能直接指引街道的规划、设计与管理。同时,注重步行和自行车交通,将其作为激发城市街道活力的重要因素。我国以往缺乏专门针对街道设计的技术准则与管控方式。2016 年 10 月,上海颁布了我国首个街道设计导则《上海市街道设计导则》。该导则从上海的优秀实践案例中提取了街道空间内与人的活动相关的关键要素,形成设计策略,有助于设计者、建设者、管理者及使用者从更广的视角来认识街道,用更多元的手段来塑造街道,使街道重新成为具有场所精神的魅力空间。2017 年 4 月,南京市规划局也发布了《南京市街道设计导则(试行)》,从街道设计的规划理念、物质空间要素等不同层面提供了技术指引,给南京城市街道的规划设计指明了方向。该导则适用于新建城市街道的规划设计和既有城市街道的改造整治,强调以人为本的街道设计理念,明确了步行交通的优先地位,同时关注街道整体空间环境的打造。

《上海市街道设计导则》和《南京市街道设计导则(试行)》的颁布,实现了我国街道设计参照技术指引从无到有的突破,标志着我国城市街道设计开始迈进新的阶段。街道设计导则能引导和指引城市街道的规划、建设与管理,可作为相关道路交通设计规范的补充。它不仅能包容多元化的交通出行方式、鼓励绿色低碳可持续交通的发展,还能营造良好的街道公共活动空间。未来高品质、人性化街道空间的塑造,更需通过制定适合我国城市特点的完整、精细化的街道设计导则或手册来指引。

(2) 街道断面优化设计。

城市道路红线内的街道横断面一般由机动车道、非机动车道、人行道、绿化带及道路附属设施等组成。街道断面优化设计旨在对街道空间的功能与形式进行重新评估,通过整合、协调各类交通方式在街道空间上的优先层级与分配比例,优化交通出行结构,使其更有利于步行、自行车等慢行交通的发展。

① 合理控制街道宽度。

街道实际有效宽度等于道路红线宽度与建筑后退距离之和,受到两者的综合影响。一般来说,受交通安全、环境因素的影响,道路等级越高,红线宽度越宽,建筑后退距离就越大。

街道空间设计非常强调功能复合和尺度适宜。丹麦建筑师扬·盖尔(Jan Gehl)在《人性化的城市》中指出,人在 25~30 m 的距离能看到对方的表情。《上海市街道设计导则》基于人性化尺度,认为支路的街道界面宽度以 15~25 m 为宜,不宜大于 30 m,次干路的街道界面宽度宜控制在 40 m 以内。

为塑造集约紧凑、舒适宜人的街道空间,在满足交通、景观与活动功能需求的前提下,可通过适当压缩机动车道数量和宽度来减少道路红线宽度,以形成合适的街道高宽比与整齐连续的街墙界面。在行人活动密集的街道,单个机动车道宽度可压缩至 3.25 m 和 3 m,街道交叉口处可进一步缩减至 2.75 m。可将街道设施与交通稳静化设计进行融合,对各类交通、市政杆件设施进行有序整合(如多杆合一),以进一步缩减道路占用宽度。

② 优化断面空间分配。

实行街道路权空间再分配,将更多的道路空间资源向步行和自行车交通倾斜。改变传统的机动车优先的路权分配形式,除消防车、救护车和工程抢险车等特殊车辆外,应按照步行、自行车、公交车、小汽车的先后顺序重新分配道路空间资源,引导交通出行结构向绿色交通方式转变。新建区域街道空间宽度受到限制时,须优先保障步行、自行车及公共交通的有效路权。已建区域可通过缩减机动车交通空间,逐步恢复步行、自行车路权。美国百老汇大街的成功改造表明街道空间的转型首先在于改变各种交通方式在街道上的优先层级。

同时,整合道路红线内外空间,将地块建筑退线空间与沿街建筑界面共同纳入"完整街道空间"考虑,进行一体化设计;将人行道、路侧绿化带、建筑后退空间共同塑造成专为行人服务的街道步行空间;将街道设计范围由"红线内"拓展至"红线+绿线+建筑退线(建筑前区)",使道路空间与城市功能空间融为有机整体,实现从"道路红线管控"向"街道空间管控"的转变。当沿街建筑底层空间功能为商业、办公、公共服务等时,要减少街道两侧建筑后退距离。鼓励建筑首层室外空间对外开放,保证红线内外空间在标高上平顺衔接,形成统一、连续的室内外活动空间。街道沿线还可开设零售、餐饮、咖啡厅等连续商业店面,以进一步营造和提升街道活力。

③ 鼓励街道分时利用。

街道设计的核心是更好地利用街道空间,提高街道空间使用的适应性与灵活性。可针对不同时段(如工作日和周末、白天和晚上等)和不同使用人群的需求,形成不同的街道空间分配与使用方式,实现街道空间的集约、分时利用。

扬·盖尔及其团队曾提出 5 种街道空间有效利用策略,强调街道设计以人为本的特性。其中策略一与策略二均强调了街道空间的分时、灵活使用,采取临时封闭道路,举办庆典的方式来激活街道空间。如可针对周末或节假日人群活动需求,临时封闭商业性街道出入口,禁止机动车驶入,打造专供行人使用的步行街;通过关闭部分街道功能,形成口袋型公园。如在晚上 8:00—10:00 这个时段,可弱化甚至关闭生活性支路的交通功能,将其打造成社区广场或公园,居民在短时间、短距离内即可参与散步、跳广场舞等自发性娱乐活动。

此外,街道空间分时利用还集中体现在路侧停车上,可在街道两侧设置弹性化的路边停车带。在交通高峰时段作为车行通道,非高峰时段(如夜间)作为路面停车空间使用,满足短时停车需求,兼顾道路通行功能和生活功能。

(3) 街道交叉口优化设计。

街道交叉口设计须重点考虑步行者和自行车使用者的需求,可采取小转弯半径、设置人性化过街设施、支路交叉口宽度缩窄等不同的设计方法,实现街道交叉口设计的人性化,通过把"车为本"的交叉口转变为"人性化"的交叉口,创造安全、便捷和舒适的交叉口出行环境。

① 减小交叉口转弯半径。

道路交叉口转弯半径越大,机动车右转速度越快,行人过街的安全性就越低。街道交叉口设计在满足车辆正常转弯的基础上,要尽量采用小的转弯半径。传统超大规模的交叉口要进行"瘦身改造",减小路缘石转弯半径以降低机动车转弯速度和缩短行人过街距离,优先保障行人和自行车安全过街。

小转弯半径设计体现了以人为本、慢行优先的原则,具有明显优势。第一,小转弯半径可以有效引导机动车降低转弯车速,缩短行人过街时间和距离,减少交通安全事故的发生,当路缘石最小转弯半径控制在 10 m 内时,右转弯车辆行车速度一般不会超过 20 km/h,可以较大限度地降低行人被撞风险和伤害严重程度。第二,小转弯半径能有效缩小交叉口机动车占用空间范围,并将其转变为步行和自行车通行空间,促进街角空间更紧凑和街道功能更完整。街道交叉口采用小转弯半径后,可以把多余的空间让给行人和自行车使用者等其他道路使用者,增加慢行空间和路口行人集散面积。缩小交叉口还能相应减少建筑后退距离,建筑布局更加紧凑灵活,实现对城市土地的集约节约利用,街角空间更具商业活力;同时,也有利于交叉口步行坡道与无障碍缓坡的设置。第三,小转弯半径可以规范机动车行车轨迹与秩序,有利于疏解交通拥堵。首先,交叉口"瘦身改造"后,机动车行驶空间缩小,能避免其无序乱窜,各类交通主体能各行其道,提升交通效率;其次,小转弯半径更有利于行人和自行车通行,能鼓励居民采用绿色交通方式出行,通过交叉口用时和信号周期也可相应缩短,有助于缓解交叉口交通拥堵。

② 优化交叉口过街设施。

除缩小转弯半径外,街道交叉口的精细化设计还体现在人性化过街设施设计上。如抬高过街路面高度、采取错位式行人过街设施、增设斜穿式过街设施等,保障慢行交通的过街安全。可针对机动车、自行车和行人,分别采取不同的设计手法,从设施细节和使用习惯的角度满足出行者的需求。

对于行人来说,交叉口需提供平面直接过街的可能,尽量避免跨越人行天桥或地下通道,避免远距离绕行。依据行人过街行为特征和习惯行走路线设置人行横道等过街设施。要将过街设施设置在行人方便到达的位置,同时,保持人行横道与人行道标高的连续和通畅,真正做到人行空间在平面高度上始终保持连续一致。必要时,可在人行横道中央设置供行人二次过街的安全岛和彩色人行斑马线。

交叉口的设计也应适应自行车骑行特征,强调自行车道的可识别性。可通过醒目的功能化标识、标线划分自行车过街车道。在交叉口处前置与扩大自行车停车空间,引导其优先于左转机动车通过交叉口;也可配合其他交通管制措施保障骑行环境的连续、通畅,如增设自行车过街专用信号相位,并独立分配通行时间。如丹麦哥本哈根的交叉口设计有三种标志性要素引导自行车优先通行:自行车专属的绿色信号灯;所有的自行车过街通道都和人行横道并列(不互相侵占);在自行车停止线后方 5 m 外设置小汽车停止线(防止自行车和机动车发生碰撞)。丹麦还按照自行车骑行速度设有自行车绿波,通过路口时不用等红灯,能保证骑行的顺畅。

③ 压缩支路交叉口宽度。

部分支路(如居住区支路)交叉口还可结合路边停车进行缩窄设计。在保证步行和自行车通行有效宽度的前提下,单个车行道宽度可缩减为 2.75 m,进一步减小行人过街距离和降低车辆转弯速度,优化街道交叉口步行环境。

路边停车能充分利用道路闲置空间,提供必要的停车泊位以满足短时停车需求,提升街道活力;也能有效分离行人、自行车等慢行交通与机动车交通,提高步行安全性。如墨尔本的路内停车空间设置在机动车道与自行车道之间,起到了缓冲作用。路边停车空间若设置不合理,也会造成交通拥堵,降低道路通行能力,影响道路景观环境。因此,路边停车空间的规划和设置需尽量减少对动态交通的影响,合理规划、加强管理、预留灵活实时调整的可能性。在不影响行人、自行车连续通行的基础上,支路路侧一般只设置单边、平行式停车带,兼顾道路静态停车功能与交通通行功能。

4. 城市街道空间人性化、品质化提升实践

(1)项目背景。

依据广州市政府关于"各区建设一条市政设施全要素品质化提升示范路"的工作部署,广州市南沙区结合各片区道路情况,秉持"交通畅通、资源节约、环境友好、和谐发展"的设计理念,匠心打造具有新区、自贸区显著特色,"全要素、高标准、全过程"的新型绿色滨海示范性道路。

南沙区选取自贸区蕉门河中心区区块内具有滨水与商业特色的生活性次干路海滨路作为全要素品质化提升示范路。海滨路沿线主要有蕉门公园、南沙金融大厦、南沙区图书馆、南沙区市民广场、万达广场、越秀·滨海悦城、喜来登酒店、逸涛雅苑等,既是市区商业街道,又是沿江滨海休闲带,是南沙区的城市名片及城市客厅的重要组成部分。

设计思路遵循"一个理念、三个转变"。"一个理念"即从"城市道路"到"城市空间","三个转变"是指理念转变(从"面向车"到"面向人")、边界转变(从"控红线"到"控空间")、技术转变(从"断层式"到"一体式")。项目设计强调真抓实干,实现城市街道空间的整体设计与重塑,打造和谐的城市道路空间。

(2)海滨路全要素人性化、品质化提升设计。

① 界面一体化。

a. 滨水绿地与道路融合。

从蕉门公园、南沙区市民广场等公共活动空间的连通性、整体性入手,消除树池及绿化带侧石高差,连通绿道,移除护栏,抽疏及更换灌木,增设城市家具,协调红线内外铺装材质、色调等,使公共活动空间与城市道路空间融合,形成具有高度参与性的城市休闲空间。平面通达,地面平顺,设施共享,达到无缝衔接的效果。

b. 公共空间与城市道路空间的整合。

南沙区市民广场是开放的公共活动场所,它与道路的界面衔接效果直接影响着城市景观。项目可将城市空间界面一体化整合理念运用其中,形成整体的空间。

具体可对人行道绿化边线进行整改,红线内外的铺装材质、风格协调,绿道连通,实现无缝连接。

c. 建筑后退空间与人行道一体化设计。

万达广场属于商业综合体,人流量较大。立足于城市空间界面一体化整合理念,在满足道路功能需求的前提下,对人行道及万达广场等公共空间的铺装进行整合,融入城市特色,使其形成一个整体,并与周边环境相融合。对此,设计将万达广场空间范围内的标高与人行道平齐,铺装材质一致,自行车停放空间统一画线,达到整齐划一、平整协调、通畅有序的效果。

遵循城市空间界面一体化整合理念,消除道路红线对城市道路空间的干扰,将建筑后退空间与人行道充分融合,同时考虑绿道与残疾人的需求。对喜来登酒店前的人行道铺装与酒店范围内的铺装进行一体化设计,在具体设计中,喜来登酒店范围内的标高与人行道平齐,铺装材质与人行道一致,采用钉装法增补不锈钢盲道,并连通绿道。将南沙金融大厦范围内的标高与人行道平齐,铺装材质与人行道协调,增加残疾人坡道,达到整体划一、平整协调、安全有序的效果。

d. 杆件合理优化。

原道路由于各类功能杆件过多,影响道路美观,使视野过于凌乱。示范路设计方案通过集约式方法,采用"多杆合一"的方式整合,原则上仅保留红绿灯杆、路灯杆,减少设施对城市道路的占用,即在符合规范且不影响使用功能的情况下,将多个杆件进行合并处理,使道路界面更清晰。

e. 树池边线无缝连接。

在提升改造前,树池及绿化带石材高出人行道面,形成绿化与行人的分隔。在进行提升改造设计时降低侧石,使绿化与人行道周边环境无缝衔接,减少障碍及分隔,拓宽景观视野(见图 7.19)。

图 7.19 树池与人行道共面

② 交通组织优化。

a. 小转弯半径。

交叉口采用小转弯半径设计,可降低转弯速度过快带来的事故风险,使车辆通行更有序,行人过街距离更短、更便捷,同时使交叉口空间更有活力、用地更节约。在人流密集的双山大道路口、工商局配套路口、蕉门横街路口采用小转弯半径降低车速,并结合设置人行道红绿灯、增加语音提示的方式提升通过道路的便捷性与安全性。其中双山大道路口与蕉门横街路口采用画线形式试行小转弯半径设计。

b. 抬高式过街。

车流量相对较小、以慢行交通为主的支路汇入主、次干路时,交叉口宜采用连续人行道铺装代替人行横道。在路口保持人行道铺装与标高连续,采取斜坡形式等保证人行顺畅,以降低机动车通过交叉口的速度,保障行人安全,方便行人过街。

c. 彩色斑马线。

海滨路示范段的人行横道斑马线按照规范规定保留白色标线,在白色标线之间增设彩色标线,与白色标线一起组成彩色斑马线,为城市增添活力,既满足规范要求,又更加亲民和多彩,提高人行横道的识别度,提示司机自觉在斑马线前减慢车速,对"低头族"也能起到提醒作用。行人被其色彩图案吸引而纷纷走斑马线过马路,使行人、车辆通行更安全。

d. 道路变截面。

调整道路断面,增加临时停车位及路侧停车带,优化交通组织,方便市民驾车出行。在蕉门公园的万达广场段及南沙金融大厦段增加路侧停车带,考虑到万达广场有临时停车卸货需求,相应设置临时停车卸货车位,减少停车对交通的影响。

③ 市容市貌提升。

a. 桥底空间利用。

海滨路示范段的进港大道桥底处东面空间没有得到充分利用,缺少照明,桥底杂乱不堪,夜间出行存在安全隐患。因此,对桥底、桥身作涂装处理,桥底壁面涂鸦,并补充夜间照明,增加休憩阶梯,使凌乱的桥底空间品质得到充分提升。

b. 障碍物利用。

水阀外露且易生锈残旧,并会影响道路整体风貌。在进行提升改造设计时,采取艺术化手段对其进行提升整治,将其顶部设置成可打开形式,在不影响使用的前提下,既能起到遮蔽作用,也能供行人休憩使用。

c. 桥梁限高架更换。

进港大道桥底原限高架色泽暗淡,涂装剥落,标识性不强,设置错位,有安全隐患,不符合示范路要求。重新更换符合道路规范要求的新限高架,增加信号灯、限高标识,增加道路行车安全性。

d. 围墙景观提升。

原海滨路附近楼盘的围墙破损、锈蚀、残缺,同时造型呆板,欠缺美感,与道路景观定位有较大差距。在海滨路改造中对围墙注入新的生态元素,丰富绿化层次,增强南沙自贸区立体绿化和艺术效果。根据海滨路的日照环境特性,绿墙用 10 余个品种的花卉进行装饰。这些花卉品种喜光、适应力强。改造提升后的绿墙同时具有吸尘、吸声、美化环境的作用。

④ 人性化设计。

a. 城市标识系统。

对示范路的整套标识系统在"路标、科普、导引"上都做了完善的设计。造型上融入南沙滨海、自贸区等元素,采用木纹、铁锈元素以及缤纷的色彩,力求凸显南沙特色;将其作为既能满足标识功能需求,也能作为特色城市元素来观赏的道路配套来设计,进一步提升道路整体风貌。

b. 无障碍设施。

路段共设置 5 个无障碍指示标识,标识牌高度均考虑残障人士的需求。标识牌为残障人士指引最近的无障碍通道位置,便于残障人士的通行。同时,合理连通人行道与公共空间的无障碍通道,实现无障碍通行。

c. 设置自行车临时停放带。

在居住区、人流聚集区或过渡空间增设自行车临时停放带,满足市民停车需求,贯彻以人为本的设计理念。具体在喜来登酒店、越秀·滨海悦城、万达广场、蕉门公园区域设置,规范自行车停放。

d. 设置小活动空间。

路段过于单一,缺少人性化的过渡休憩带。舒适、科学的运动设施配套,可以给城市与市民增添活力。具体在喜来登酒店西侧、南沙区市民广场西侧、南沙金融大厦西侧 3 处设置小活动空间。

e. 设置城市家具。

遵循以人为本的原则,利用后退空间及公共设施服务带,设置市民休息座椅,根据不同路段的特色,设置造型自然的特色城市家具,既可以供人休憩使用,也可作为提升城市艺术感的艺术小品。增设的城市家具主要分布在滨水带后退景观空间内,既有休憩型艺术小品,也有直接提供休憩功能的造型石凳。同时,在布置憨态可掬的景观石时也兼顾休憩功能,形成丰富的城市家具系统。

f. 设置户外饮水机、免费无线网络、免费 USB 充电口。

秉承以人为本的原则,在南沙区市民广场及海绵城市雨水花园周边设置直饮水装置,为市民提供便利;实现了全路段无线网络覆盖和信息发布;在公交车站增加了 USB 充电装置,提供人性化服务。

g. 设置公厕。

南沙区市民广场公共活动区是海滨路人流比较集中的区域,但此处距离公共厕所较远,无法满足人群需求。因此,增设公厕,以解决行人如厕问题。先对区域进行实地调研勘测,考虑风向、排污、交通等因素,采用真空处理装置,低碳环保。厕所通过冲厕系统产生的气压差,以气吸形式把便器内的污物吸走,以达到减少使用冲厕水的目的。此类厕所用水量小,可彻底解决因空间小、空气不流畅导致的卫生间存在臭味的问题。

⑤ 项目建设亮点。

a. 雨水花园示范点。

高品质的公共空间,不仅能使道路界面丰富,也能对街道景观品质起到提升作用,从而改善城市整体景观。

可以将海绵城市雨水花园作为道路红线外公共区域中提升景观品质的手段。在满足道路旁绿地生态、景观、游憩和其他基本功能的前提下,合理地预留或创造空间条件,对绿地自身及周边硬化区域的径流进行渗透、调蓄、净化,并与城市雨水管渠系统、超标雨水径流排放系统相衔接,是营造城市道路公共区域景观的实用策略。

本项目在进港大道桥北侧人行道旁拆除建筑后的 900 m² 空地上设置海绵城市示范点,宣传海绵城市理念,起到科普作用;同时通过设置人行汀步,连通滨水景观,使海绵城市示范点不仅成为一个科学示范点,也形成一处休闲景点。汀步、草坪等的设置使该处成为开放、连续的空间,并与道路红线无缝衔接。在该处补种 15 棵乔木,为行人遮阴,体现人性化、精细化设计理念,如图 7.20 所示。

图 7.20 雨水花园实施效果

b. 智慧节能设施试点。

混合动力及纯电动汽车是国家扶持产业,设置充电桩有利于电动汽车的发展,从而有利于提升南沙空气质量。

本项目在海滨路万达广场段及逸涛雅苑附近的公共停车场分别设置充电桩,为电动汽车的发展做好充分的试点支持;并将公交车站遮阳顶棚更换为太阳能光伏板,增加电子信息牌、USB 充电装置等,达到节能效果,提供人性化服务。此项改造措施在喜来登酒店站(一对)、万达广场站北行、蕉门公园站南行共 4 个站点实施。

为保证行人过街安全,同时考虑残障人士过街需求,街道增设一体化 LED 人行信号灯。信号灯具有多种实用功能:语音提示功能、激光投影功能、行人闯红灯触发功能、显示屏动态实时播报功能。具体在万达广场配套路口过街处设置一体化 LED 人行信号灯,使行人在人流相对较多的万达广场能够就近过街。

物联网将是继互联网与移动互联网之后即将迎来大发展的科技产业。在物联网应用及智慧城市建设方面,南沙设置了一些试点,在路灯物联网平台上利用一体化灯杆实施以下内容:智慧照明、环境监测、路侧停车管理、公共无线局域网、视频安防监控。同时一体化灯杆还具备车辆充电功能,体现便民、智慧、与时俱进的设计理念。

在街道设计实践当中,一般在确保有特色的条件下寻求绿色、美观、一致性,对街道的每一项内容进行以人为本的精细化考量,统一道路元素形式,以材料简洁、耐用为原则,确保各类人群的路权,实现交通可持续发展。

本章主要对城市市政项目的设计与实践进行了详细阐述。在市政项目设计与实践中要实现碳达峰和碳中和目标,重要的前提就是确保市政项目的可持续性,确保项目能长期安全、可用、耐用、好用、好看。因此,在市政项目设计中,不仅要注重实用性,还要注重绿色、与环境相协调、人性化与美观性,为人们提供一个舒适美好的可持续发展的出行环境。市政基础设施规划建设不仅要满足基础功能,还要创新理念,实现低碳和环保,为人们提供一个精细化、品质化的生活空间。城市空间在转型和品质提升过程中,不仅要践行低碳理念,还要注重人性化,为人们提供丰富多彩的公共空间。总体来看,城市发展和市政项目设计需要回归"以人为本"的宗旨,以创新、协调、绿色、开放、共享为发展理念,不断提升城市环境质量、生活质量和城市竞争力。

参 考 文 献

[1] 邵宗义.市政工程规划[M].北京:机械工业出版社,2022.

[2] 耿凌燕.探讨低碳城市理念下市政规划设计措施[J].河南建材,2023(9):74-76.

[3] 廖芳青.可持续发展思路下的市政规划浅析[J].天津建设科技,2021,31(6):78-80.

[4] 梁刚.市政规划与循环经济的探索及分析[J].现代商业,2017(7):52-53.

[5] 龙瀛.中国城市规划可持续发展策略——以北京城市总体规划为例[C]//中国科学技术协会.提高全民科学素质、建设创新型国家——2006中国科协年会论文集(下册).[出版地不详]:[出版者不详],2006:896-907.

[6] 毛克庭.循环经济理念在城市规划中的运用方法探讨[C]//中国城市规划学会.城乡治理与规划改革——2014中国城市规划年会论文集(04城市规划新技术应用).中国建筑工业出版社,2014:152-161.

[7] 马新,王晓晓.城市道路景观设计[M].重庆:重庆大学出版社,2022.

[8] 王文华,李栋国.土木工程专业毕业设计指南——道路工程篇[M].武汉:武汉大学出版社,2019.

[9] 周建国,宋广骞,杨海燕.城市道路建设与管理[M].长春:吉林科学技术出版社,2022.

[10] 李朝阳.城市交通与道路规划[M].2版.武汉:华中科技大学出版社,2020.

[11] 孙芳.基于海绵城市的城市道路系统化设计研究[D].西安:西安建筑科技大学,2015.

[12] 中华人民共和国住房和城乡建设部.城市道路工程设计规范(2016年版):CJJ 37—2012[S].北京:中国建筑工业出版社,2016.

[13] 中华人民共和国交通运输部.公路桥涵设计通用规范:JTG D60—2015[S].北京:人民交通出版社,2015.

[14] 郭明洋,肖书影,王景泽.城市道路慢行交通与绿道、滨水空间融合发展设计探讨[J].市政技术,2021,39(9):49-53,86.

[15] 绿色交通发展指数报告研究组.绿色交通发展指数报告[M].北京:中国环境出版集团,2021.

[16] 李夺,黎鹏展.绿色规划 绿色发展:城市绿色空间重构研究[M].武汉:华中科技大学出版社,2020.

[17] 清华大学互联网产业研究院.城市零碳交通白皮书(2022年)[R/OL].(2022-12-16)[2024-02-16].http://www.iii.tsinghua.edu.cn/info/1121/3277.htm.

[18] 赵琳娜,褚昭明,姚雪娇,等."双碳"目标下城市地面公交的发展探讨[J].综合运输,2023,45(4):51-57.

[19] 杨建兴."双碳"背景下城市轨道交通绿色发展[J].电气化铁道,2023,34(5):48-51.

[20] 路林海,韩帅,孙捷城,等.双碳目标下城市轨道交通绿色建造实施路径探究[J].都市快轨交通,2023,36(2):141-150.

[21] 杨庆华.城市防洪防涝规划与设计[M].成都:西南交通大学出版社,2016.

[22] 李宗尧.城市防洪[M].合肥:合肥工业大学出版社,2013.

[23] 中华人民共和国水利部.城市防洪工程设计规范:GB/T 50805—2012[S].北京:中国计划出版社,2012.

[24] 正和恒基.海绵城市+水环境治理的可持续实践[M].南京:江苏凤凰科学技术出版社,2020.

[25] 熊家晴.海绵城市概论[M].北京:化学工业出版社,2019.

[26] 杨佩卿.高质量发展视阈下城市更新的内涵逻辑与实践取向[J].当代经济科学,2023,45(3):59-73.

[27] 周剑峰,古叶恒,肖时禹."双碳"目标下的高质量城市更新框架构建——基于湖南常德的城市更新实践[J].规划师,2022,38(9):96-101.

[28] 李迅,白洋,曹双全."双碳"目标下的城市更新行动探索[J].城市发展研究,2023,30(8):58-67.

[29] 中国建筑节能协会,重庆大学城乡建设与发展研究院.中国建筑能耗与碳排放研究报告(2022年)[J].建筑,2023(2):57-69.

[30] 王金丽,孙永利,郑兴灿,等.城市绿色排水系统内涵与规划评价技术研究[J].中国给水排水,2022,38(16):16-23.

[31] 杨一烽,杜炯,张欣.国内地下式污水处理厂的发展现状和关键技术分析[J].净水技术,2021,40(10):101-106,117.

[32] 连剑斌,谭杞安,王奎.双碳背景下城市污水处理厂清洁生产审核研究[J].中国资源综合利用,2023,41(12):246-248.

[33] 李迅."双碳"战略下的城市发展路径思考[J].城市发展研究,2022,29(8):1-11.

[34] 李小聪.低碳城市理念下市政规划设计——以深圳市平山村为例[J].城市建设理论研究(电子版),2022(26):10-12.

[35] 阳海港.低碳城市理念下市政规划设计策略分析[J].城市建筑空间,2022,29(7):223-225.

[36] 吴明素.全地下式市政污水处理厂的设计和应用研究[J].工程建设与设计,2022(23):140-142.

[37] 邬艳.海绵城市理念在市政给排水设计中的应用[J].工程建设与设计,2022(9):42-44.

[38] 张竟.市政道路工程路基路面规划设计研究[J].工程建设与设计,2023(2):87-89.

[39] 孟晋杰,孙志勇,杨韬."双碳"背景下城市道路设计研究[C]//施工技术,亚太建设科技信息研究院有限公司.2022年全国土木工程施工技术交流会论文集(上册).[出版地不详]:[出版者不详],2022:860-862.

[40] 朱晓东,左贵强."双碳"目标下绿色生态道路设计探索与创新实践——以广阳大道为例[J].城市道桥与防洪,2023(9):8-13,341.

[41] 李磊.以人民满意为根本 新时代背景下的城乡慢行交通发展理念与策略[J].交通建设与管理,2022(4):30-33.

[42] 游丽,穆艳,赵光辉.关于慢行与骑行交通发展的思考[J].综合运输,2023,45(10):84-89.

[43] 范瑞,刘剑锋,丁漪,等."双碳"目标下新能源公交系统发展与实施路径探讨[J].交通与港航,2022,9(5):2-7.

[44] 陈菊香,林思彤,孙亮,等.海绵城市建设对碳减排的作用及效益评价探索[J].智能城市,2023,9(5):119-121.

[45] 满莉,李雨霏,王多栋,等.碳中和在海绵城市建设中的实践路径研究[C]//河海大学,南阳市人民政府,南阳师范学院,等.2022(第十届)中国水生态大会论文集.[出版地不详]:[出版者不详],2022:585-591.

[46] 古金梁.景观桥梁创新设计手法及其应用的研究[J].工程建设与设计,2020(23):109-111.

[47] 左岩岩,牛田新,张幼鹤.现代城市景观桥梁设计合理化方案研究[J].城市住宅,2021,28(8):143-144.

[48] 赵佳男,万杰龙.景观桥梁设计要点研究[J].城市道桥与防洪,2022(2):114-117,130,18.

[49] 高晨晨,李思雨,穆莹,等.地下式污水处理厂用地现状与节地分析[J].给水排水,2023,59(9):20-23.

[50] 刘世德,王泽明,刘茜,等.地下式污水处理厂关键节点及设计对策[J].地下空间与工程学报,2021,17(S1):215-220.

[51] 李庆桂.全地下式污水处理厂设计要点分析[J].净水技术,2022,41(9):156-161.

[52] 王春伟.我国地下式污水处理厂建筑设计要点探究[J].工程建设与设计,2019(7):68-69,75.

［53］孙玉平.绿色设计理念在市政桥梁设计中的应用研究［J］.工程与建设,2021,35(2)：239-240.

［54］李力.关于桥梁美学设计的认识与探究［J］.西部皮革,2019,41(12):47.

［55］杨明宇,李盛亮,王晓宇.绿色公路理念在隧道工程中的应用［J］.北方交通,2019(3)：79-82,85.

［56］宫渤海,齐文静,夏战军,等.绿色低碳型全地下生活垃圾转运站规划建设探索与实践［J］.建设科技,2021(17):42-45,52.

［57］何永雄.绿色城市生态基础设施建设探讨——以洲头咀隧道为例［J］.住宅与房地产,2016(36):88-89.

［58］韩晗."双碳"目标下城市工业空间转型的优化策略与选择路径——以工业遗产保护更新为视角［J］.上海师范大学学报(哲学社会科学版),2021,50(6):88-94.

［59］孙韬智.生活垃圾转运站调研［J］.农业与技术,2021,41(24):103-105.

［60］王洪波,孙伟娜.城市更新背景下的街道活力空间设计［J］.城市道桥与防洪,2022(12):15-20,11.

［61］吴婷婷.广州市南沙区城市道路全要素品质化提升设计——以海滨路为例［J］.公路与汽运,2018(3):33-36.

［62］谢凯.行人视角下城市中心区街道空间的优化设计研究［D］.广州:华南理工大学,2017.

［63］冯祥源,李若帆,谢爱华.人本视角下的城市街道空间设计策略研究［C］//中国城市规划学会.人民城市,规划赋能——2022中国城市规划年会论文集(07城市设计).［出版地不详］:［出版者不详］,2023:1347-1362.

［64］中交四航二.隧道里藏着"黑科技"［EB/OL］.(2023-02-27)［2024-05-31］.https://mp.weixin.qq.com/s/5SgKeMvTbLo_Yr35y5YfWQ.

［65］牛新.城市地下污水处理综合体空间模式及设计策略研究［D］.哈尔滨:哈尔滨工业大学,2020.

［66］国际城市规划.全球汇|以行人优先的城市空间策略和发展策略(POD)建设以人为本的城市［EB/OL］.(2021-07-15)［2024-05-31］.https://mp.weixin.qq.com/s/BRVhJW5pQpqrDGFzdK8qbg.

［67］刘经强,刘岗,段向帅.城市道路工程设计［M］.北京:化学工业出版社,2017.

后　　记

　　近年来,我国经济发展水平大幅提升,与此同时,环境保护的重要性也日益突显。环境问题是当下社会关注的热点,经济发展和环境保护协同前进才是最佳方案。长久以来,工业排放、能源消耗、大规模开发等建设行为带来巨大经济效益的同时,也带来了大规模的碳排放。从排放总量看,我国的碳排放与经济发展呈现出同步快速增长的态势。与其他国家相比,我国实现"双碳"目标面临着减排时间短、减排量大的巨大挑战。结合我国经济发展需求,预计未来一段时间,我国碳排放将仍然维持增长趋势,而碳排放量较大的电力、供热、制造业、建筑业、交通运输业等领域将成为控制碳排放的重点领域。

　　在此背景下,城市的发展逐渐走向低碳化,市政规划设计也应顺应低碳理念做出调整。市政规划设计要围绕"双碳"目标,坚持低碳城市理念,遵循低碳生态、集约高效和可持续发展原则,将道路交通系统、防洪防涝、海绵城市、城市更新、绿色市政等作为市政规划设计重点,全面推进低碳城市建设,有效改善城市生态环境,助力城市经济发展从资源消耗模式向低碳绿色模式转变,从而不断推动城市可持续发展,助力城市顺利转型。